国家社科基金
GUOJIA SHEKE JIJIN HOUQI ZIZHU XIANGMU
后期资助项目

科学史哲学研究

李树雪　著

科 学 出 版 社
北　京

内 容 简 介

科学史应讲成一个个迷人的故事，还是科学理性的演进史？该注重内史还是外史？怎么分期才更能体现科学发展的特征？这些充满争议的话题，构成了科学史的元理论问题，需要我们立足当下、面向未来，从哲学层面进行深入剖析和解答。本书通过综合不同学者对科学史元理论问题的学术主张，理论分析与个案解释相结合，从本体论、认识论、方法论及价值论角度，对科学史的研究对象、属性、分期与价值等重要学术问题进行了系统阐释。

本书可供科学技术史、科学哲学、科学社会学等学科的学生和研究者阅读，也可供科学教育、科学传播、科学学等领域的学者参考。

图书在版编目（CIP）数据

科学史哲学研究 / 李树雪著. --北京 ：科学出版社，2025. 6. --ISBN 978-7-03-081830-0

Ⅰ. N02

中国国家版本馆 CIP 数据核字第 20252XB527 号

责任编辑：任俊红　李秉乾 / 责任校对：韩　杨
责任印制：赵　博 / 封面设计：有道文化

科学出版社出版
北京东黄城根北街 16 号
邮政编码：100717
http://www.sciencep.com
北京市金木堂数码科技有限公司印刷
科学出版社发行　各地新华书店经销
*
2025 年 6 月第　一　版　开本：720×1000　1/16
2026 年 1 月第二次印刷　印张：15 1/2
字数：270 000

定价：128.00 元

（如有印装质量问题，我社负责调换）

国家社科基金后期资助项目
出版说明

后期资助项目是国家社科基金设立的一类重要项目，旨在鼓励广大社科研究者潜心治学，支持基础研究多出优秀成果。它是经过严格评审，从接近完成的科研成果中遴选立项的。为扩大后期资助项目的影响，更好地推动学术发展，促进成果转化，全国哲学社会科学工作办公室按照“统一设计、统一标识、统一版式、形成系列”的总体要求，组织出版国家社科基金后期资助项目成果。

全国哲学社会科学工作办公室

序

以“科学史哲学”（philosophy of the history of science）为主题对科学史进行研究，并非笔者的一时之念，而是基于十多年思考后的一种尝试，或许现在的文本也只是一种初探，未来还需要做更多的研究。笔者走向科学史学（historiography of science，也译科学编史学）研究是受邢润川教授的影响，当时在电梯里碰到邢教授，他询问我的博士选题，等我简短汇报后他说道：“科学史学方面应该可以做点研究，国内这方面的研究还不太多。”于是，我便开始收集科学史学方面的资料，通过阅读刘兵教授、袁江洋教授等学者的相关论著对此有了一些认识和了解，觉得可以“坐下来”研究一些东西。

博士论文的写作是从语境论的角度对科学史学进行分析，主要论述的是基于语境论科学哲学的思想，从语境论科学观的编史学意义出发，形成语境论科学史学，进而使科学史走向语境论科学史。在博士毕业的当年获批了我的第一个国家社科基金——语境论科学观的编史学意义研究，通过对这一课题的研究，我加深了对科学史学的认识与理解，从而对科学史、科学史学与科学哲学的概念有了一个更清晰的认识。课题的研究成果得到了评审专家的一致好评，鉴定结果良好，现摘录部分专家的意见：

“该成果创新程度较高，特色比较突出，在科学史研究方法论领域有一定的建树。”

“立意新颖，工作细致，理论联系实际，颇有力度。该成果对于科学史学这一重要但却相当薄弱的学科具有重要的建设性作用。”

“成果系统性、逻辑性强，结构较完整，概念比较清晰……在科学史学方面有较大的理论价值。”

“为解决科学史的合理性重建问题，开辟了一条新的途径。”

这些专家肯定的意见激励我做好更深入的研究，努力在科学史学研究方面取得新突破。于是，我对自己的博士论文与国家社科基金研究的成果再一次进行了总结分析，以便为下一步的研究理清思路。我对科学史与科学史学的研究形成了以下一些认识。

第一，科学史是多元化的、语境化的，研究内容多样性，研究方法多元化，对科学的发生与发展解释是语境相关的。

第二，科学史的内外史之间没有难以逾越的鸿沟，不论形式怎样变化，两者都是相辅相成的关系，共同作用于科学的发展机制。

第三，科学哲学对科学史的影响主要是基于本体论和认识论层面，通过科学观对科学史观的指导作用来体现，有什么样的科学观就会产生什么样的科学史观。

第四，不同时期的科学史观有不同的内涵，科学家的科学史观与科学史家的科学史观是不同的，具体体现在他们的编史方法与方案中，未来中国科学史的研究需要构建新的科学史观，要体现社会-文化性。

第五，科学史可以通过科学事件建构基本单元，任何科学事件都是语境相关的，具有语境敏感性，离开语境谈科学事件是无意义的。

第六，科学史是在哲学理性的反思中传承与发展的，离开哲学分析的科学史是盲目的，哲学是时代的精华，科学史通过哲学分析体现时代的创新性。

第七，科学史的哲学化是科学史发展的历史与逻辑必然。科学史在发展到一定程度时会产生一系列问题，需要从哲学角度对其进行反思，这是从科学史到科学史学，再到科学史哲学的理性逻辑上升，其已超越科学史本身。没有哲学分析的介入，科学史研究的整体水平难以提高，体系难以完善。

第八，科学史是一门学科，像物理、化学、生物、经济等学科一样，那么科学史哲学就如同物理哲学、化学哲学等，属于广义的科学哲学。

第九，科学史哲学可以成为一个独立的分支，旨在从本体论、认识论、方法论与价值论层面对科学史进行系统的分析认知，从而得以体系化发展。

正是第七、八、九点的认识使我产生了以科学史哲学为主题的研究，科学哲学是对具体学科的哲学认知，那么科学史作为一门具体的学科也需要从哲学的层面进行理性的反思，需要从哲学的严谨性、逻辑性与理性的角度去理解科学的历史发展，而不仅仅是简单地对科学事件的历史再现。特别是进入 21 世纪后，受后现代思潮的影响，一些对科学的传统观点受到颠覆性的冲击，科学史更应该从实践研究和科学史学理论方面进行系统总结，需要从哲学和科学史交叉的角度分析科学发展与社会、政治、经济、文化等诸要素间的关系，以实现科学史的合理化解释。因此，如果说科学史是一阶研究的话，那么科学史学就是二阶研究，科学史哲学则是三阶研究，这是科学史研究学理上的三个层面。

这三个层面的设计，一是基于国内外科学史理论研究的现状，百余年科学史的学科化建设需要从哲学角度进行系统分析；二是结合国外已有的科学史哲学概念展开研究，因为国外没有进行过全面系统的分析研究，所以需要健全其研究体系与内容。于是，本书从规范科学史的理论出发，提出科学史哲学构建思路，旨在从本体论层次说明科学史的研究对象、研究层次；从认识论层面分析科学史的学科属性、学术价值、功能作用等问题；从方法论角度概括不同的研究对象应该怎样研究才最具合理化。这几方面是科学史哲学与科学史学最大的区别，因为科学史学关注的主要内容是如何对科学进行编史，对具体方法的研究占主体。本书原计划分本体论、认识论、方法论与价值论四篇来安排章节内容，这样层次明晰一些，但考虑到文本篇幅觉得还是以章节的形式更能体现层次方面的内容，于是就以 11 个章节安排。

从学理上讲，科学史哲学是对科学史的理论与实践研究进行的哲学反思，是科学史与哲学交叉形成的学科，旨在从哲学的角度对科学史的基础问题进行分析、说明与解读，通过评析科学史研究的成功实践及相关理论，剖析传统科学史研究的合理性与不足。科学史哲学要从理性思辨的角度指出科学史研究如何处理科学与政治、社会、文化、经济等因素的关系，而不是简单地以传统的外史与内史进行划分，为如何实现科学史的合理重建提供哲学路径。这一研究路径就是建构马克思主义科学史的分析进路，本书对此有所涉及，但是还远远不够，留待以后的课题做进一步研究。因此，科学史哲学的研究不仅可以丰富中国的科学史研究，更重要的是创建中国特色的科学史研究范式，这是科学史适应新时代新要求的具体体现。

所以，本书所要表达与传递的学术信息就是，科学史已经证明并将继续证明，科学精神与批判理性等因素对促进科学进步固然重要，但从哲学上反思“问题意识、好奇心、自由探索”等才是科学重大发现的必要条件。一段时间以来，从科学精神来探讨科学发现、科学理论的溯因问题是一个不错的角度，但对科学家是“如何产生好奇心、如何发现问题、如何自由探索”的诠释还远远不够，或者说科学史还没有从“叙述层面”上升到“理解层面”。所以，科学史哲学的研究就是要在反思现行科学史如何客观地进行科学的历史叙事的基础上，从哲学理性的高度阐述如何将这些因素深刻地、全方位地展示出来，特别是对中国当下的科学技术研究有重大的启发作用，也对中国特色科学哲学的内容丰富起到积极作用。

再者，通过科学史哲学的研究，也可以反思科学史如何把重大发现的重要人物的内在逻辑性与理性揭示出来。事实上，对于重大科学发现不能归功于一个人，它是几个人，甚至连续几代人的努力，科学史的研究就要把前后学人的“问题传承”诠释清楚。特别是随着“大科学”的出现，人工智能（artificial intelligence，AI）的不断拓展性发展，科学研究面临人类社会最大程度的“范式”转变，未来的科学研究将很少以个体科学家的成果出现，大多是以科学共同体的范式体现。那么只有把科学置于广阔的社会语境中，才有可能从科学的历史中汲取经验与理性。这一点正如马克思主义者所认为的，哲学、科学，乃至精神文化的各个方面，都是紧密联系在一起的，都有一个共同的社会母体。从这一母体出发的科学史解释，如果离开哲学将难以实现。

结合当前的研究实际，在实现中华民族伟大复兴与中华优秀传统文化创新性发展、创造性转化的进程中，科学史研究应占有重要的一席，在理论创新、研以致用、学科交叉融合与科技政策服务等方面要有所作为。通过科学史哲学的研究，在对传统科学编史思想分析的基础上，实现科学史研究的马克思主义中国化，从而推动构建中国特色的科学技术史学科体系、学术体系与话语体系，并提升中国科学史研究的国际话语权，为丰富和繁荣中国的哲学社会科学贡献学科力量。

这也正是科学史哲学存在与发展的前提与基础，同时也是未来的努力方向，更是笔者研究的初衷之所在。

李树雪

2024年9月

目　　录

引　言

科学史哲学，是指在科学史学研究的基础上对科学史理论和实践研究进行的哲学分析与反思，以科学史为分析对象且在超越其自身的基础上，从科学史的研究对象、学科属性、学术价值、社会功能、认知路径、研究方法、具体应用等方面对科学史进行思辨的、逻辑的理性分析，或者说科学史哲学就是对科学史的哲学理解，在整体上分析科学史，把握支配科学史研究的基本原则及其隐含的哲学意义，其兼容历史性与哲学性，系科学史与哲学的交叉学科。

一、科学史哲学概念之由来

科学史哲学与科学史学的不同之处在于，其重在从哲学思辨与分析的角度对“科学史”进行研究，而科学史学则是对“科学”如何编史的方法论研究，重在对科学史的研究方法进行探讨，两者的关键词不同，但在方法论层面又有所交叉。所以，科学史哲学超越了科学史学的领域范畴，如果说科学史学属于科学史的基础理论研究的话，那么科学史哲学已不属于这个范畴，而是属于哲学领域的理性分析。

科学史哲学的概念最早出现于 1973 年菲诺基亚罗（Maurice A. Finocchiaro）出版的《作为说明的科学史》（*History of Science as Explanation*），该书从科学史的说明功能谈起，主要结合阿伽西的科学史学观点，从阿伽西的科学史学理论出发，以一种评介、批判与探讨的笔调写就。该书的第一章以“说明与批判的科学史哲学”（Explanation and the critical philosophy of history of science）为题，用很短的语句给出了科学史哲学的含义，但并没有给科学史哲学下定义，认为批判的科学史哲学的主要目标是对科学自身发展的批判性理解，最终形成对科学的批判-历史的（critico-historical）理解，其次还有对科学史学的批判理解。①

这里需要指出的是，书中“理解”一词用的是动词化的名词 understanding，这个词本身也有“推断”之意，但常以“理解”为其基本含义。那么，从这个词的使用来看，在菲诺基亚罗看来科学史哲学的研究

---

① Finocchiaro M A. *History of Science as Explanation*. Detroit:Wayne State University Press, 1973:9.

目标仍是“科学”，借科学史的哲学分析重新理解科学，是对科学的一种批判性与历史性理解（推断）。为什么还有推断之意？就是因为后人对科学发展的描述是难以还原的，在没有确切史料的情况下不得不进行逻辑推断。这样一来，科学史哲学存在的意义就很明显了。菲诺基亚罗在该书的第九章写到了阿伽西的科学史学哲学，在第十二章以“科学史哲学：批判”（Philosophy of history of science: Critique）为题，对科学史哲学进行了分析，但其却一直没有给出科学史哲学的概念，仍沿用阿伽西的理解，即“科学史哲学告知我们科学史（研究）的边界提纲”[①]。遗憾的是，阿伽西并没有对“边界提纲”做进一步的分析与论证，而且菲诺基亚罗也没有对此进行详细论证，该书只是在科学知识选择性的发展、对波普尔哲学的分析及对库恩科学发展模式的批判等方面进行了分析。

历史地看，对于科学史哲学的分析和研究，只有这部著作涉及得比较多，后期的一些论著虽也有提到的，包括阿伽西本人，但都没有专门的论述。况且菲诺基亚罗对科学史哲学的认知，是基于阿伽西的科学史学思想，从科学哲学的角度进行解读的。但在阿伽西看来，科学不仅是创造历史的因素，也是历史的“产物”。[②]从哲学上讲，对科学的历史这样理解有很大的合理性，科学本身就是特定时期由特殊人物完成的事业，而且科学在其发展过程中一直受哲学思想的影响，或者说受观念的影响。科学史哲学正是科学史与科学哲学相互依存的“产物”，科学史是从历史的角度理解科学，分析科学是怎样创造历史的，科学在历史上与社会、文化、经济、政治等因素的关系是什么样的，而科学哲学则是基于科学的最前沿反思科学。这样一来，科学史与科学哲学之间便有了相关性，但是学界对于它们相关性的研究始终没有一个终极的结论，有的人甚至将科学史与科学哲学的关系比作“权宜的婚姻”。[③]事实上，对于这个关系问题，萨顿、阿伽西、库恩等科学哲学家或科学史家都论证过，各有说辞而难以综合。鉴于此，科学史哲学或许可以从多方面对这一问题进行解读，并实现两者的交叉与融合。

这就是说，科学史哲学作为一门新兴的哲学分支有其存在的合理性，只是需要把概念界定在科学史与哲学的交叉上，英文用 philosophy of the

---

① Agassi J. *Towards an Historiography of Science*. The Hague: Mouton, 1963:23.

② Маркова Л А, Садо Вский В Н:《科学史和科学哲学的相互关系》，郑开琪摘译，《世界哲学》1981 年第 4 期。

③ McMullin E. History and philosophy of science: A marriage of convenience?. *PSA: Proceedings of the Biennial Meeting of the Philosophy of Science Association*, 1974: 585-601.

history of science，以避免将 philosophy of history of science 译为科学的历史哲学。但是为什么西方对此研究的比较少呢，现以美国为例作简要分析。与国内不同的是，美国大学内的科学史研究，大多是以“科学史与科学哲学项目”（program of philosophy and history of science）来进行的，挂靠在历史系或哲学系。笔者于 2013 年曾在美国凯斯西储大学（Case Western Reserve University）进行了为期两年的学术访问，当时就在这个项目上做研究，其挂靠在人文学院的哲学系。后来对其他学校的考察中也发现，大多数是以这种形式运行的，但也有一些学校建立了科学史系，如哈佛大学、威斯康星大学等。研究科学哲学的与科学史的学者经常会一起交流，学科界限相对模糊，那么就没必要对科学史哲学的形成与发展考虑太多。还有一种情况是，科学史的研究在 20 世纪三四十年代后，一大批人转向了科学的社会史研究，并在 60 年代取得了较大成果，他们的研究重在考察科学发展的社会因素，重在“研以致用”，不过一些学者又走向了科学社会学的研究，如默顿的科学社会学。这样一来，科学史便形成了内史与外史研究两种风格，不同的编史思想长期得不到消解，形成了内在主义与外在主义两大阵营并各持己见，谁更合理？自然需要科学史哲学的相关分析。

事实上，科学史出现这样的局面表明科学史需要合理性重建。于是伊姆雷·拉卡托斯（Imre Lakatos，1922—1974 年）提出科学研究纲领方法的合理重建，史蒂文·夏平（Steven Shapin）的科学史的社会学重构，还有其他学者在一些论著中从不同的角度通过消解科学史的争论而达到科学史的理性重建，但他们的思想都存在不同的质疑。因此，基于这样的现实，科学史哲学可以从哲学思辨的角度对科学史的研究进行整体性分析，并为科学史的合理性重建问题提供哲学依据。

二、科学史合理重建需要哲学思考

科学史的合理性重建，就是要实现科学史从叙述与描述层次向解释或说明层次及理解层次的转变，从而形成具有对科学的历史发展进行合理化解释的新格局。历史地看，国外科学史的建制化始于 20 世纪 20 年代，是由萨顿在哈佛大学完成的，因而其获得了“科学史之父”尊称，以表明萨顿在科学史的独特地位。到 40 年代美国的科学史走向职业化，进入 60 年代后内外史分野，传统格局被打破而新的范式还没形成，特别是受 80 年代后现代思潮的影响，科学史的内涵、特征、范式等出现了宏观性的变化，对科学史反思的科学史学由隐学变为显学，科学史的重建问题多次被提及。而国内的科学史研究从起步就不是以一种学科自主的方式发展的，而是以政府主导的格局形成的。国内最早开始研究科学技术史的是自然科学史研究所，当时对自然科学史的研究是建立在对中国古代辉煌的科技成果挖掘基础上的[①]，并不是一条学科自主化的发展道路。因此，国内更需要科学史哲学的研究和分析，以新时代、新进路与新格局引领科学史研究。

截至 2023 年 6 月 15 日，国内科学技术史的研究机构有 28 个，其中高等学校中有博士授予权的单位有 13 个，普通高等学校中本科院校有 1275 所[②]，从中可以看出科学史学科点在高校中占比很小。而在欧美国家的综合性大学几乎都有科学史系或与科学史研究相关的研究机构，由此可见国内的科学史学科的建制化发展还有很大的空间。况且，这 28 个研究机构的研究方向几乎都与学校的学科背景相结合，如北京科技大学的冶金史、西北大学的数学史与天文学史、内蒙古师范大学的数学史和蒙古族科技史、山西大学的地方科技史等，真正从事物理学史、化学史等学科史研究的学者相对较少，从事理论研究的学者则更少，几乎是屈指可数。从这一现状可以看出，国内的科学史研究几乎很少受哲学或史学的影响，而大多以考据的方式深入揭示中国古代科技方面的内容。那么，面对未来的发展，科学史学科应该由理学学科走向史学学科。[③]因为不论怎样讲，科学史的历史属性都是第一位的，历史解释就是最重要的研究，受历史学、哲学或历史哲学的影响理应必然，特别是科学史在 20 世纪 50 年代以后，对萨顿研究范式的反思更加证明了这一点。不过，萨顿在写《科学史导论》（*Introduction to the History of Science*）时就已经清醒地认识到，科学史的崇高目标是展示人类的统一性、科学的统一性和自然的统一性，科学推动了人类文明的演进。“科学史的内容远比各门专业科学的历史的总和要多得多。各门专业科学的历史必然是技术性的内容要更多些，而在一般科学史中，人文的因素和社会的因素则更为强大有力，因为一般科学史不仅涉及科学的各个分支、它们之间的内在联系和相互影响，而且要讨论它们全都接受的所有各种社会影响与哲学影响之冲击。”[④]在原文中的“general”科学史（general history of science）就是科学通史，只是译法不同而已。

---

① 席泽宗：《中国科学院自然科学史研究所 40 年》，《自然科学史研究》1997 年第 2 期。

② 中华人民共和国教育部：《全国高等学校名单》，http://www.moe.gov.cn/jyb_xxgk/s5743/s5744/A03/202306/t20230619_1064976.html，2023 年 9 月 16 日。

③ 吴国盛：《走向西方近代早期科学史研究》，《中国科技史杂志》2007 年第 4 期。

④〔美〕乔治·萨顿：《科学的历史研究》，刘兵、陈恒六、仲维光编译，上海：上海交通大学出版社，2007 年，第 106—107 页。

从中也可以看出，萨顿的科学史观发生了很大的变化，从最初的实证主义科学史观走向了新人文主义的科学史观，这种新人文主义就是以科学为基础的人文主义，只有科学与人文相结合的科学史，才能进一步揭示科学理性、科学精神、科学方法的发生与发展，了解西方近代科学起源时的人文主义、人道主义等思想对科学发展的影响。反思这些内容，对中国未来科学的发展有所启发。

纵观国内，自科学史建制化以来研究风格几乎没有什么大的改变。目前各个研究机构的特色，仍然是依托各自学校的学科优势，只是部分研究机构新增了科技政策史或科学精神、科学家精神等方面的研究，但对科学史的理论研究仍然不是很重视。一言以蔽之，国内的科学史研究基本是以一种完全“自治”的方式进行的，事实上对科学发展的内在逻辑性揭示还有待加强，对科学发展的外部因素分析也略显不足，同时更为重要的是至今没有一部严格意义上的中国古代科学通史。在此，强调的是“科学通史”，意即要与技术通史有所区别。况且，要从理论上对科技史与考古学进行区分，不然学科界限模糊会影响学科的建设与发展。正因如此，北京科技大学的潜伟教授写了一篇文章，专门针对科技史与考古学的关系做了一番澄清。该文颇有力度地将中国科技史与考古学的关系划分为四个时期，并分别以 1957 年、1980 年、2004 年为节点。此外，该文从早期科技史家与考古学家的关系，以及重要人物之间的合作研究展开，从王琎、梁思成、竺可桢、王振铎到夏鼐、柯俊等科学技术史研究的老前辈之间的交往，来论证科学技术史与考古学之间既有联系又有区别的关系。该文认为，中国考古学家和科技史家的交往，促进了中国科技史与考古学的交融，尤其是柯俊在夏鼐的帮助下，开展了商代铁刃铜钺、晋代周处墓“铝片”等有重要影响的研究工作，使科技考古在这种语境下应运而生，成为科技史与考古学之间重要的桥梁。因而在新的历史时期，科技史与考古学将沿着各自轨迹发展，由“术”而“学”，共同促进学术繁荣。[①]

潜伟的这篇文章非常清晰地向我们展示了科技考古产生的现实语境，也正是在这样的语境下，国内科学史的研究越来越走向了对古代技术的“挖掘性”研究。例如，对古代冶金技术的复原；对古代司南的复原等项目也应运而生，当然还有些项目存在一定的争论。那么，从科学史的学科属性来看的话，什么才是真正的科学史研究，这需要从哲学的层面来分析。当然，在此有一个基本的前提，即并不是说国外的科学史研究模式就

① 潜伟：《中国科技史与考古学：历史回顾》，《自然科学史研究》2017 年第 2 期。

是合理的或科学的，或说是值得我们去借鉴的，这里只强调科学史的研究不能仅停留在古代科技有什么，而应该在历史中寻求对科学的认知，以及对社会发展的贡献，并要展示对国家制定科技政策的影响作用，这同样需要科学史哲学的分析和研究。

三、科学史哲学研究的价值

基于上述的现实认知，从科学史研究的内涵与属性出发，探讨未来中国科学史的发展，借助哲学层面的反思与批判，理性地为中国今后科学史的研究方向、战略选择指出一条路径，是当务之急，因此科学史哲学的作用是不可或缺的。

第一，科学史哲学的研究，有助于重构中国科学史研究的逻辑起点。

哲学思考是一种逻辑的理性思考，这种理性不仅仅体现在哲学的思辨上，也体现在批判上，没有质疑与批判就没有进步。就当时的中国科学史研究来说，国内研究机构的主要内容是中国古代科技问题，到目前为止，没有一部中国古代科学通史表明重构中国科学史逻辑起点的重要性。已出版的五卷本《中国科学技术通史》，在吴国盛看来，并不属于通史，他认为，“除了第五卷有明确的年代意味（自明末清初西学东渐以来）外，其余四卷均无明确的时间线索。仔细分析起来，四卷内容仍然是中国科技史界熟悉的分科史和专门史的汇集，其中《技进于道》严格限定在技术史，地学主要出现在《经天纬地》卷，通常以‘天算农医’分别归类的中国科技史主体内容，以一种很难察觉到的分类原则分在余下的三卷中”①。

从这一段话不难看出，科学通史不等同于传统的科学专史，按照萨顿的观点，“划分科学史的唯一合理方法不是按国家和按学科而是按照年代分期。对于每一个历史时期，我们必须同时考虑科学和文明发展的整体”②。其实，可以这样理解，萨顿的科学史研究脱胎于科学家所做的科学史，他的思想一开始是以科学史料的形式出现的，这也是他的《科学史导论》写到14世纪而写不下去的原因，因为太多的史料在取舍上会有非常大的为难之处，连他自己也说这种编史方式注定无法继续下去，所以他才转向“人性化”的科学史观，即体现人文主义思想对他的编史方案的渗透与影响。所以，只有以年代顺序编写的并反映不同时期的社会、文化、经

① 吴国盛：《为什么还没有一部中国古代科学通史》，《科学文化评论》2016年第3期。

②〔美〕乔治·萨顿：《科学的生命》，刘珺珺译，上海：上海交通大学出版社，2007年，第32页。

济、政治等各方面的因素影响的科学史，才是真正意义上的科学通史。

以这种方式写作的中国古代科学通史，到目前没有出现。虽然杜石然先生于 1982 年出版了《中国科学技术史稿》，代表了 20 世纪末中国科技通史的最新研究水平，但真正关于中国古代科学的通史写作却一直没有出现。[①]这是中国科学史学界应该认真思考的问题。

这是因为，只要谈到中国古代科学史研究自然就会涉及一个问题：中国古代有没有科学？直到现在，无论是文章还是著作，几乎都是以中国古代科学技术的方式来写作的，其主旨是为了淡化“科学”，因而将科学与技术混为一谈，成为一个一体化的概念，所以尽管有很多的中国古代科技史论著，却没有中国古代科学通史。这是对科学判定的标准不同导致的。

对于这个问题的思考，需要从哲学层面去解读。哲学意义上的科学在不同时期具有不同的含义，特别是科学哲学眼中的科学，在逻辑经验主义的视域内主张物理语言是科学的普遍语言，试图把一切经验科学还原为物理科学，实现科学的统一，以此区分科学与形而上学，从而接受科学而拒绝形而上学；但证伪主义认为科学是可以高度证伪的，不能证伪的就不是科学，这样就把数学划分到了科学之外，因为数学是不可证伪的。所以说，不同的科学哲学对科学的理解是不同的，科学的标准也是不一样的。那么，对于中国古代科学来说，完全可以从哲学的思辨上重新定义科学，然后再论其通史。

很明显，中国的科学史研究现状需要从哲学层面去重新建构。这是因为，一是国内的科学史已经走到了这一步，需要从科学通史的角度反映中国古代的科学、文化、文明与社会为一体的演进史，这是文化自信的重要内容；二是国外科学技术史的研究风格从 20 世纪七八十年代以后已经出现了巨大的变化，而我们再不进行反思则会逐步与现实脱离。从近年来教育部的主导来看，2016 年以来个别高校的科学技术哲学和科学技术史的硕士点被撤销；个别高校将科学技术史的硕士点或博士点合并到其他院系。因此，如再不进行新的改革或创新，那么科学技术史专业的发展将会受到很大的影响。

第二，科学史哲学研究，是中国科学史研究的现实需要。

之所以到这一地步，说明科学技术史学科本身的发展存在问题，需要从哲学层面去进行思辨性的分析。事实上，科学技术史的研究任务并不能只停留在对科学技术发展的时序展开上，这只是一种最低层次的科学技术

---

① 吴国盛：《为什么还没有一部中国古代科学通史》，《科学文化评论》2016 年第 3 期。

史研究，这其实只是对过去科技的“翻新”，况且有时还不能真正地翻新。科学史的研究应该是探讨不同时期科学技术发展与社会、文化、经济、历史等因素的关系，在这一方面默顿已经起了很好的带头作用，这也正是国外对科学社会史研究重视的主要原因。所以，科学技术史的研究，一是要将科学史与技术史区分开来；二是要从不同的社会背景展开研究；三是要有哲学思维，特别是科学哲学的渗透。

因此，科学史的研究要做到与科学哲学紧密联系。科学史的研究最为重要的是揭示科学在发展过程中的规律与精神，即“科学精神”。这种“科学精神”在东西方是不是一样的，科学的发展是不是必须要依托传统的“科学精神”，这些需要从哲学层面去分析。现在一般认为“科学精神”是一种理性精神或批判精神，这固然没有错。此外，还有一些个人的情感因素，如努力、勤奋等，但这些“因子”都值得从哲学上去分析。

众所周知，1959 年英国物理学家、小说家查尔斯·珀西·斯诺（Charles Percy Snow）在剑桥大学作了一场著名的演讲，他认为存在着两种截然不同的文化——人文文化与科学文化，这对英国当时重文轻理的精英社会而言是一次创新式演讲，后来他把自己的演讲内容写成了一本小册子出版，并引起了社会极大的反响。后来他遭到自己在剑桥大学丘吉尔学院的老友、剑桥史学家普卢姆（J. H. Plummer）的质疑，以及 F. R. 利维斯等的批判，致使斯诺“两种文化”的观点一度成为很有争议的一个命题。[①]那么是不是真正存在科学文化与人文文化，仔细分析一下，如果从古希腊算起到近代科学革命出现，也就 2000 多年的时间，这段时间的科学发展是基于自然哲学的思考。在这一时期，在此只举比较大的科学事件，如阿基米德几何、欧几里得几何，之后是亚里士多德的自然哲学，后来的意大利文艺复兴，直到近代科学革命发生的 16、17 世纪的天文学和物理学。特别需要指出的是牛顿的物理学，连牛顿自己都说是站在巨人的肩膀上，事实上他也并没有对开普勒、伽利略进行质疑和批判，而是对他们进行了继承与发展。相反，天文学革命却正好是哥白尼将托勒密的地心说进行了相当大程度的改造，由“地心说”改到了“地动说”。那么在哥白尼身上体现的人文文化与科学文化是怎么样的？进而如果上升到科学精神的话，是不是也是一样的？怎样去区别？这些都是值得思考的问题。

---

① 曹莉：《“两种文化？C. P. 斯诺的意义”：回顾与思辨》，《杭州师范大学学报（社会科学版）》2018 年第 6 期。

所以，这样的思路能不能用在对中国古代科学的分析上，中国古代的科学标准能不能用现在的科学标准去处理显然还存在争论，这也是“李约瑟难题”所涉及的问题。中国古代科学有其自身的学术价值，是在中国特殊历史时期发展的产物，虽然在不同时期中国古代科学有不同的表现，科学高峰也不一样，但对科学文化或科学精神的创建是有作用的，而且中国古代科学的发展是完全依中国古代哲学的观照而发展的，所以中国古代科技与社会一直是以一种的和谐的态势发展的，虽然到了近代落后于西方，科学革命也没有发生在中国，这是事实，但其文化的精神实质却是最重要的。中国古代的科学技术推动了中国古代文明的发展，也是产生中华优秀传统文化的重要根源。那么如何将中华民族优秀的传统文化与中国古代科学史结合起来研究，这是当代的现实所需。

第三，研究科学史哲学，是新时代的需要，可以解决科学史面临的重大理论与实践命题。

中国特色社会主义哲学社会科学的创新，体现在各个方面，尤其是哲学层面的创新。哲学是时代的精华，是逻辑与理性思维的表现。对于具体科学来说，几乎每一门学科都有其对应的哲学，如物理学有物理哲学、化学有化学哲学、经济学有经济学哲学、历史学有历史哲学等。那么科学史哲学的产生就是自然而然的，尤其是当代更需要从哲学层面对中国的科学史研究进行重构，形成中国特色的科学史研究，之所以称为重构，就是因为不同的观点散落在不同的论著中，需要汲取不同学者的精华重新建构，特别是要关注马克思主义对科学及其历史的观点，以形成中国特色的科学史哲学。中国特色的科学史要完成科学史重在历史的长河中寻求科学精神、科学理性生长点的使命，为未来中国的科学研究需要服务；同时要与科技政策、科技战略研究等结合在一起，为国家的长期发展服务。

科学史哲学应科学史发展的内在要求，通过对科学史的哲学反思，为中国特色科学史研究的学科体系、学术体系、话语体系等方面的建立做贡献。特别是通过对科学史哲学的研究，明确中国特色的科学史应该做什么，怎么做；如何更好地为我国的科技政策、经济建设与社会发展服务。

所以说，中国特色的科学史研究需要科学史哲学的指导，科学史哲学的构建与完善有其重要的现实意义与理论意义。

第一章　科学史的哲学化

科学史的哲学化旨在回答为什么要从哲学层面对科学史的研究进行全面反思，理解与掌握科学史的哲学分析与思辨，从而引导从事科学史研究的学者从哲学上分析和认知科学史，或运用哲学的方式思考科学史的问题。科学史的哲学化主要体现在四个方面，即传统哲学分析的本体论、认识论、方法论、价值论，通过对这四个方面的分析，我们可以厘清科学史是什么、如何认识科学史、如何研究科学史及科学史的研究价值等问题，最终实现科学史哲学学术体系的构建。

第一节　科学史为何需要哲学

传统观念中“文、史、哲”于一体的治史方法，反映了文学、历史与哲学的有机统一。这一点在阿伽西看来是科学史研究的必备条件，他早在1963年的《走向科学编史学》（*Towards an Historiography of Science*）一书的序言中便明确提出要把科学史写成一个个迷人的故事，同时从批判理性的角度指出当时科学史中哲学思维的缺乏。从人类认识自然界的角度来说，自然科学知识是联系哲学与自然界的桥梁，是哲学反映自然界的通道。[①]这一观点说明了科学与哲学密不可分。那么描述这一过程的科学史，作为一类特殊的历史，与一般的文化史、经济史、政治史有所不同，要运用文学的语言把科学、历史与哲学的关系描述到位。而百余年的科学史研究经历了不同的时代，对其进行哲学思考也是顺理成章的事情。

一、科学史自身发展的需要

从科学哲学发展的逻辑看，科学哲学并不是在科学一产生时就形成了，而是在科学发展到一定阶段后才出现的，到20世纪初期出现维也纳学派后，逻辑经验主义的科学哲学一度成为主流，直到20世纪60年代的库恩提出“范式”理论以后，历史主义的科学哲学才逐渐兴起，科学哲学

① 林德宏：《试论马克思主义哲学与科学思想史的关系》，《科学技术与辩证法》1989年第5期。

的传统格局被打破，出现了解释学、修辞学、语言学的三次转向，于是到了后现代的科学哲学则完全颠覆了传统的科学哲学观念。例如，科学哲学家卡尔·波普尔、伊姆雷·拉卡托斯和托马斯·库恩及劳丹等诸多学者，用一种关于科学本质及其历史发展的理论主义概念，挑战实证主义的经验主义敏感性。[①]从这一点可以看出，如果没有从哲学的角度对科学及其历史进行思考，也不会对实证主义科学哲学构成挑战。所以，科学哲学的转向与科学史研究的内涵变化密切相关，从库恩对物理学史的研究后出现了历史主义的科学哲学来看，便完全可以证明这一点。

历史地看，科学哲学的发展历史说明当对科学产生新的认识时，哲学认知也会跟着变化，因为科学的内涵发生变化以后，科学史的研究自然相应地发生改变。从一般意义上来说，科学史产生于学科史，最早的学科史是由当时的“专家”——专门研究某一学科的自然哲学家来完成的，完全是科学家的学科史，学科史的研究不是职业化的行为。经威廉·惠威尔（William Whewell，1794—1866 年）创造性地综合后，1837 年他撰写并出版了《归纳科学史》（*History of the Inductive Sciences*），成为第一本综合科学史，尽管有些学者在列举了该书主要章节后认为其基本上还是学科史的整合，但这也是第一次用科学史来命名的学术著作，是由学科史走向科学史的重要标志，也被学界称为科学史的内史研究。在 20 世纪 50 年代前，科学史基本以内史研究为主，而且是以科学史家与科学家共同写作为主，直到 20 世纪后半叶，科学史的研究格局才出现了很大的变化。

这种研究格局的变化也体现在科学史研究目的的改变上，传统的科学史研究目的主要是揭示科学的发展历程，同时也在分析发展中体现科学的精神、特征等，而在 20 世纪的八九十年代以后，科学史的研究不仅要揭示这些内容，而且更为重要的是在分析科学之外的社会、文化、经济等因素的同时，发现科学发展中的机制、政策、机构的作用，使科学史的研究与一些学科建立交叉联系，这成为进入 21 世纪以后科学史研究的主流。那么，科学史研究要实现这些目标，就必然涉及一些科学在发展过程中的学科属性、学术架构、科学争论、分期问题、解释问题、研究方法等一系列元理论问题，这些问题需要从哲学层面去解读、分析与解决。由此可见，科学史哲学研究是科学史历史与逻辑发展的必然。

---

① McEvoy J G. Modernism, postmodernism and the historiography of science. *Historical Studies in the Physical and Biological Sciences*, 2007, 37(2): 383-408.

二、科学史观的哲学反思

科学史观是科学史研究中一个核心概念，体现了一种哲学的理性归纳，不同的科学史观是从不同的科学史家已写就的科学史著作中归纳出来的。萨顿的科学史观开始表征为实证主义的科学史观，集中体现在他的《科学史导论》中，而且被学者认为是精致的实证主义者，但是随着他对科学史的不断理解，萨顿后期的实证主义科学史观受到了自我挑战，表现为新人文主义的科学史观，主张“人性化”的科学史，集中体现在他的《希腊黄金时代的古代科学》（*Ancient Science through the Golden Age of Greece*）《希腊化时代的科学与文化》（*Hellenistic Science and Culture in the Last Three Centuries B. C.*）等著作中。

萨顿科学史观的变化说明了科学史家写作时的理性思考，即哲学意义。作为一名科学史家，无论其承认与否，都在自觉或不自觉地进行一些哲学思考，为什么会这样？这是由科学史的属性所决定的，虽然我们不可能回到过去，但科学事件作为历史实在具有客观真实性，而这些事件的意义生成高度依赖具体情境，这是科学史的第一个层面。科学史的第二个层面是科学史学者根据文献资料写就的文本，科学史学者的立场不同、思想不同，写出的科学史文本难免与真实发生的历史有一定的差距，特别是对一些元理论问题的不统一性，更会导致科学史解释的多元化。所以，要进一步考证第二层面的真实性与可靠性，需要一定的评判方法，于是科学史学“应需而生”，其重在从方法论角度对科学史研究进行评判。与之不同的科学史哲学，则是对科学史的全面反思，特别是从本体论、认识论与价值论角度对科学史理论与实践的分析，从这一点也可以看出其与科学史学的区别。

因此，科学史学就是如何对科学进行编史的学问，它一定是建立在科学史观的基础上的，有什么样的科学史观就会有什么样的编史方案。科学史观是一个哲学概念，科学史学也需要哲学思考，进而上升为科学史哲学。对于 Historiography of Science 的译法，国内有些学者译作科学编史学，有些学者译作科学史学，译成科学史学似乎更有哲学味，体现对科学史的理论分析，当然重点是在编史方法的研究，核心主旨是探讨科学史研究方法的合理性问题。

当然，正是有了科学史学的二阶理论研究，才会形成科学史哲学的三阶研究。于是，科学史哲学可以从科学史的本体论、认识论、方法论和价值论四个方面去构建。这四个方面可以从哲学理性的角度回答科学史的元理论问题，尽管科学史哲学是依托哲学的观点去解读、分析与解决科学史的元理论问题，但其核心是将哲学的理性、经验性、批判性、实在性与整体性的思想引入科学史理论问题的分析和解决中，初步形成一个多层次、立体的哲学体系。

第二节　科学史哲学的本体论

科学史的本体论就是指科学史在发展过程中对自身特征与属性的认识，即回答科学史“是什么”（what is it）的问题，科学史的本体论占据科学史哲学研究的主导地位，因为科学史本体论要回答科学史的特征与属性问题，这个问题是科学史元理论问题的核心。对于“科学史是什么”的问题，是建立在“科学是什么”的基础之上的，如果没有一个相对确定的科学标准，那么科学史将难以书写，这正是科学哲学与科学史相伴而行的合理性所在。随着科学哲学研究的不断深入，人们对科学的理解越来越深刻，使得科学史的研究范围也不断拓宽。不过，我们可以从科学史的研究对象、学术结构及历史等方面去认识和理解科学史，这与哲学上回答“世界的本体是由什么构成的”是一样的，二者都是从本体论的角度揭示科学史的本质。

一、科学史的研究对象

科学史的研究对象是什么、怎样确定科学史的研究对象等是科学史理论研究的核心问题。如果研究对象无法明确，那么科学史的其他属性也就无从谈起。科学史的研究对象不是一成不变的，它是随着研究领域的变化而与时俱进的。也就是说，不同时期、不同学者可以对不同科学史选题进行研究，即使是同一个选题也可以从不同的角度、不同的立场进行研究。因为，从不同角度理解的科学是不一样的，如从实证主义立场与历史主义观点出发去回答科学是什么这一问题，会得出不同的结论。这样，科学史哲学不得不关注对科学的认识和理解，这也正如在引言中提到的，科学史哲学的核心是对科学历史的哲学观照，但仍然需要关注科学。

关注科学先要关注科学观。历史地看，有代表性的科学观有实证主义、证伪主义、历史主义、社会建构主义及后现代主义等，这些哲学思想对科学史的影响很大，在不同的历史时期对科学史有不同的影响。但在科学史的研究中，还有一条路径是马克思主义的科学史进路，即立足于社会与科学的关系，从文化、经济、政治等因素分析科学发展的历史。其代表人物有赫森、贝尔纳、李约瑟等，特别是贝尔纳对科学与社会的认知，通过六种“形相”归纳了科学的六种内涵，把科学看作社会历史的产物，分析了不同的历史阶段对科学的不同认识。

因此，只有在历史的长河中，才能理解“科学乃是一种关于人类、社会、历史和生态活动的整体研究”①，这充分说明了科学史的研究内涵，如果脱离社会历史中的人及其生活状况，科学史的研究将是无意义的，或不能真正揭示科学发展中那些非常动人的一幕幕情景。阿伽西也认为科学史应该是一个个迷人的故事，那么要把科学故事讲好，科学史的研究对象就必须选择好，这是基本前提。

二、科学史的学术结构

科学史学术结构的确立，是科学史研究不可或缺的内容，也是从科学史的本体论角度阐释科学史本质的重要内容。笔者曾在发表的学术论文及博士论文中对此进行过论述，现在结合最新的认识从哲学角度对此进行一些分析。

学术结构涉及合理地安排研究内容。从科学史的学术结构来讲，如果没有对科学史的历史的哲学审视，就难以历史地、逻辑地确定研究内容。历史地看，科学史最初是从具体的学科史或学术领域史发展而来的，这段时期的科学史的学术结构是单一的，重在对科学发展的某一方面或某些方面进行历史的描述，几乎没有对科学事件的多层次解释。

在科学史完成建制化后，科学史的学术结构逐步完善起来，并形成了内史、外史不同的学术进路，内史的学术结构是基于科学本身发展的内在逻辑而建构的，外史的学术结构是基于科学发展的社会文化、经济基础及其他一些影响因素而建构的。这种内外史的分野格局很快被综合史的范式取代。另外，科学史学研究也从隐学变为显学，从而使科学史的理论思考较以前规范了很多，20 世纪 90 年代以后，科学史的学术结构基本较为明晰了，主要由以下三部分构成。

第一，科学史的理论研究。任何学科都需要对自身的研究状况进行反思，科学史的理论研究的深入程度表征了科学史学科的成熟度。也就是说，科学史的理论研究越深入，科学史越成熟。从学理上讲，科学史哲学是科学史理论研究的重要组成部分，这是从哲学的角度去反思科学史的研

① Hooker C A. *A Realistic Theory of Science*. Albany: State University of New York Press, 1987: 304.

究。科学史学也是一种理论研究，主要是从科学史的研究方法上去实现科学史的研究。当然，科学史的理论研究还可以从历史哲学中汲取营养成分，对科学史的研究进行反思，不过这也只是一类科学史哲学。

第二，科学史的学科领域研究。从科学史的学术结构来讲，这是最重要的研究内容，也建构了科学史研究的主体。如果将物理学史比作一棵树的话，那么其中的电学史、力学史等物理学分支历史就是树枝。其他学科史也是如此。这就是说，科学史的学科领域史研究主要依托各学科的历史进行研究。不过，现在出现一种新的科学史研究，即大科学史的研究，这是在大科学的概念和局面出现后，科学史形成的新内容。怎样研究大科学的历史也需要从科学史哲学的角度进行思考和分析。从概念上分析，大科学本身是多学科交叉渗透去解决某一问题或某一类问题，那么对这样的科学进行历史研究，就不能简单地记录发生过的历史事件，而是要全方位地进行多维阐释，不仅要阐释其是如何组建的，还要阐释其建立的目的，因此其研究内容和方法一定是多元化的。

第三，科学史的应用研究。科学史的应用研究主要是从科学史与科技战略相结合的角度进行的系统研究，这类研究体现了科学史的研究不是“无用”的研究，而是与社会发展、经济发展及社会机制等方面的需要紧密结合在一起，从科学发展的历史研究中总结经验与教训，特别是科技政策史的研究可以更好地服务于社会的各方面发展。

第四，科学人物的研究。从马克思主义对科学与历史的观点来分析，科学史的研究必须关注科学家，要建立围绕科学家分析科学事件发生与发展的树状结构，因为科学家作为当时社会“现实的人”，他们的行为受当时社会的政治、经济、文化、哲学等各方面的影响，通过研究科学家可以阐释科学发展中的重要内容。另外，对于“现实的人”为科学发展做出的贡献，自然还有非科学家，即平民主义指称的“人”，科学史的研究也需要关注这类人。

总体来讲，科学史的学术结构有一个历史的流变过程，不同的历史时期对科学史的认识不同，那么反映到科学史的研究领域建构的内容也不同。因此不能以一时的学术结构来统率全部的内容，应该用灵活多样的内容建构科学史的学术结构，但无论什么样的科学史其内在逻辑都是不能变的。

三、科学史的历史

通过科学史的历史去认识科学史的本质，不失为一条快速而合理的通道。从本体论上讲，科学史的历史是实在的，这是科学史哲学在本体论基础上的一个重要研究内容，梳理科学史的历史就是为了更好地理解科学史研究中存在的问题及经验。前文已述，不同时期科学史的表现形式是不同的。在弗兰西斯·培根（Francis Bacon，1561—1626 年）提出“以经验为手段，强调通过实验而非依据抽象推理认识世界”的思想后，学科史研究开始注重经验科学的历史研究，对经验科学的历史研究推动了近代科学的发展，对哲学的认识论和工具论等研究的贡献也很大。①所以，他的一些科学史著作或科学著作与前人有很大的不同，他的思想对后期科学史的影响非常大。关于培根对科学的态度及对科学复兴的认识，只有通过科学史才能知晓。不过，培根对科学史有很深刻的理解，他自己也进行学科史的写作，关于他对学科史写作的认识，只有通过科学史的历史才能了解。

所以说，对于一门学科的历史研究是认识这一学科的最佳路径，当归于本体论范畴。一门学科的发展，需要对其进行历史追溯，这是朴素科学史观的最初表现形式，通过这种历史分析才能更加明确科学的社会地位与历史地位。特别是对中国科技史的研究，我们更应该从历史中去总结，在总结中反思中国科技史研究的得与失，并探讨在新时代怎样研究中国科技史才能更好地为国家的发展服务，为社会的进步服务，这些是科学史哲学研究中很重要的内容。

四、科学史的学科性质

从学科属性的角度讲，科学史应该属于历史学，这是很合乎学科属性的观点，但是科学史作为一种“特殊的历史”，与其他历史学科又有差别。1997 年国内在学科划分时将科学技术史确定为一级学科，但不设二级学科②。

事实上，国内科学史的学科定位与路甬祥、钱伟长、吴阶平、钱临照、席泽宗、柯俊等院士的关系非常大。从学科的定位可以分析科学史的学科性质，因为这是基于对科学史的本真认识。当时国内这些从事自然科学研究的知名院士与从事科技史研究的学者一道，为科学史的学科归属做了最大程度的努力，科学技术史成为一级学科建制与这些院士及科学史同仁有很大的关系，笔者曾亲耳听过时任中国科学院自然科学史研究所副所长王渝生讲过这段感人的故事。在 1981 年 11 月国务院学位

---

① 注：当时还没有科学史的说法，在此只能用现代的语言来说明那时的学科史研究。

② 2024 年 1 月，中国学位与研究生教育学会官网发布的《研究生教育学科专业简介及其学位基本要求（试行版）》中，将科学史确定为二级学科。

委员会公布了全国首批科学技术史博士点与硕士点后，经过5年多的建设，到1986年学科史已比较健全。1997年，在确定科学技术史的学科建制时，王渝生代表中国科学院自然科学史研究所、中国科学技术史学会与钱临照、柯俊、钱伟长、吴阶平等院士进行商讨。讨论后，大家一致认为科学技术史应该是一级学科，但这一思想要得到评委的认可才行，因此就出现了王渝生闯会场陈述这一观点的场景。这一过程在翟淑婷的文章中也有所阐述。①

自此，科学技术史在我国正式成为一级学科，可以授理学、工学、医学等博士学位，这一学科定位使科学技术史与历史学一样，都是一级学科，突出了科学技术史的学科独立、学术自由及学术地位，从中也可以看出我国对科学技术的重视。从我国对科学技术史的学科定位就可以看出，作为二级学科的科学史不仅具有研究历史的属性，同时也具有研究科学的属性。这一学科定位是非常合理的，同时也折射出科学史的研究理应在历史长河中揭示科学的本性，主要是要实现在历史的长河中“理解”科学史。

历史地看，中国科学史研究是在特定的历史时期确定的独特地位。

第一，就是在1956年中央提出制定12年的科学发展远景规划时，中国科学院副院长张稼夫在会上汇报科学院工作时讲的第四点内容：“总结祖国科学遗产，总结群众和生产革新者的先进经验，丰富世界科学宝库。”②出此可见，1957年在中国科学院设立自然科学史研究室时，其目的非常明确，重点就是研究中国古代科学技术问题。

第二，从西方学者研究中国古代科学技术的角度看，李约瑟作为一名科学史家，其对中国古代科学技术史的研究激发了中国学者的相关研究。李约瑟对中国古代科学技术史的关注来自鲁桂珍在英国留学时的分享。1937年，鲁桂珍机缘巧合地向李约瑟介绍了中国古代的科学技术成就，当时的李约瑟是位生物化学教授，在生物化学领域已有专著出版，说明已有了一定的建树，但当他听到中国古代有如此深厚的科技成就时马上产生了浓厚的兴趣。1942—1946年，李约瑟不畏艰难困苦，几乎走遍了中国的大江南北，见到了中国当时的一流学者，更为重要的是他收集到了许多古代文献资料，回国后他撰写了关于中国古代科学技术史研

① 翟淑婷：《我国科学技术史一级学科的确立过程》，《中国科技史杂志》2011年第1期。

② 席泽宗：《中国科学院自然科学史研究所40年》，《自然科学史研究》1997年第2期。

究的大纲，1948 年 5 月 15 日他向剑桥大学出版社递交了《中国的科学与文明》（*Science and Civilazation in China*）的写作、出版计划，在得到肯定后他组织人员开始写作，1954 年 8 月 14 日，他与中国学者王铃合作的《中国科学技术史》（第一卷）出版，当时轰动了西方的汉学界。随后，这一研究及其后期研究计划传入中国，这对当时国内学界产生的影响是可以想象的。从时间节点上看，李约瑟这部著作的出版时间早于中国科学院自然科学史研究所的成立时间，既然西方人都去研究中国古代科学史，我们中国人更应该去做，所以中国科学院进行古代科学史的研究就是自然而然的事了。

从上述两点来看，中国的科学史研究起步是以历史方位展开的，其中蕴含科学史的科学属性，因为中国科学院自然科学史研究所的科学史研究一是揭示中国古代的科学技术成就，二是对一些仪器或文物的复原。这样的学科定位无疑与国际科学史的双重属性几近一致，这一点正如萨顿所表述的：其一，纯粹历史的理由，要分析文明的发展，即理解人类；其二，哲学的理由，要理解科学更为深层的含义。[①]从萨顿对科学史属性的认知可以明显看出来一个是科学的，一个是历史的，其实质是从人类的历史发展中揭示科学的发生与发展。所以，无论是将现代意义上的科学称为自然哲学还是自然科学，科学史始终都是围绕这两个层面进行研究的，这是科学史哲学本体论最为核心的内容，从这两方面出发可以建构不同层次的科学史研究内容，也可以在不同的向度展开对科学历史的多元化研究。那么，科学史哲学在本体论层面就是分析科学史内容确立的合理性。

第三节　科学史哲学的认识论

科学史哲学的认识论，就是对科学史本身的学科属性、特征、历史的认识，是基于本体论的哲学分析，本体论与认识论紧密相关，这是科学史哲学的重要研究内容。从马克思主义认识论的角度看，我们不仅能够认识物质世界的现象，而且可以透过现象认识其本质，是认识与实践的统一，即可知论。简单地理解认识论就是我们能否认识世界及怎样认识世界的问题。那么，以科学史为对象的科学史哲学的认识论，就是对能否认识科学史及怎么认识科学史的问题，因而只有从科学史的研究实践中去观照其本质，才是正确的分析路径。从这一点出发，可以把科学史的研究看作现

---

① 〔美〕乔治·萨顿：《科学史和新人文主义》，陈恒六、刘兵、仲维光译，上海：上海交通大学出版社，2007 年，第 55 页。

象，透过科学史研究的文本认识科学史的本质，具体可以从以下几个方面展开科学史的认识论研究。

一、科学史的分期

科学史的分期，不仅是一个重要的学术问题，同时也是需要从哲学理性思考的问题。之所以这样讲是因为科学史与其他历史有很大的不同，特别需要指出的是，科学成果是由特殊人物在一定的历史时期完成的研究，也就是说科学的特殊性决定了科学史的特殊性。那么，对科学史的分期应该按照科学发展的规律或标志性的科学成果进行，而不能“通史”式地按历史年代进行，这是科学史与一般历史区别的认识论问题。

既然科学史的分期不能像人类历史那样以年代划分，那么科学史分期必须遵循一定的原则和依据。原则和依据需要从哲学的层面去分析，这建构了科学史哲学在科学史分期方面的基本内容。对于科学史的分期，国内的学者很少涉及，有代表性研究的学者有许良英和李春泰，其中许良英的科学史分期是以古代、近代、现代三个历史时期来划分的①；李春泰则不按照历史年代划分，他以方法为根据，把科学史的形成分为四个大的阶段，即想象、直观、控制实验与形式化阶段②。

之所以列出上述两位学者对科学史分期的主要观点，一是可以说明不同的学者会从不同的角度对科学史分期进行思考；二是科学史研究完全可以不从历史的角度去进行分期；三是科学史的研究以什么标准进行分期很重要。依据这三点，对上述两位学者的科学史分期的合理性问题进行分析，可以说在某种意义上存在一定的合理性，但这两种分期不能兼顾，更不能将不同学者的观点运用于具体的研究中，因而需要对不同的分期原则进行整合，整合的依据是科学史分期的合理性。

因此，通过科学史的分期对科学史进行认识论层面的研究，需要关注的一个重要问题是分期的合理性问题。在此，从马克思主义哲学的角度看科学史的分期，首先要确立“具体问题具体分析”的原则，即对于不同的科学史研究对象要运用不同的分期原则；不能简单地以人类历史的发展阶段对科学史进行分期，否则就失去了科学史的人文性与特殊性。前文已述，科学是由特殊人物完成的特殊事业，科学成果是表征科学发展的重要指标，不同的科学家在不同的历史时期形成的科学成果，理应成为科学发

① 许良英：《关于科学史分期问题》，《自然辩证法通讯》1982年第4期。

② 李春泰：《科学史分期的根据》，《自然辩证法研究》1996年第4期。

展不同阶段的主要标志，从而以科学成果进行科学史阶段划分，这是一个重要的原则，这也是本书在科学史分期问题上的学术主张。

以科学成果划分科学发展阶段，特别是以标志性的科学成果作为划分科学发展不同时期的界线，是有其合理性的。无论是自然哲学阶段还是自然科学发展阶段，都可以以标志性的科学成果进行分期，这可以很到位地对科学发展的特征做出总结，现举一些例子加以说明。例如，对于中国古代的科学研究，传统的是以朝代为期进行阶段性划分，如果打破这一原则，代之以标志性的科学成果进行划分，则可以很清楚地将古代科学发展的特征表征出来。以数学史研究为例，我们完全可以不按朝代的更替去进行不同年代的数学史研究，代之以非常著名的数学著作出版年份进行划分，从《周髀算经》（公元前 200 年左右）到《九章算术》（公元 1 世纪）这可以是一个时期；再结合《孙子算经》《五曹算经》《夏侯阳算经》《海岛算经》等不同时期的数学经典作为划分的原则和依据，这样的分期可以一目了然地对中国古代数学成就发展特征做出判断。

再举一个例子——科学家研究。最近几年科学家研究成为一个热点，从科学家身上分析科学精神、创新精神与科学家精神等成为当下关注的焦点，一些硕士、博士研究生的论文选题也以科学家为对象进行研究，这些研究在科学家的认识、科学成果意义的挖掘等方面具有现实意义。但在具体的研究中，大多研究生对科学家的研究中如何分期存在疑问，科学家有的从社会发展的年代进行分期，有的从学科史的角度进行分期，不一而足。这些分期都存在一定的缺陷，因为不能真实地反映科学家的学术成长。因此，以科学家的标志性成果进行分期是最科学、最合理的分期原则，任何科学家都有其不同的成长历程，在不同的阶段做出了不同的科学贡献，这些贡献是以科学成果的形式表征的，不同时期的科学成果可以把科学家的研发历程非常明晰地表征出来。

二、科学史的层面研究

克拉夫于 1987 年在其《科学史学导论》（*An Introduction to the Historiography of Science*）中说过“科学史必定是一个多方面刻画的学科”[①]。这句话对于科学史的认识归纳得比较到位，因为科学史的发展越来越说明其不是一种简单的历史叙事，而是从不同角度、不同方面、不同

① Kragh H. *An Introduction to the Historiography of Science*. Cambridge: Cambridge University Press, 1987:22.

层次进行的一种历史、文化解释，同时也是“运用历史行动者术语去分析的历史行为”[①]。“历史行动者”，这是夏平在谈到科学史的内外史争论时提到的一个史学概念，可以说每一位科学史研究者都是历史行动者，那么作为一名科学史行动者如何利用史学语言解释和说明科学的发展历程，可以通过建构“科学事实”这一概念对历史行为和过程进行准确的描述。为了更好地对科学事实进行多元化解释，可以设计科学史的层次解释，意即从不同的层面对科学事实进行说明和解释。

笔者以前曾就科学事实和科学史的层次进行过一些研究[②]，在此基础上对其做进一步分析。前文已述，科学是通过科学家的研究而逐步推进的，尽管古代没有“科学家”这一概念（直到19世纪30年代才建构该概念），但为了描述方便，无论是古代还是近现代的科学家，在此都借用这一概念统一描述历史上从事科学研究的人，没有这类特殊的人也就没有科学的产生和发展。所以，从建构科学事实的角度出发，科学史层面分析的第一个层面就是对科学家的研究。在此，使用层面一词是因为笔者认为层面像平台一样，可以更为现实、合理地说明科学史的真实境况，在第一个层面上的科学家研究，是分析科学事实的出发点与立足点。历史地看，不同时代的科学家所从事的研究内容不同，古代偏重观念性的思辨，近代偏重实验，现代的数理运用与实验结合等不同内容在科学家身上展现得最为完善，因此这是最重要的一个层面。当然，在此需要指出的是，人类进入大科学发展后，对于第一个层面的研究将以科学家个体与群体相结合的方式进行。

在第一个层面的基础上，第二个层面的研究当集中在文献资料记载基底上的考证，这是科学事实建构的核心。一般来说，科学家从事科学研究时都会留下一些手稿或日记，特别是近现代，好多“科学大家”都有手稿留存，这为研究当时的状况提供了很好的文献资料。当然，还有其他一些涉及相关内容的文献资料，这也是必须掌握的内容。科学史家通过对上述两个层面的归纳分析，基本形成了对某一科学事实的建构。那么，对科学事实的建构是否合理，需要从科学史的第三个层面，即理性的、哲学的科学史层面进行考证分析。这也正是科学史学出现的原因，也即科学史哲学出现的实践与理论基础。

这三个层面的科学史，综合地建构了对某一科学事件的合理解释，从

---

① Shapin S. Discipline and bounding: The history and sociology of science as seen through the externalism-internalism debate. *History of Science*, 1992, 30(4): 333-369.

② 李树雪：《语境论科学编史学研究》，山西大学博士学位论文，2011年。

对人物的研究到对事件的考察，再到对哲学意义的归纳与反思，体现了这三个层面的层层递进的逻辑关系，在此特别强调对科学家的关注，没有第一步对科学家的研究，第二个层面的建构有时是会失真的。不过，需要说明的一点是，一些很古老的著作是没有作者的，如研究中国古代科学史会发现个别著作没有作者，针对这种情况，可以结合当时的社会文化背景去分析，在处理作者问题时可以从群体作者的角度去分析，这更需要结合当时的大历史观去分析。

三、科学史的功能

作为一门独立学科的科学史，其作用与功能是多方面的，具体来说，科学史具有两个基本功能：一是解释功能；二是教育功能。从哲学意义上讲，科学史哲学要在反思科学史的发展过程中对科学事实进行解释，并在此基础上实现教育功能。

（一）科学史的解释功能

科学史的解释功能的实质是科学史对科学事实具有说明和解释价值。从哲学的分析上讲，科学史的第一个层次是对具体科学事件的历史叙事，但仅达到这一层次是不够的，还应该对科学事实的发生过程做出合理的说明，即达到“知其所以然”的程度。所以说传统的科学史研究是平面的、静态的，而科学史说明和解释则是立体的、动态的，而且是语境相关的。换句话说，对科学事件的解释和说明是语境敏感的，离开具体语境谈科学史解释是无效的，或可能引发歧义。

语境论的科学史是在语境论科学哲学的观照下发展起来的。科学史之所以会走向语境化就是因为任何的科学事件都有其发生的具体语境，科学事件从来都不是独立的，而是有其独特的语境条件的，这个语境条件有来自科学内部的因素，也有来自科学发展过程的外部因素。因此，对科学事件的解释与说明需要这两方面的语境共同作用才能实现。而对这两种语境的分析又需要建立在哲学理性的基础上，常常是一种因素理性的“哲学选择”，而不是一种非理性的自然选择。所以，科学史的解释功能的实现是离不开科学史哲学指导的。

（二）科学史的教育功能

从教育学的角度讲，历史本身就有教育功能，科学史作为一门横跨科学与人文的特殊历史，其教育功能是其他学科无法替代的。但是如何实现这一点，需要从哲学角度去分析，而且不同内容的科学史，其教育功能也不尽相同。对此，一些西方学者进行了大量的研究，从不同的角度、不同的内容对科学史在科学教育中具有的重要作用进行了分析，有些是哲学层面的归纳与总结。但国内学者对这方面的研究不是太多，其实，科学史的教育功能更需要从哲学的角度进行反思。一般来说，科学史的教育功能主要体现在以下几方面：通过科学史可以更好地理解科学的本质；通过科学史可以促进科学与人文素养的结合；通过科学史理解科学发展的批判理性精神，从而上升到科学精神。

1. 科学史是理解科学本质的历史通道

一般来说，科学哲学是立足于科学发展的最前沿来反思科学的发展的，为科学怎样发展、向什么方向发展提供路径选择。科学史则是从历史中总结科学在不同阶段的不同内容，表现为在人类历史上的不同时期对自然、社会的认识规律的总结，从而更好地理解科学的深刻内涵。因此，科学哲学与科学史是殊途同归的学科，都是对科学的本质进行的分析和认知，只是角度不同而已。

2. 科学史是沟通科学价值与人文价值的重要桥梁

1959 年，查尔斯·珀西·斯诺发表了非常有名的有关“两种文化”的演讲，强调了人文知识分子的文化和自然科学家的文化之间存在差异，指出了人文文化与科学文化之间的隔阂，甚至两者之间有时还存在敌意。这篇演讲拉开了科学文化与人文文化大讨论的序幕，后来他把自己的演讲内容进行完善和补充，形成了一个小册子——《两种文化与科学革命》（*Two Cultures and the Scientific Revolution*），从科学革命的高度重新审视“两种文化”。斯诺声称自己的核心思想普适于全世界，在他看来，人文知识分子控制着政府和较高社会圈子这两方面的权力，这类人不太了解科学，或对科学一窍不通，而且他们几乎不认为科学是十分重要和令人感兴趣的。在此背景下，当在政府中讨论方针政策时，科学常常被置于一边，或被视为全社会中令人厌烦的东西。这种对科学的漠视，斯诺认为是可耻的、危险的，而且当这种漠视横行于政府中时会毁了国家。另外，他认为科学家所受的人文教育常常欠佳，因而责任心不强，因为他们倾向于视文学为主观主义而加以拒绝。[①]斯诺的演讲形成了“斯诺命题”，其核心论题

---

① 曹莉：《“两种文化？C. P. 斯诺的意义”：回顾与思辨》，《杭州师范大学学报（社会科学版）》2018 年第 6 期。

就是科学与人文的沟通问题，事实上科学与人文的关系一直是学界讨论的重要问题，直到今天仍在讨论，尽管有不同的方式可以成为沟通科学与人文的桥梁，但公认的是科学史，这也正是科学史的价值与功能之所在。

3. 科学史是认识科学精神的重要途径

科学精神是科学在发展的历程中形成的独特的一种精神，不同的科学家的科学精神是不一样的，不同科学共同体所表现出的科学精神也不一样。所以只能笼统地说科学发展过程的一些传统、认知方式、行为规范和价值取向等。近年来，国内学者对这方面的研究非常多，主要是为了回答近代科学革命为何没有在中国发生这类问题，在对一些社会、经济、文化等原因分析了之后，有些学者从科学精神的角度寻求答案。

科学精神本身就是一种哲学的理性归纳，其实质是通过对一批科学家、科学事件、科学共同体的分析与研究来探讨科学研究到底是一种什么样的因素在起着关键性的作用，所以说本身就是哲学思考。那么科学史在研究与探讨科学的历史发展中，特别是在研究科学史的解释与说明功能时，自然而然地就会联系到科学理性、科学批判、科学创新等因素。因此，通过科学史可以认识到科学精神的来源及其不同时期的不同表现。

四、科学史的学术价值

从哲学上归纳科学史研究的价值，有三个最基本的价值：一是认知价值；二是方法价值；三是人文价值。

第一，认知价值。

众所周知，科学的概念是近代概念，来自古希腊的自然哲学，笼统地说是自然哲学促生了自然科学，而我们日常研究的科学史大致是指自然科学史，并没有包括社会科学史，所以实际上是对科学的狭义理解，因为科学应该至少包括自然科学和社会科学。尤其是中国的科学概念翻译自日本，即分科之学，实际上是对各门具体学科的一种抽象。科学是抽象概念，它是在归纳各门学科共性基础上而形成的，在不同时期的表现形式是不一样的，而且即使是同一个时期，不同的学者基于不同的立场，对科学的认知也是不一样的。例如，在今天认为是科学的东西，在过去可能还没有出现；或者过去是科学的理论，在今天却成了错误。这就是说，科学概念的内涵不是一成不变的，随着时间的推移科学的内涵与外延都在不断地变化，这如同在逻辑经验主义视域中的科学与后现代主义论域中的科学，不同学者的观点和态度是截然不同的。科学史的一项重要任务就是在历史中寻求科学内涵的演变，而且需要从哲学上去反思其认知价值。

第二，方法价值。

科学的研究离不开方法的不断变化，正是有了不同的研究方法，才使科学取得了突破性进展。无论是东方还是西方的古代科学的发展都是很缓慢的，就拿中国古代科学技术来说，尽管我们有那么多发明，但真正意义上的发现却是比较少的，而科学的内涵正是发现。例如，中国最完整记录太阳黑子的文献在公元前 28 年，比西方早 1600 多年。对于同一现象，直到 1610 年左右，意大利天文学家伽利略才首次用望远镜看到了太阳黑子，发现黑子是太阳表面非常普遍的现象。这与中国古代有很大的不同，这是借助科学工具实现的，而中国古代是依靠长期积累的天文观察实现的。1843 年，德国天文爱好者施瓦布通过自己 1826—1843 年的日常黑子观测，首次发现了日面上黑子数量的多少存在 11 年左右的周期变化。这是一个非常重要的发现，现在的天文学理论已经证明了太阳的磁极倒转周期是 11 年。另外，太阳黑子的常规观测不仅让我们认识到其自身的变化规律，同时也揭示了太阳上的其他现象和规律，如太阳磁场、太阳自转、白光耀斑都是在黑子观测中被发现的。从这里我们可以看出，不同的研究方法对科学发展的贡献是完全不一样的，科学史就是在历史的长河中用理性的方法归纳不同时期的科学方法的演进过程，这正是科学史的方法价值。

第三，人文价值。

人文就是人性文化，是主张“以人为本”观点的具体体现，价值本身是个哲学概念，体现在“人”与“物”的需要上，如果一个物品能够满足人的需要那么它就是有价值的，否则就没有价值。人文价值与经济价值、商业价值等一些价值不同，人文价值重在强调尊重人性为本的价值理念。科学史的人文价值主要体现在科学家的作用与影响、科学家精神、科学在观念方面的人文影响、科学价值的人文判断、科学的理性精神等诸多方面。

由于古代的东西方科学是无法被定义的，因此不得不采取一种宽泛的定义来理解科学，即把古代的一些特殊人物对自然的认知活动以科学活动来对待，那么科学无疑就是一类由特殊人物所从事的特殊活动，非常人之所为。这样一来，科学史的人文价值表现可以通过考察特殊人物的生活与成长，或有可能对科学的发展有一个很清楚的解释和说明，这一点对于当代的价值更为重要。设想一下，正是由于古希腊“自由、闲暇、好奇心”的文化特质加上人文理想，才启发造就了其后期辉煌的科学创造，而我们中国古代的哲人思想可以说毫不逊色于古希腊，诸如惠施十事之类的精微思辨，并不亚于古希腊的形上思辨；《墨子》中的一些逻辑思想非常缜密，也不逊于古希腊逻辑；儒者的求实精神，亦应有利于科学的建树；宋明理学同样具有科学的影子。如果说中国古代没有像欧几里得几何中的公理化系统，那么到了明朝时这些科学理论由徐广启翻译并引入中国后，为什么不能启发出同样伟大的科学？这是非常值得深入研究的内容。特别是在对中华优秀传统文化的创新性发展与创造性转化的大背景下，只有深入剖析当时从事科学类活动的人物的成长环境与价值实现，以及当时科学与人文的关系，并归纳当时的“科学精神”、价值理性等方面的内容，才能对当代有研究价值，这也是研究中国古代科学史的路径。

第四节 科学史哲学的方法论

科学史哲学的方法论研究，重在对科学史的研究方法进行理性探讨，是基于具体研究方法的合理性思考，是将科学史的研究以“形而上”的方式进行的综合分析，因而科学史哲学中的方法论研究与科学史学中编史方法研究有很大的不同，后者强调具体的研究方法。所以说，科学史哲学对方法论的考察，核心旨在对科学史具体研究方法的合理性问题进行哲学分析，特别是针对有共性研究方法的理性分析。

一般来说，科学史研究的方法路径有两种：一种是社会科学式的研究模式，一种是自然科学式的研究范式。社会科学式的研究模式，就是常规的文献考证、按时间顺序的编年史等一些分析方法；而自然科学式的研究范式就是利用自然科学的一些方法进行研究，如实验分析法、计量分析法、模型分析法、假设（假说）分析法等。对这些具体研究方法的理性分析就是方法论研究的核心内容。

科学史不同于一般历史，在科学史哲学的本体论研究中提到早期的科学史是由自然哲学家（科学家）写作的，这种情形直到 19 世纪中叶才有所变化。进入 20 世纪后，随着科学史的职业化，科学史的研究区分为内史、外史和综合史三个不同的发展阶段，同时也产生了不同的科学史研究风格，从而使科学史出现分化。由于不同的内容需要不同的研究方法，因此科学史的方法研究得到了重视。事实上，科学史的方法论研究受制于其本体论和认识论。这就是说，对科学史的研究对象选取不同、学术结构的认知不同，方法论的研究就会有所不同。在科学史研究中，科学家可以是个体，也可以是群体，那么对于个体与群体的研究就会产生方法上的不同。科学共同体的价值取向有时会因为个人的兴趣或政治等原因出现分歧，而科学家个体却不会这样，只是有可能其兴趣发生些许转变而已。这样就给科学史的方法论研究提供了机会，但也增加了难度，就是何为合理的科学史研究方法？这需要从两方面进行逻辑的、历史的与理性的反思。

最传统的科学史研究方法就是典型的编年史方法，这是通史常用的方法，只要是文献考证的内容，依据时间顺序进行编史即可。这样的编史，对于科学史的专题来说是完全不可取的，因为其无法反映科学发展的局部特征，况且还会失去对重要科学人物的研究和分析。为什么会出现这个问题，就是因为科学史发展到现在，人们才终于明白以前的学科史与现在的科学史其实都没有达到科学事件的解释与说明层次，大多科学史论著都没有达到“知其所以然”的程度。

百余年的科学史研究，事实上对于科学发展历史上“有什么科学”的基本层面已经比较清楚了，未来的科学史研究是在诠释科学发生与发展的因素上需要做更多的工作。这样的解释与说明需要根据现实要求去建构新的科学史观、新的编史学理论，以及新的哲学观念。这可以说是时代的要求与现实的需要，那么面对这种现状就需要对传统的科学史学进行多层面的哲学反思，理性地继承传统编史学理论中合理的成分，剔除其缺陷部分，用一种新的哲学思想建构新的科学史编史理论。

不同的科学哲学家对这一问题进行了研究，首先是拉卡托斯的构想，他认为可以将“科学研究纲领”引入科学史的研究中，实现科学史的合理性重建，但其后被一些学者批判。因此深刻总结传统的科学史研究方法，有助于科学史哲学在方法论研究方面的丰富与发展。历史地看，可以清晰地发现，科学史的研究方法基本呈现三种不同的“形态”。

第一，以内史方法为主的形态。

科学史的内史方法，主要是指科学史的研究根据科学发展的内在逻辑进行，很少考虑任何科学发展的外部因素，这个阶段可以从最初的学科史阶段一直延续到20世纪的50年代，尽管在此期间也出现了外史的研究方法，但主要还是以内史方法为主。之所以这一阶段以内史方法为主要形态，实质是与科学的实证主义哲学传统有关。科学史的创立者萨顿是一位精致的实证主义者，他认为科学史就是累积实证的知识体系，科学史与文明史紧密关联在一起。历史地看，萨顿有这样的思想在当时的境遇下是完全合理的，因为在他之前的学科史基本是以寻求科学的社会地位而存在的。萨顿在哈佛大学讲了多年的科学史课，其大多是以科学史的实证为主的，或者说以科学事实为核心的建构，这从他的《科学史导论》中就可以看出来，虽然他后期走向了人性化的科学史研究，但他前期一直进行实证主义的科学史研究，因此注定其是以内史方法为主的。

内史研究的另一位集大成者是柯瓦雷，他创立了概念分析法。柯瓦雷的研究更加体现了内史的独特魅力，当然在他的研究中也不全是纯的科学发展的内在逻辑，其中也有对科学家的分析，他的经典之作——《伽利略研究》（*Research on Galilei*》体现了他的研究方法，他认为科学史研究对象就是科学观念的演变，因此，只有从科学家思想上进行研究才能真正反映科学概念的嬗变。在此，鉴于篇幅关系，对内史方法的其他学者的思想不再列举。总之，科学史的内史研究到目前为止仍有其合理性，因为对于一些未知领域的研究，还需要从内史的角度先描述其“是什么”，然后才能解释其“为什么如此”。

第二，以外史方法为主的形态。

科学史研究的外史方法，是指对科学史的研究主要从科学发展的外部因素入手来分析科学发展的方向、速度及与社会的关系等，而较少考虑科学发展的内在逻辑。20 世纪的 60 年代以降，科学史走向外史研究是历史与逻辑发展的必然，因为对科学史的认识已从传统的、对科学发展内在逻辑的考察转向了外部。不过这一转向，主要是“由于当时大多数职业科学史家不是科学家出身，他们对科学的理解更多是从文本中获得的，再者其受社会意识形态的影响，文化传统、专业背景又存在着很大的差异，因此不可避免地使他们逐步走向分化状态”[①]。

事实上，科学史的外史研究并非始于 20 世纪 60 年代，而是始于 20 世纪 30 年代，20 世纪 60 年代只是从宏观上体现得较以前更为明显。第二届国际科学史大学于 1931 年在伦敦召开，会上赫森提交并演讲的《牛顿〈原理〉的社会经济根源》（*The Social and Economic Roots of Newton's "Principia"*），研究了牛顿提出自然哲学数学原理的社会经济根源，这成为科学史外史研究的第一部经典之作，成为里程碑式的作品。在 1938 年，默顿完成了对 17 世纪英国的科学、技术与社会的考察，发表了其博士论文《十七世纪英国的科学、技术与社会》（*Science, Technology and Society in Seventeenth-Century England*）。虽然默顿走向了科学社会学的研究，成为奠基人与开创者，但这完全是基于科学史基底上的发展与延伸，如同科学哲学与科学史的关系一样。就连库恩也同样关注过马克思主义哲学的思想，其历史主义科学哲学是在“充分理解”物理学史的基础上形成

① 李树雪：《语境论科学编史思想初探》，《科学技术哲学研究》2009 年第 4 期。

的。作为物理学博士，他是一次偶然的机会进入到物理学史的研究中，于是他从亚里士多德的物理学开始总结分析物理学的历史，特别是牛顿的物理学革命，他认为对科学事件的认识要基于当时当地的语境才能真正地理解，否则就是科学史的辉格式解释。这种基于当时当地的语境解读科学史的思想，形成了他的历史主义科学哲学与科学革命的范式理论，同时也对科学史的研究方法进行了丰富。

第三，综合史形态的研究。

历史地看，科学史的外史研究更多地关注了科学发展的外部因素，对于那些是科学发展的内在逻辑与外部因素，不同的科学史家或科学哲学家的认知是不一样的，库恩与拉卡托斯等学者对此都有详细的论述，但他们的观点却有所不同。从科学事实的角度讲，科学的历史实在是一样的，但却出现了不同的认知，这不得不从另外一个角度重新对科学的内外史进行解读与诠释。到 20 世纪 80 年代以后，伴随科学社会学、社会建构论、科学学、科学技术学等学科的不断兴起，不同的哲学思想渗透到对科学史的认识与反思中，形成了不同的观点、编史风格与思想。特别是在对内外史的反思中，如何消解内史与外史的界线一度成为一些学者的研究对象。笔者也曾于 2013 年就此问题从语境论的角度进行过一些分析，笔者的论文从语境论的角度对传统的科学史观的实证主义、批判主义科学史观进行了分析，其中自然涉及科学史的内外史的消解。①

所以，不难看出对科学史的综合式研究得到了强化，即内外史的综合。山西大学的魏屹东教授等以计量的方式对此进行了分析，得出了科学史研究转向的结论，以论文的占比优势来分析科学史研究在不同时期的发展态势。因此，综合史形态的形成是建立在对科学史的内外史理性批判的基底上发展起来的，有一定的合理性。在主张综合方法的科学史研究中，具有一定代表性的是社会建构论。在社会建构者看来，科学知识“是负荷着科学家的认识和社会利益或受到特定社会因素塑造的。像其它任何知识（如宗教、意识形态、常识）一样，科学知识实际上也是社会建构的产物”②。社会建构论对科学的这一定位，把科学的发展从内在的逻辑体系引向了社会活动、科学家的认知与社会利益，从而分析科学知识的实验室生产具有的合理性，而且给研究科学活动中的利益冲突指明了方向，因而

① 李树雪：《语境论对传统科学史观的反思与消解》，《科学技术哲学研究》2013 年第 6 期。

② 赵万里：《科学的社会建构：科学知识社会学的理论与实践》，天津：天津人民出版社，2001 年，第 2 页。

具有了科学史社会学重构的合理性。

在这一认知问题上，夏平发挥了非常大的作用，他的《科学史及其社会学重构》一文着重阐释了自己对科学史重新认知的思想。夏平的这篇文章首先批判了实证主义科学史的传统，认为正是由于实证主义的思想才阻碍了科学史对社会建构主义的运用，在此基础上他认为建构主义可以给科学史带来新主题、新思想与新的研究视角与方法。[①]不难理解，夏平的思想在科学史界产生了很大的影响，一些学者表态理应从社会建构主义中寻求有效的资源与思想，运用到科学史的研究中产出创新的成果。在夏平的科学史学思想中，可以明显看出其对科学史内外史界线的淡化，因为从科学家对知识的生产、实验室对科学知识的建构、科学共同体对科学知识的认可及科学活动等方面出发，不需要再对内外史进行一种界线上的划分，从而起到了科学史研究综合分析的作用，对后期的科学史研究产生了很大的影响。

当然，主张将社会建构主义引入科学史研究的除了夏平外还有其他学者，这些学术观点固然有其合理性的一面，因为科学发展到近代以实验科学为核心以来，有的科学知识确实是基于实验建构出来的，但不能代表全部的科学知识都是实验建构出来的。况且科学的产生与发展在不同的阶段会呈现不同的特征与波动，在人类历史上有科学的高峰也有波谷，有地域性特征也有单一的科学家发现，夏平把科学家的贡献与认识放在科学的历史发展长河中，体现了科学家通过社会因素塑造科学的形象，说明了特定历史时期的科学的产生与发展同科学家不可分割的关系。所以，对科学史的研究以科学家为核心展开是较为合理的，这也正是笔者主张的观点。

综合科学史的研究，从另一个方面说明科学史研究的多元化方法相互渗透与交叉，那么什么方法相对比较合理呢？那就是需要从哲学层面去分析和研究，这也说明了科学史研究理应与哲学相随。通过哲学理性分析不同发展阶段的科学史研究方法，发现到目前为止的几种代表性的科学编史方案，几乎都是建立在案例分析基底上对科学史的研究提出了具体的科学史学方案，如库恩对物理学史的研究、夏平对实验室的研究，以及其他学者的相关研究无不是如此。因此，面对未来科学史研究的方法论思考，从科学史哲学的角度考虑，可以借鉴不同的科学哲学对于科学的认知与分析观点，形成新的科学观和科学史观，从而把科学史的方法论研究提升到一

① Shapin S. History of science and its sociological reconstructions. *History of Science*, 1982, 20(3): 157-211.

个新高度。

综上所述，科学史哲学的着力点是对科学史的本体论、认识论和方法论三方面的研究，但不排除对科学史的价值论分析。不难看出，科学史哲学表面是对科学史的哲学思考与分析，实质上又回归到对科学的哲学与历史分析，所以说科学史哲学兼具哲学性与历史性，但归根到底是科学史与哲学的交叉领域，这是其本质属性，也是科学史哲学与科学史学的区别之一。这样对科学史哲学的定位也显示了其与科学史学的不同之处，科学史学的内容从其发展来看，还没有一个完全的学术规范或学科规范。对撰写第一本科学史学专著的克拉夫来说，他当时是看到没有学者写科学史学方面的书，所以就写了一本，其内容主要从对科学的历史认识到方法研究，重点是在方法研究方面探讨如何撰写科学史著作。特别是书中提到的群体志的方法很适合对科学家共同体或群体科学家的研究。国内还有其他学者，如清华大学的刘兵教授、中国科学院大学的袁汪洋教授、北京科技大学的章梅芳教授、北京大学的唐文佩教授等对科学史学也有研究。相对来讲，国内外对科学史哲学的研究人数不多。科学史哲学同样与科学史学相随而行，只是从哲学的角度以科学史为对象进行的研究，这是与科学史学的本质区别，科学史学的研究对象还是科学，所以说，科学史哲学与科学史学有联系但也有很大的区别。特别是面对未来中国特色的科学史研究，我们更应该加强科学史哲学的研究，要对传统的国内外的科学史研究进行系统的哲学反思，必须清醒地认识到，如果不通过科学史哲学对科学史的基本理论问题进行思考，那么科学史的理论研究难以上升到一定的高度。

所以说，一门学科成熟的一个主要标志就是看对这一学科理论研究的深度，从哲学的角度对科学史的元理论问题进行分析研究，体现了科学史正在不断地走向成熟。科学史哲学在分析研究科学史的同时，不仅仅只是剖析理论问题，更重要的是为实践服务，体现理论与实践相结合的原则。所以本书专用一章来分析科学史哲学的应用，当然鉴于篇幅的关系，笔者只是选择了中国古代科学文化与科学争论两个案例进行哲学分析，这两个案例的代表性体现在，中国的古代科学文化是当时研究的热点问题，科学争论是科学发展中不可或缺的内容，对科学的发生与发展产生过重要的作用，所以选择了这两个案例进行研究。

当然，科学史哲学要涉及的问题绝不仅仅是本书选取的元理论问题，还有一些其他的问题也是科学史哲学研究的问题，比如科学史功能的多样化、科学史学术价值的多元性等问题，鉴于其是广义的哲学思考，所以本书暂无涉及。不过本书也试图通过对科学史哲学的分析与思考，引起学界对科学史理论问题研究的重视，共同推动我国科学史研究迈向更高的台阶，创造新的辉煌。

这也正是本书的一个核心目标之所在！

第二章　科学史观的哲学分析

科学史观本身就是对不同的科学史家对科学史认知的归纳和总结，其概括得是否合理需要科学史哲学更多的关注，因为这是科学史元理论中最核心、最重要的概念。科学史的历史演进代表了科学史在不同时期的不同内容和风格，其中折射出的科学史观不仅仅是实践研究的需要，更是哲学研究的领域与空间，可以说是“哲学之上”的一个分析视角，是科学的编史方案、本体论和方法论原则的集中体现。前文已述，科学史的研究可以划分为两个阵营，一个是内史主义的阵营，主张科学史的内史研究；另一个是外史主义的阵营，主张科学史的外史研究。从马克思主义角度讲，科学作为社会历史的产物，与社会建制、文化、经济等有着密不可分的关系，因此外史主义的科学史观更需要从哲学角度进行分析。另外，未来的新科学史观是基于马克思主义理论对科学史研究而形成的观点，在此将重点对其产生的社会-科学机制进行一些分析，为将来课题进一步研究马克思主义科学史哲学打下基础。

第一节　外史主义科学史观的哲学分析

不同的科学史家的编史思想往往散落在不同的论著中，大多学者不会直接提出自己的科学史观，都需要后期学者对其进行归纳和总结，因而科学史观是一种后期学者的理性重建，用于指导其他同类型的科学史实践研究。由于对原作者思路解读的角度与立场不同，这也造成后期对科学史观的合理性存在质疑或批判，从而体现科学史的批判性。比如，萨顿的科学史观就是通过对他的《科学史导论》《科学的历史》《科学的生命》，以及其他对科学史的论述而形成的一些对科学史的看法和理解，但是萨顿的科学史观在初期和后期存在很大的变化，即从实证主义的科学史观演变为新人文主义的科学史观。正因如此，科学史观的哲学分析才具有了合理的空间。

一、外史主义科学史观的思想基础

本着“研以致用”的原则，本书重点对科学史的外史主义科学史观进行一些哲学分析。为什么这样取舍，就是因为中国的科学史研究更应该从科学社会史的角度构建“科学文化史”，特别是中国古代科学的研究压根不能从内史论去理解与认知，最合理路径是从外史的角度去进行哲学研究。

历史地看，科学史观体现了科学史研究的内部阵营及外部阵营不同的研究进路，或可说是科学思想史与科学社会史的研究进路，这两种进路各具特色，只是外史进路更显得方法论多样化而占优势，特别是文化进路作为新史学的视角更让外史具有合理性。内史主义的科学史观，最先表现的形式是非常朴素的，其对应的是 16、17 世纪以前的学科史著作，这段时间的学科史著作大多是由科学家来完成的，是对某一学科历史的简要记录，其目的一是教学，二是争取科学的社会地位。17 世纪的中后期的英国《伦敦皇家学会史》(*The History of the Royal Society of London*)，旨在通过历史叙事与哲学辩护，为科学正名。《伦敦皇家学会史》不仅是一部记录机构发展的历史文献，更是一部以实证方法为核、为科学的社会地位辩护的宣言书。它通过哲学溯源、方法论革新和社会价值论证，系统地展示了科学对人类进步的推动作用，其影响至今仍回荡在科学史的长河中。之所以出现这部著作与弗朗西斯·培根的思想有关，培根作为哲学家与实验科学的创始人，他对科学的理解很深，具体体现在他的《新工具》《论科学的增进》《学术的伟大复兴》等著作中，他的著作无不表达科学对于人类进步的影响力。

实证主义的科学史率先发展起来，其主要受孔德实证主义哲学思想的影响，萨顿的《科学史导论》最具代表性。不过，在萨顿之前历史上第一部综合科学史《归纳科学史》(1837 年）出版，尽管其在内容构建上还有学科史的痕迹，但已具备了科学史的特征，同时惠威尔使用了 scientist 一词，用于指代从事这类事业的人，即科学家。到 20 世纪 20 年代，萨顿开始在哈佛大学开设科学史课程，到 1940 年萨顿被该校聘为科学史教授，标志着科学史的建制化与学科自主，萨顿也被公认为“科学史之父”。在萨顿看来，科学就是人类累积实证的知识，是人类文明的组成部分，因此他最初的科学史观是实证主义的科学史观，后来他的科学史观变得“人性化”，主张科学的新人文主义。

真正将科学史从内史引向外史的是萨顿的博士生默顿，开创科学史的外史研究的是赫森，而对外史进行扩展的是默顿。默顿以前跟一位社会学的教授做过一些社会文化分析，正是因为他受过这样的熏陶，所以他在跟随萨顿攻读博士之后，面对博士论文的选题自然就会考虑到科学发展的社会文化因素。在当时，通过学习萨顿的科学史课程，默顿对 17 世纪英国有什么样的科学技术已经较为清楚，但为什么会集中在这个时期英国产生一些伟大人物，这是需要解释的。默顿显然发现了社会因素对科学发展所产生的作用，如果仍以科学发展的内在逻辑去探讨肯定没有什么必要，需要探讨新路径。于是，他做了大胆的假设：认为当时的一些科学家的兴趣、爱好，以及社会文化、经济等诸多因素对科学的发展起到了很大的作用。最后他以计量的方法，对《国民传记辞典》中的科学家兴趣、旨趣等要素进行了分析，又收集文献资料对当时的军事、航海等要素，以及其他一些可以计量的参数进行了分析，在验证自己假设的同时，得出了较可靠的结论。

在这一路径的实施过程中，默顿非常聪明的是将当时的科学技术置于“黑箱”，既不对当时有什么样的科学技术进行研究，也不考虑科学技术发生与发展的内在逻辑，而是重点考察影响当时科学技术发展的外部因素。他指出：“科学发展基于特定的社会条件之下，由社会制度和相关规定进行约束，从而对科学史的研究形成一种制约体系。要想实现科学的可持续研究过程，必须要具备相关专业的研究学者以及要有社会文化的强力支撑，方可得以顺利实现。”①他对 17 世纪英国的科学技术与社会的关系进行的研究，不仅再次丰富了赫森式的外史研究，更为重要的是由科学史开创了科学社会学的研究，从而默顿成为科学社会学的开创者与奠定人。

默顿于 1938 年完成的博士论文中蕴含的科学编史思想已然超越了传统的实证主义科学史观，而走向了关于科学研究的另一领域。显然默顿对科学史研究的影响超越了赫森，尤其是到了 20 世纪五六十年代以后，科学史的外史研究更为明显。

二、外史主义科学史观的发展

默顿的科学史研究进路，无疑提供了科学史外史研究的合理性，这也成了 20 世纪后半期科学史研究的主流特征。历史主义的科学史观正是在这一思想的基础上完成的，其代表人物库恩认为科学只有放在当时当地的语境中去理解，才具有合理性，那么从中国古代科学产生的文化与哲学的角度考虑，中国古代的科学以此标准去看才是合理的。

（一）库恩的贡献

库恩本是在哈佛大学研究物理学的。1943 年大学毕业，获物理学学

① Merton R K. *Social Theory and Social Structure*. New York: Free Press, 1968: 591.

士学位，1949 年获得物理学博士学位，之后一直从事理论物理学的研究。在其攻读博士学位期间一次偶然的机会，当时任哈佛大学校长的化学家柯南特请他做一次关于 17 世纪力学起源的演讲。于是，库恩不仅查阅了 17 世纪力学起源的有关资料，而且连古希腊的物理学知识也查阅了，不仅做了这次演讲，而且在后期又连续做了 9 次演讲，其中的 8 篇文章到 1951 年 3 月全部发表，这些研究奠定了其对科学史研究的基础。

库恩在研究中不仅发现了默顿提到的科学不连续的问题，而且通过对哥白尼的研究发现了天文学革命的一些现象，经过研究发现了与前人的研究不同的哥白尼科学革命的内涵，于是 1957 年出版了《哥白尼革命：西方思想发展中的行星天文学》（*The Copernican Revolution Planetary Astronomy in the Development of Western Thought*），这部著作不仅仅是一本经典的科学史著作，更为重要的是标志着库恩历史主义科学史观的形成，同时也为后期他研究科学革命奠定了基础。

库恩通过梳理自亚里士多德到 20 世纪初的物理学发展，特别是发生在哥白尼与牛顿身上的科学革命，他认为对于科学发展的认知不能从静态的图像去分析，而应该从动态的角度去理解，特别是要站在当时当地的语境中去理解当时发生的科学。他的这一历史主义思想促使他于 1962 年写成了《科学革命的结构》（*The Structure of Scientific Revolutions*），这部科学哲学与科学史的经典之作，造就了库恩成为历史主义科学哲学的代表人物，他认为科学的发展模式是前科学—常规科学—反常危机—科学革命—新的常规科学—新危机。依托科学发展的动态模式，库恩在科学的新旧理论构造了“范式”这一概念，而且范式间是不可通约的。在后期的库恩理论的发展中，他为了解释范式与不可通约性，不得不注入范式更多的内涵去解答人们的疑惑，而且也通过科学共同体去解释范式与不可通约性。库恩的这一理论，不仅对传统的逻辑经验主义提出了挑战，还打破了科学哲学固有的认知模式，进而使科学史走向了历史主义的研究。

历史主义的科学史研究，其核心思想是基于当时当地的语境去理解科学，认为科学就是由理论、定律、原理等组成的体系化的知识。这一思想的运用为中国古代科学研究提供了一个可选择的历史与社会学进路，因为中国古代科学是产生于中国古代的农耕文明，伴随的是中国古典的哲学文化，这与西方近代科学产生的土壤完全不同，因此不能用现代的眼光去研究中国古代的科学发展。所以说，运用库恩的历史主义观点诠释中国古代科学的发生与发展也是一条合理的路径，因为库恩在研究亚里士多德物理学的时候就已经运用了这一思想，而且库恩也认为要理解亚里士多德的思想就要回到古希腊的语境中，这也是一个较为合理的观点。那么，只有剔除年代久远的研究著作和文献资料，才能回归到当时科学的本真，才能真正认识当时的科学知识。从某种意义上讲，过去发生的事情我们永远无法真实地去体验，过去是不可能回去的，对过去的认知只能是依文献的考据性去推断。因此，我们不能一味地批判前人的研究成果，要站在他们研究的角度和时代背景下，进行客观分析，唯有这样才具备研究的意义。①

所以说，在范式的框架下，库恩的新旧科学理论的不可通约性才有意义，科学革命的发生与发展才有了分析的依据，况且他认为要从本质上理解科学史，就要立足于当时当地的语境中，去体会当时“科学家”的思想。从这一点来看，库恩很注重科学史的内史，即科学思想史传统，认为没有对这一传统的深入研究就没有科学史的外史研究。

不过，库恩主张对于科学史的内外史研究应有机结合，不能分开来考虑。库恩指出：科学历史发展过程与社会历史发展息息相关，针对科学历史的研究，必须基于社会历史去考虑，对社会历史中的各类精神、思想、观念进行分析、总结和归纳，从而形成一套有利于科学历史发展研究的理论体系，唯有如此，科学历史的研究才会获得新突破和新发展。②所以说，科学史的研究最终出路或合理性重建要立足于社会、文化的语境下才能真正实现。在此，如果换个角度来看库恩科学史观的历史意义的话，我们会惊奇地发现，用他的这一思想研究中国古代科学与文化确实是一个很好的路径选择，未来重构“新科学史观”可以从库恩的思想中借鉴合理成分，形成一套合理的中国古代科学历史发展研究的理论体系，实现中国特色的科学史研究，其路径选择与方法等完全不同于西方科学史的研究。

（二）拉卡托斯与夏平的科学史重建

历史地看，库恩的历史主义科学史架构打破了传统的研究风格，致使科学史研究出现分野，从而引发了科学史的深层次哲学思考，对几种科学史观的合理性质疑，因为不同的科学史观都存在一定的合理性与弊端，哪种更为合理成为科学史理论的一个问题，即科学史的合理性重建问题。

于是，拉卡托斯将他的“科学研究纲领方法论”哲学思想引入科学史中，尝试一种新的科学史学，实现科学史的理性重建。从哲学分析的角度

① 关洪：《哲学对科学和科学哲学——温伯格〈仰望苍穹——科学反击文化对手〉读后感》，《自然科学史研究》2005年第3期。

② 王云霞、李建珊：《试论库恩科学史观》，《北京理工大学学报（社会科学版）》2007年第2期。

看，拉卡托斯在看到实证主义与历史主义对于科学史研究形成的矛盾后，于1970年通过《科学史及其理性重建》（*History of Science and its Rational Reconstructions*）一文建构了以“科学研究纲领”为核心的科学史学，实现了科学史的理性重建。[①]拉卡托斯的这一编史学思想也体现在他的专著《科学研究纲领方法论》（*The Methodology of Scientific Research Programmes*）中，其核心思想主要有三点：一是强调科学哲学对科学史的指导作用；二是关于科学纲领在不同的历史时期的退化与进化问题；三是关于科学史的内史与外史问题。在拉卡托斯看来，科学史离不开科学哲学的指导，没有科学哲学的科学史是盲目的，因此他从科学哲学的角度提出“科学研究纲领方法论”来规范与重建科学史的研究，“科学革命在于一个研究纲领取代（在进步中超过）另一个研究纲领”，他进一步解释了其含义，“研究纲领有一个根据约定而接受的‘硬核’，有一个‘正面启发法’”。这样一来，拉卡托斯认为他的研究纲领方法论要比传统的理论更加合理，科学发展就是一个进步的纲领取代退化纲领的过程，为此他还对科学“发现的语境”与“证明的语境”进行了分析，强调了“证明的语境”对科学发展的重要性。那么，在取代的过程中，也存在内史与外史如何处理的问题，于是他指出，“规范的—内部的东西与经验的—外部的东西之间的重要分界对每一种方法论来说各不相同”。而且，科学史的“合理重建或内部历史是首要的，外部历史只是次要的，因为外部历史的最重要的问题是由内部历史限定的”。[②]在他看来，内部历史与外部历史怎样取舍是由科学史家的哲学决定的，这种“哲学”也就是其编史思想，因此他认为没有偏见的科学史是不存在的。

由此可以看出，拉卡托斯的科学史理性重建是基于科学哲学的一种理性思考，而不是从具体的科学史研究中总结归纳出来的，从哲学的角度看，其内外史的划分基本还是传统的方式，但其通过“研究纲领”的建构仍在强调内史的决定性作用，这也受到一些学者的批判，因为从科学史的实践研究来看没有绝对的内外史的区分；另外，科学的“证明语境”与“判决性实验”等是建立在近代实验科学研究的基础上的，对于如何认识古代科学的发生与发展就会产生缺陷。这就是说，从哲学本体论与认识论的基底去分析的话是有弊端的；还有从拉卡托斯本身出发，他还是一个内

---

① Lakatos I. History of science and its rational reconstructions. *Proceedings of the Biennial Meeting of the Philosophy of Science Association*, 1970: 91-136.

② 〔英〕伊姆雷·拉卡托斯：《科学研究纲领方法论》，兰征译，上海：上海译文出版社，2005年，第129、140、150-151页。

史主义者，虽然也强调外史的作用，但更多考虑的还是内史对于科学史研究的重要性。那么，纵观人类科学的发展，不同的科学形态毕竟是社会不同时期的一种历史产物，在注重其自身的发展逻辑同时也必须考虑社会因素的影响，因此从总体的角度去认识科学史才是合理的本体论与认识论基底，这种总体性是马克思主义哲学对科学的历史分析的一个重要特征，这将是今后的研究中重点考察的内容。

此外，与萨顿对真理的看法不同的夏平，通过社会建构论对科学的分析，认为应该从社会的角度去研究真理，因此他在考察 17 世纪英格兰的文明和科学后提出"真理的社会史"的观点，这与默顿对科学的社会分析相似，同时也非常鲜明地表达了他的科学史观：科学是社会建构的，科学史也是社会建构的，而且科学如同其他历史一样，具有历史属性，作为真理的知识传播是基于社会信任，而不是真理本身。特别是他的《科学史及其社会学重构》一文，可以说针对拉卡托斯的合理性重建及社会建构论思想提出了自己对科学史学的思考。①

夏平认为，科学史要先考察其历史属性，这是科学史研究的出发点。强调科学史的历史属性是有很大的合理性，毕竟科学史是从历史的角度去研究科学，这是其本质属性。但是夏平把科学史等同于政治史，认为二者有着相同的研究范围，这是值得商榷的，因为科学家与政治家不一样，由科学家提出的科学观念与政治家提出的政治理念是不能等同的。不过，夏平通过科学的社会建构来消解科学的内史与外史，认为科学知识是社会建构的，那么就自然淡化了科学史的内外史研究。对于科学是国家政治行为的一部分，夏平阐述了下面一段话：

> 第一，科学实践者们创造、选择和维持了他们活动于其中的制造智力产品的制度体系；第二，在这一制度规范下制造的智力产品已经成为国家政治行为的一个组成部分；第三，在科学实践者使用的制度与更广泛的制度之间存在一种有条件的联系。②

可以看出，夏平与其他学者不同的是强调科学活动的制度体系，在这一制度体系下的科学知识就成为国家政治行为的一部分，以此来消解传统的科学内史与外史，这样似乎可以不考虑科学发展的内在逻辑与外部社会

---

① Shapin S. History of science and its sociological reconstructions. *History of Science*, 1982, 20(3): 157-211.

② Shapin S, Schaffer S. *Leviathan and the Air-Pump: Hobbes, Boyle, and the Experimental Life*. Princeton: Princeton University Press, 1989: 332.

因素，而是基于社会制度分析就可以反映科学的本真发展，但从本体论的角度讲，“科学史是什么”的问题与“政治史是什么”的问题，绝不是同一个问题，这一点是很容易理解的。

不过，夏平把真理的发展史理解为真理的社会史，把真理的发展放在社会的维度与角度去分析研究，这与以前的观点大不相同，在其《真理的社会史——17 世纪英国的文明与科学》（*A Social History of Truth: Civility and Science in Seventeenth-century England*）一书中，他明确提出这样的观点：

> 对任何共同体来说，什么被认为是真知识是一项集体事业和一项集体成就。……简言之，真理是一种社会体制，因而是社会学家研究的适当主题。[①]

上面这句话深刻说明了夏平对真理的社会体制认知，但这样的处理方式使科学史在某种意义上成为社会学家研究的主题，那么科学史家应该做什么研究呢？且其与社会学家的研究有什么异同呢？所以，还需要从科学史的本体论出发去考察科学史的本真是什么，或者说真理在科学发展中的内涵是什么。如果从拉卡托斯的角度出发，科学观与真理观属于科学哲学的范畴，立足对科学史的指导去考察科学史与真理史，显然会产生一些矛盾，真理的发现历史与科学的发展历史的一致性，真理蕴含在科学中。

对于夏平的科学史观，还需要特别指出的是他对于科学革命的看法与观点。他在 1996 年完成的《科学革命——批判性的综合》一书中，开篇就以“根本不存在科学革命”这样的气势，分析了科学革命是否存在的境况，这与柯瓦雷、库恩、科恩等学者对科学革命的看法完全不同。夏平认为科学活动就是在历史语境中的活动，研究科学就应该将科学活动与其历史联系起来看，而不能有任何的理论预设。现在对科学革命的研究都是基于一定的理论预设去解释当时发生的事情，因而都是不合理的，所以要抛弃。夏平主张要回到过去研究科学，而不应该站在现在的立场去研究过去的科学。所以，可以这样说，夏平是一个较彻底的历史主义者，他比库恩更甚。[②]

对于科学史的外史研究者，还有一些科学史家，他们也提出了一些科

---

① 〔英〕史蒂文·夏平：《真理的社会史——17 世纪英国的文明与科学》，赵万里等译，南昌：江西教育出版社，2002 年，第 4 页。

② 〔美〕史蒂文·夏平：《科学革命——批判性的综合》，徐国强、袁江洋、孙小淳译，上海：上海科技教育出版社，2004 年，第 10 页。

学史观，对于科学史从内史走向外史产生了积极的作用，鉴于篇幅所限在此就不一一列举。从研以致用的观点看，可以选取对中国科学史研究更加合理的观点，加以改造后形成中国科学史研究的理论与观点。

从库恩的历史主义科学史观到夏平的建构主义科学史观，这些思想无疑为中国科学史的研究，特别是中国古代科学史研究提供了方法上的借鉴。库恩的历史主义科学史观使我们可以基于当时当地的语境理解中国古代科学的发生与发展；夏平的科学知识社会学（Sociology of Scientific Knowledge，SSK）的理论立场使在理解科学史所应包含的维度时，过于侧重科学史的社会学维度，强调科学史是一门历史学科，是对人类活动的记录，而忽略科学史的另一个重要维度——科学。[①]这些方法正好有机地契合了对于中国古代科学的理解就不能按现行的科学内涵去理解。

为此，建立新的科学史观用以指导今后中国科学史的研究成为当务之急，并要体现“研以致用”的原则，特别是针对中国古代科学通史的重建。之所以在此强调中国古代科学通史的重建，就是因为当前需要通过重新解读与理解中国古代科学，如医学、数学、天文学、农学等科学传统，把中国古代先哲的哲学思想、文化思想与科学思想通过科学史有机地结合起来，为文化自信贡献科学史的学科力量。通过把马克思主义与中华优秀传统文化结合起来，探讨新的科学史研究路径，形成马克思主义科学史学，成为当前一个新的课题。从马克思主义对科学的认识来讲，马克思主义科学史学的产生有其独特的科学-社会机制基础。

第二节　新科学史观形成的理据

本书的一个核心目的是通过对科学史的哲学反思，探讨新科学史学的形成路径，其中新科学史观怎样产生，有什么样的理论依据促进了新科学史观的形成是很重要的内容。在马克思主义指导下形成的科学史观正是这样一种全新的科学史学思想，将科学置于人类发展的历史长河中，科学本身就是一种历史产物，况且“科学为每个人服务，科学有其社会作用，而如果有计划地加以利用，就可以大大改善人类的命运”[②]。这样立足于社会对科学的历史分析，体现了科学史的历史与逻辑的统一。对于马克思主义科学史观的本体论的核心内容、认识论的全面分析、方法论的总体特征

① 刘海霞：《简论夏平的科学史观》，《齐鲁学刊》2007年第3期。

② 〔英〕M. 戈德史密斯、A. L. 马凯主编：《科学的科学——技术时代的社会》，赵红州、蒋国华译，北京：科学出版社，1985年，第4页。

及价值论体现，笔者今后会以专题的形式进行深入研究。本部分基于马克思主义对科学与社会关系问题，来简要阐释马克思主义科学史观的本体论和认识论基底，为今后马克思主义科学史学研究打下坚实的基础。

一、科学与社会关系的分析

马克思主义科学史观建立在科学、社会与文化关系的基底上。那么，对科学的定位是马克思主义科学史观研究的基础，对科学认识不到位去研究科学史是不合理的。科学史哲学就要对科学史应该做什么、应该怎么做，以及为什么这么做有一个学理上的分析，这样才能实现对科学史的哲学分析。马克思辩证地看待科学与社会的关系，立足于社会来分析科学的发生与发展，那么通过对科学与社会关系的分析，可以说明马克思主义科学史观的形成的本体论与认识论基底。更为重要的是，科学史不仅阐释了科学的社会功用，更指出了社会对科学发展的影响，以使科学向着为民造福的目标前进，如果达不到这一目标，那么科学存在的目的也就失去了。

贝尔纳通过历史上“自然科学的进展在何种程度上有助于决定社会本身的发展；其不仅通过科学发现的运用带来了经济的改变，而且新科学理论对总体思想框架也产生了影响”①，从而说明了科学“用于直接满足人类需要以及用于生产事业的生产过程，借以满足现代社会的人类需要”②。科学进步与社会需要的关系体现了其共进与互构的辩证关系，体现了人类不同时期的生活、生产实践形态，只是不同阶段“共进与互构”程度的侧重点不同。

从社会学理论讲，社会就是特定环境下个体间有机联系与合作而形成的群体，科学家是社会中独特的个体，是推动社会发展的科研力量。科学的发展通过技术作用于社会经济的发展而体现其力量，特别是人类社会实践中科学出现了不同的“形相”，但始终是推动社会进步的革命性力量。

1. 作为社会实践的科学

马克思主义通过对人类社会历史的深入分析，揭示了自然科学的发展与社会历史进程的实践性，通过对人类实践活动的阐释，说明了理解和认识科学不仅要从纯粹科学逻辑自身的发展规律去分析其进步，更要与人类历史进程联系在一起去诠释。比如，对于人类生产方式的变化，马克思用生产工具的改进来划分生产方式的演进，“手推磨”方式与封建社会联系

---

① Bernal J D. *Science in History*. London: C. A. Watts & Co. Ltd., Illustrated edition, 1969.

② 〔英〕J. D. 贝尔纳：《科学的社会功能》，陈体芳译，北京：商务印书馆，1982 年，第 511 页。

在一起，“大机器”方式和工业社会联系在一起。从这里可以看出，生产方式是由生产力决定的，生产力又受制于科学技术的发展水平，那么生产方式与社会联系在一起就可以类比为科学与社会是联系在一起的。所以，科学是促使生产方式改变的有效手段，与社会生活一样，科学在本质上就是人类社会的一种实践活动，只是这种实践活动大多由特殊人物完成，不过在某种情况下也有常人完成的情况发生。

贝尔纳对科学的认知并没有走传统的哲学分析路径，而是基于人类实践，认为科学是一种建制、方法、改变生产力的因素等，特别是对科学家、科学组织、科学教育的分析。贝尔纳分析了作为现实的人的主观能动性发挥的程度对科学发展的影响很大，不同时期的科学表征了“人”的能动性发挥程度，这样一来把科学与科学家或从事科学事业的人物联系起来，这才是科学史研究的真正出发点与立足点。这一点，正如赖欣巴哈所言，在通向哲学领悟的道路上，科学家是路标的设置者。[①]这句话很中肯地指出了科学家在科学发展中的地位，科学事业是由科学家来完成的，而不论是自然科学还是社会科学在古代都是以哲学形式出现的，特别是古希腊称其为自然哲学，中国古代则以格物致知来说明“科学”一类事物，其实都是一种哲学上的抽象，但随着科学的逐步发展，人类对自然界的认识也越来越清楚，从而使哲学领悟也越来越深入。这句话蕴含人类丰富的实践活动，赖欣巴哈之所以这么讲，充分说明他已最终认识到了科学家与社会的关系，同时也认识到科学发现中的历史的、社会的和心理因素的重要性，仅对科学理论和科学方法进行逻辑重构分析是不全面的。正是社会、历史与文化等因素，才使科学在与社会的互构中形成不同的社会观念，并随着社会的发展而改变，如科学革命，就会改变人们的科学观念、世界观与方法论。

科学与社会的互构可将科学的发展过程与社会进程紧密结合起来，这种结合以共同体的形式存在于人类社会实践中，那么科学史就应该基于社会将这一人类实践揭示出来，况且“现在的社会不是坚实的结晶体，而是一个能够变化并且经常处于变化过程中的有机体”[②]。从这句话可以看出，对于社会发展，马克思的认识非常到位，以一种变化的有机体来说明其特征很恰当。正是由于社会处于动态变化中，所以随着技术的不断进步会出现新形式的劳动异化。对此，马克思有深刻的分析，形成了内涵很丰富的

① 〔德〕赖欣巴哈：《科学哲学的兴起》，伯尼译，北京：商务印书馆，2011年。

② 中共中央马克思恩格斯列宁斯大林著作编译局编译：《马克思恩格斯选集》（第二卷），北京：人民出版社，2012年，第84页。

“劳动异化理论”，他分析了科学的发展给人类带来的新问题，以致人们的世界观、价值观等不断随着科学进步而变化的情形。从科学发展与人类社会的关系上看，人类面向未来要想实现和谐发展，必须从科学与人类社会发展的基本规律出发，回到马克思主义的理论视域中解决当前及未来人类社会发展中存在的问题，这也是基于发展与辩证的观点分析科学与社会关系的逻辑起点。

2．作为社会事业的科学

科学永远不可能离开社会，自从科学职业化以后，科学的发展就成为社会事业发展的有机部分，那么脱离人类历史去分析科学与社会的关系问题，显然是不合理的，因为科学就是社会中的科学，没有科学的发展社会也不会进步，因此科学事业就是一种社会事业。马克思“是从研究和探讨最困难的一门科学——人类社会历史发展的科学——开始的，后来就理解了各种科学”①。历史地看，马克思主义在分析生产力与生产关系相互协调发展的历史进程中认为科学是一种生产力，推动了人类社会的进步，使人类社会由低级向高级发展，科学就是在不断满足人的社会性需要的过程中取得了进步而成为社会事业。所以，这就“需要通过科学的分析来重新评价我们从遥远的过去借用而且不自觉地予以改变的许多社会名词和态度”②。以此来说明基于历史分析科学概念、社会观念及其相关变化，从这些变化中探析科学对于生产方式的改变产生的直接或间接影响，进而创新了生产力以推动社会进步，这是剖析科学与社会关系的重要层面。

科学推动了人类社会的进步，同时社会通过政治、制度与观念等方面规范了科学的发展方向、速度与内容等，这便构成了科学与社会共生互构的辩证关系。在贝尔纳看来，不同的社会制度对于科学的进步有着不同的影响。从这一角度来分析中国古代的社会制度与科学文化，就可以很好地说明和解释中国古代的科学传统，如数学、天文学、医学、农学等科学传统与古希腊有很大的不同。中国古代有自己的科学传统，以中国的科学传统表征了东方文明，古希腊是以自然哲学的传统表征了科学的发展内涵。所以，不同的社会创造了不同的科学形态，不能以现代科学的眼光看待东西方古代科学，更不能以现代科学的概念去定义古代科学。在一个特定的社会历史条件下，科学发展的方式或模式因社会影响而不同，其解释角度

① 〔英〕贝尔纳：《科学与社会》，刘若水译，北京：生活·读书·新知三联书店，1956年，第69页。

② 〔英〕贝尔纳：《科学与社会》，刘若水译，北京：生活·读书·新知三联书店，1956年，第66页。

与方式也不同，如赫森对牛顿自然哲学的数学原理的社会经济根源分析，通过阐释深刻的社会经济根源来分析牛顿当时的物理学研究，这样的解释方式在以前从没出现过，从而引发了当时参加第二届国际科学史会议人员的高度重视，这也成为一个科学史上的重要事件。同时，从另一个角度也充分说明了科学革命的发生与发展离不开社会条件，科学革命使人们的日常观念发生了根本性转变，或者说使人们认识世界的方式与角度发生转变，从科学史的角度说明了科学事业与社会事业的一致性。

在今天看来，科学作为一种社会事业非常容易理解，因为伴随科学的职业化，科学家无论在高等学校还是在科研机构，都已成为一种专业性很强的职业，不仅享受着一定的经济待遇，而且其社会地位也在不断升高，从而使科学成为社会化的产物。这一点正如贝尔纳所说的，“一切观念，包括科学的各种理论，是当时社会环境的产物”①，这充分说明不论是历史上什么时代的科学，都与当时的社会有极大的关系，因此只有立足社会才能更好地理解科学，这也成为科学史研究的出发点。所以说科学成为职业造就了科学的社会属性，同时也因职业化而带来了更大的发展。不过，科学在不同的历史时期的处境完全不同，在近代第一次科学革命发生之前的很长时间，科学的社会地位是从属的，处于神学之下，“科学是神学的婢女”非常切合实际地说明了当时科学的地位。但尽管在不同的历史时期科学的社会地位不同，也不能因其社会地位低就认为科学不是一种社会事业，因为科学的发展始终与社会的发展联系在一起，科学一直就是一项推动社会发展的事业，只是不同的历史时期从事的内容不同，发展的目标也不同，对社会所起的作用也不同。在贝尔纳看来，科学既起源于工匠传统也起源于哲学思辨，这两者都与社会有着不可分割的关系。

3. 科学与社会关系的辩证性

贝尔纳基于历史上的科学分析，认真对科学与社会的关系问题进行了考察，发现了科学在不同历史时期、不同社会形制下的功能与作用，分析了科学与社会的辩证关系。这一开创性的研究，使贝尔纳走向科学学的研究道路，这一点与默顿从研究科学史开始走向科学社会学极为相似。特别是贝尔纳看到了第一次世界大战与当时的经济危机给人类带来的危害，开始诠释科学在历史上“起过什么作用”与“应该起什么作用”，他首先通过《科学的社会功能》一书对这两个问题进行了简要分析，该书也成为经典之作；之后的《历史上的科学》（*Science History*）一书则更全面地分析

① 〔英〕贝尔纳：《科学与社会》，刘若水译，北京：生活·读书·新知三联书店，1956年，第88页。

了人类历史上科学所起的作用及科学与社会的辩证关系。贝尔纳基于唯物辩证法对科学与社会关系的研究，虽然与默顿有很大的不同，但正是由于这样的不同给科学史的研究带来了全新的视野。事物都是一分为二的，科技给人类带来益处是无可争议的，但也必须承认科技也给人类带来了潜在的威胁，在某种程度上还会造成对人类的伤害。那么，要杜绝这类事情的发生，人类必须汲取马克思主义理论的智慧。

仅从一点就可以说明：科学与社会的关系主要表现为科学研发与社会需要的辩证关系，体现为共生与互构关系，科学史的研究理应把这层关系阐释清楚。马克思主义对“质”与“量”的研究可以很好地用于分析科学研发与社会需要的关系，就是说人类社会需要对科学研发的要求要保持在一个“度”的范围，越过这个度就会导致“质”的变化。那么如何保持科学与社会之间的张力，既要使科学研究得到充分的发展，适应与满足社会的需要，又要抑制社会需要的无限膨胀，这便需要以“制度”“机制”“机构”等进行约束，未来需要在科学与社会间互构基底上的共进，在马克思主义指导下实现协调发展。事实上，马克思主义的伟大远不止这一点，还有诸多理论与方法可以解决不同的理论与现实问题。

现代科学史的研究也表明了科学产生与社会发展的关系，“知识及其传承是社会、文化理念以及社会学想象力不可分割的一部分”。这样的认知就把科学当作社会和文化的一部分，这与阿伽西等学者把科学归纳为文化的组成部分是一致的思想。况且，“令人瞩目的科学成果以及技术成就不仅仅是社会-文化机制的产品，它们对于多样化的人类社会的社会-技术发展也有助益”。[①]这就更加把科学发展与社会机制紧密地联系在一起，科学作为社会的产物，必须与社会存在相互作用的有机联系，这也体现了科学与社会发展的辩证关系。科学是社会文化的有机组成部分是当下学界较为认可的观点，虽然阿伽西的这一思想较贝尔纳的思想形成晚一些，但这也是多年来对于科学的社会分析较为中肯的观点。

二、科学与社会关系的表现层面

马克思主义对于科学与社会的认识，是今后建构马克思主义科学观与科学史观的重要基础，从逻辑上推断则是马克思主义科学史观的理论来源，只有形成了马克思主义科学史观才能建构马克思主义科学史学。贝尔

---

① 〔德〕薛凤、〔美〕柯安哲编：《科学史新论：范式更新与视角转换》，吴秀杰译，杭州：浙江大学出版社，2019年，第16页。

纳从自身作为科学家的深刻体验中领悟辩证唯物主义与历史唯物主义的科学性，尤其他基于社会研究科学，从而对科学与社会的关系形成了深刻的认识。贝尔纳不仅对科学的社会功能进行了系统的分析，而且通过历史中的科学试图描述和解释科学发展与人类历史中其他各方面发展的关系，而最终目的则是要理解科学影响社会而引起的一些主要问题。贝尔纳首先想到的是科学不同形相对社会的功用，但很快发现，直到 17 世纪科学才确立了独立的地位，这种独立或许只是暂时的形相。[①]以此说明科学在不同的历史时期具有不同的形相，当时科学的形相会被后期的科学发展所替代，因为科学的发展会刺激经济的发展，经济的发展又需要科学来推动，所以"任何关于科学应用的讨论必然涉及经济的问题，我们必须探讨现有的或所建议的各种经济制度对于最大限度地利用科学谋人类的福利一点能促进到什么程度"[②]。这就为科学与社会共进及互构关系的建立奠定了基础。

事实上，贝尔纳的《科学的社会功能》重在探讨科学与社会的共进关系，或者说他在这一时期的主要研究是科学曾经起到了什么样的社会作用，未来的科学应该起到什么样的作用。而在后期的作品中，如在 1949 年出版的《必然的自由》（*The Freedom of Necessity*）中，他才更进一步表明了他参加国际科学史会议后对科学与社会关系的认识[③]，这也拉开了他对科学进行全面反思的序幕。此后，贝尔纳的鸿篇巨制《历史上的科学》将科学置于人类的社会历史发展中，通过对科学六种"形相"的历史发展分析，以深刻理解科学的社会功能与作用，揭示了"科学与社会的互动关系"。因此，他对历史上的科学分析本质上是以科学与社会的相互作用为论题展开的，特别是阐明了人类历史发展初期是基于共进的互构，到了一定的阶段后，特别是近代科学革命后，科学的建制化实现了以互构为主的共进。

1. 科学与社会关系的实践层面

回顾人类社会发展的历史，无论是东方还是西方都发现了科学技术发展的高峰往往也是社会文化、国民经济发展的高峰，比如中国在先秦时期诸子百家的哲学、文化思想呈现百花齐放的局面，当时的社会经济活动也

---

① Bernal J D. *Science in History*. London: C. A. Watts & Co. Ltd., Illustrated edition, 1969: 27, 31.

② 〔英〕贝尔纳：《科学与社会》，刘若水译，北京：生活·读书·新知三联书店，1956 年，第 126 页。

③ Bernal J D. *The Freedom of Necessity*. London: Routledge & Kegan Paul LTD., 1949: 335.

很好，更为重要的是蕴含科学的技术进步也很快。为什么说是技术中蕴含科学？这是因为虽然当时没有表征科学的文字，但现在的研究表明当时技术已对现代科学知识运用得非常到位。比如，出土的一些乐器制作中蕴含着非常多的科学知识，如物理学的声学效应、材料科学等，而且有专门的乐府来进行管理。举这一例子是为了说明科学与社会在人类实践层面的共进互构关系，这种共进互构关系体现的是以共同发展为基础，在此基础上才能建立相应的社会组织机构以保证科学的发展。再如，中国古代宋元时期又是一次科学技术发展的高峰期，这一时期社会的经济、文化、哲学等表征是非常明显的，其主要表现是科学技术的发展，虽然相应的社会组织机构并没有现代机制这么健全；近代科学革命产生前的欧洲文艺复兴，也是科学的发展与社会处于一种共进为主的态势，同时也说明了科学兴盛时社会土壤的重要性。

所以，在贝尔纳看来，科学进展的不同历史时期，科学传统与当时的经济或政治有很大的关系，解释科学兴起或衰落要从社会因素中去寻找，并要找到社会各因素间的相互作用关系，这是科学史研究的重要方面。从社会发展的角度看，人类是在通过改造具体物体来制造工具以满足人类社会需要的过程中才产生了科学，科学只有与社会实践发生密切的共生关系，才能演进与发展。比如，中国古代天文学的发展，有一部分知识就来自中国古代的农业实践，作为一个农业文明大国，通过天文观察与时令结合形成了农业生产实践与季节、天气极为密切的关系，中国古代的天文历法知识，就是在农业生产的实践中不断积累起来，又直接为农业生产实践服务的，无法区分先后或隶属，完全是一种共生关系，因此科学就是一种知识积累，这是贝尔纳的科学形相的一个基本观点。

另外需要指出的是，介于科学与社会间的一种特殊存在物——语言，这是科学技术发展与社会进步在实践层面非常重要的产物，如果没有语言的产生，那么人类世界是什么样子估计很难描述。特别是随着科学技术的发展，出现了科学语言，这类特殊的语言在不同的学科内有不同的组织形式，但无论哪种语言，都是人类社会实践的结果。在马克思看来，“语言是一种实践的、既为别人存在因而也为我自身而存在的、现实的意识”①，这说明语言作为人类实践中的一种意识，与其他生物的叫声有着本质的区别，尽管有学者说动物间也有语言，但动物间的语言与人类的语言截

① 中共中央马克思恩格斯列宁斯大林著作编译局编译：《马克思恩格斯选集》（第一卷），北京：人民出版社，2012年，第161页。

然不同，人类的语言是体系化的、以文字形式保留下来的实践方式。在社会语言的环境中，逐步形成了科学语言，科学语言不能脱离社会语言而存在，科学语言与人类社会实践是完全共生的，从不同的国家具有不同的语言就可以说明科学与社会在语言实践的共进互构性。

2. 科学与社会关系的文化层面

文化是难以准确描述的一种存在，作为一种独特的社会实在，并不是人类一出现就具有文化，其是在人类不断的生产实践中形成的，但何时产生了文化又是一个难解之谜，这正如何时产生了科学一样。科学与社会关系的文化层面，体现了人类对世界认知的理性思考与逻辑分析，虽然在远古时期人类不具备近现代意义上的科学知识，但在对自然界与社会共同体组织的认知逐步产生了文化的共同约定。正是这种共同的文化约定组成了社会的基本规范，有了社会便有了需要，有了需要便有了分工，有了分工便产生了行业的进步，行业的进步刺激了技术的进步，进而推动了科学的进步。这种科学与社会的共进关系，以文化的“实在”表现出来，这便是文化层面建构的内容。中国古代不同历史时期的不同地域的文化形态，如红山文化、仰韶文化等就是当时科学与社会关系的具体表征。中国不同朝代的不同形式的文化也都具有类似的特征，不仅中国如此，世界其他地方的科学与社会在文化属性上的表现也基本相同，都是一种共进基底上的互构关系。

正因如此，在当代形成了一种对科学发生与发展的解释方式，前面已讲到可以把科学看作文化的组成部分，即科学文化，通过对科学在社会、哲学、历史、经济等方面的全方位反思，发现通过科学与社会在文化层面的共生互构关系，可以更好地解释科学发展的历史进程，这是一种较为经济的解释模式，从而建构了科学的文化解释学。这样一来，对于科学认知的传统方式，如实证主义、历史主义、建构主义等思想主导下的科学史，可以为“科学-文化史”的研究提供科学事实，从而为打破传统的认知方式，建构全新的、立体的解释模式提供认识论基础。在某种意义上讲，科学文化的历史进程也代表了一个地区特定社会观念的形成过程，这是一种共进互构关系，不需要去衡量发生的先后问题。所以，这种科学与社会在文化层面的共进互构，为理解文明的演进提供了本体论与认识论的逻辑基底。纵观人类历史发展所经历的三种文明形态，即原始文明、农业文明与工业文明，以及现在及未来的一段时期处于的生态文明新形态，无论哪一种文明形态，在科学与社会关系的文化层面上仍是共进互构的，不可能有任何一种方式的超越，或者说科学与文化在共进中成为推动社会进步的力量。

观念作为一种文化形式，特别是科学观念完全是在与科学发展的共进中发生变化的，从而推动了社会观念的变化。社会观念的变化与社会发生的变革相关，当科学取得突飞猛进的发展时就会引起人类理解世界的方式产生变化，从而推动社会观念的变化。例如，学界公认的第一次科学革命，产生于1543年的哥白尼提出的“日心说”，结束于牛顿经典物理学大厦的建立。科学革命以“日心说”为开端就是因为这一学说对“地心说”产生了革命性的影响，由“地静”变为“地动”，这从根本上动摇了托勒密体系长达1300多年的地位，人们认知世界的角度与方式产生了根本性改变，这使长期形成的地球不动的观念发生了变化。这正是贝尔纳认为科学可以作为观念来源的原因所在。而把牛顿《自然哲学的数学原理》的出版年作为科学革命结束的时间，是因为其后期的影响不仅仅在物理学层面，更为重要的是在哲学层面，以致在将近200年后，马赫还撰写了《力学史评》（也译作《力学及其发展的批判历史概论》，*The Science of Mechanics：A Critical and Historical Account of its Development*）对牛顿提出的绝对时空观进行了全方位的考察，这也成为相对论思想的主要来源。

鉴于篇幅，在此仅列出科学与社会在实践与文化上的共进互构。事实上，科学与社会的共进互构关系，在不同地区的不同时期会有不同的表现方式或形式，其内涵相似只是表征不同。从科学发展的历程来看，对于科学与社会的共进与互构何时何地哪一方表现为主要一方是很难确定的，或不好准确地判定什么时候从共进互构转变为互构共进，但从总体来讲，科学与社会的共进互构以健全科学的社会机制为判定标准是较为合理的。以科学的社会机制为切入点进行分析，自然就与科学共同体联系在一起，因为科学知识的生产、生产力的改进、科学家的认知能力等都与当时各种社会因素有机地共生于一体，即共存于不同的共同体中，马克思在这方面有诸多论述。因此，从生产力决定生产关系、经济基础决定上层建筑等观点来分析科学与社会的共进互构关系是科学而合理的。当然，从科学发展的历史来看，科学还表现为与社会的不同程度的互构中的共进关系，越接近现代这种互构共进关系越明显，这种关系更好地把人类社会推向绿色、和平、和谐、有机统一的发展方向。

3. 科学与社会关系的建制层面

科学史解释的研究，使对科学的分析从历史上有“什么”走向“如何”产生，并对其社会功用及未来科学发展如何规划等进行全方位的思考，这正是科学史研究的魅力所在，从而使科学哲学、科学社会学与科学学等学科无法远离科学史。从科学与社会关系的建制层面分析科学的产生、发展与未来等一系列命题便具有合理性，可以说明科学与社会在不同的历史时期的共进互构关系，只是不同时期、不同地域的共进与互构程度表现不同。夏平和谢弗尔通过分析英国早期科学知识的实验室建构，解释了霍布斯与波义耳当时在实验过程中的就一些争论达成一致的过程，体现了实验在科学中地位的确立，其结论就是科学知识是实验室建构出来的。[①]这样的思想将科学从本质主义的思考带到了社会建构论的境域，从另一层面说明了科学的社会建构，但不足之处是他们没有对科学与社会的互构进行系统的、全面的分析。

事实上，对于科学与社会互构的思想贝尔纳在《历史上的科学》中就进行了分析，贝尔纳在对科学的形相分析中非常明确地表明“科学是一种建制”，而且这种建制化在不同的历史时期有不同的方式，不可一视同仁，“只有从研究早期建制中的科学起源入手，才能充分地理解作为建制的科学”。[②]那么，了解中国古代的天文学发展，也需要了解中国古代专门进行天文历法观察的机构，如在秦朝时就有记载的天文历法机构——太史令，后随着朝代的更迭不断完善或更改机构名称，之所以完善就是因为天文学知识的不断积累使机构职能逐渐健全，机构的不断完善又使天文观察更加丰富，这就是互构过程。类似的还有中国古代的数学研究机构等，还可举出更多。中国古代如此，西方亦是如此，当人类对自然的认知积累到一定程度时就会自发形成今天称之为研究机构的组织，时间最早、持续最长的当属公元前 387 年左右的柏拉图学园，古希腊哲学家柏拉图因常在此讲学而形成柏拉图学派，这个学园的活动一直持续到 529 年关闭，这极大地推动了古希腊自然哲学的发展。

类似这样的例子举不胜举。马克思正是看到人类社会历史发展的这些特征，在其不同的论著中使用“共同体”这一概念分析了这种社会组织。依据这一理论，社会建制化的科学正是在一个共同体中才取得了长足发展，而且科学的计划性、规划式发展、集中力量攻关等只有在科学共同体中才能更好地实施。在贝尔纳看来，“作为集体的和有组织的科学机构是一种新兴制度，但其仍保留了昔日科学由个体独立努力推进时期的特殊经济特征”。这说明对于一个科学共同体，不仅需要发挥集体的力量，也需要强调个体的努力，这提出了建设科学共同体的着力点，对于当下仍有启

① Shapin S, Schaffer S. *Leviathan and the Air-Pump: Hobbes, Boyle, and the Experimental Life*. Princeton: Princeton University Press, 1989: 332.

② Bernal J D. *Science in History*. London: C. A. Watts & Co. Ltd., Illustrated edition, 1969: 56.

发意义。再者，科学研究的价值有时不一定像其他社会组织如经济类组织的价值体现很快，其价值体现有一个过程，最终通过生产力的改进转变生产关系而体现出来。在这一过程中，科学的功效与收获最终都来自种种社会建制与传统，其中也包括科学建制本身，这一点随着时代的前进越来越重要。这说明，要对科学与社会的关系进行分析，还需要从其他一些社会建制与社会传统去进行，于是贝尔纳通过分析“科学家”这一概念的建构过程，阐释了人们如何通过对科学家的所作所为来认识科学，以及科学机构对于科学研究的引导作用，特别是分析了科学家与政府部门、同事、群众等的关系，是富有创见的。贝尔纳认为，政府部门保障了科学家的生活和工作，同事是科学研究的合作者，而科学的价值和意义最终由人民群众做出评定。①这从本质上说明了科学与社会在建制互构关系中核心要素的逻辑关系。

4. 科学与社会关系的方法层面

贝尔纳认为科学是一种方法，因为“科学建制是一种社会事实……科学方法是从这些事实中抽出来的”②。从一般意义上讲，方法就是一种为达到或实现某种目的的手段、方式、路径等，那么科学作为方法，就是面对自然现象或社会现象中的问题进行分析、解决的手段方式，因而是社会互构的，其后便以共进关系发展直到新方法的出现，所以科学与方法共进于人类的社会实践活动中。那么从人类实践的角度看，科学正是具有方法的内涵才能解释日常我们看到的现象、问题等，从而具有其应有的社会地位。这种社会地位随着科学的不断进步而日益巩固，因为新产生的科学可以解释传统科学不能解释的现象或问题。例如，当人们看到燃烧现象时，最初的解释路径是“燃素说”，这一理论非常“科学地”解释了当时人们看到的燃烧现象，然而当面对偶然见到的金属燃烧现象时这一理论显然“捉襟见肘”了，于是新的理论——“氧化说”产生了，更加合理地解释了燃烧现象。

从科学史的角度讲，类似这样的例子还可以举出好多，这足以说明科学对于社会进步所起的作用是通过科学方法的改进而实现的，体现了科学与社会的互构共生，或科学方法的改进推动了社会的进步，于是贝尔纳分析了不同方法是如何与社会互构共生的。贝尔纳首先从观察与实验入手分析了“手工业各种方法的分离与演化”，在此基础上探讨了仪

---

① Bernal J D. *Science in History*. London: C. A. Watts & Co. Ltd., Illustrated edition, 1969:32-33.

② Bernal J D. *Science in History*. London: C. A. Watts & Co. Ltd., Illustrated edition, 1969: 35.

器、分类、量度等与科学方法直接相关的因素，于是得出了“（科学形相）是最早从生产方法，即供给人类需要的种种技术的理解、控制和转变上发生的”①。

显然，贝尔纳旨在通过科学与社会在方法上的互构来说明科学在社会中的地位与作用，同时也指向了一条理解和认识科学的“方法”路径，这一点正如通过科学家来认识科学事业一样，通过对具体的方法分析就可以理解科学在不同社会形态中的存在形式。对此，贝尔纳通过科学家与工程师的不同职责说明了科学与社会在方法上的建构，从工程师与科学家的关系分析科学与社会的关系问题，科学家的重要工作就是不断地创新实验与研究方法，工程师则是在科学家的指导下完成具体的工作。从人类历史发展的角度看，正是由于方法的改进才推动了科学与社会的进步。对此，贝尔纳在他的《历史上的科学》分析了科学家与工程师不同的社会分工，说明了他们在人类社会实践中的地位与作用。

其实，贝尔纳试图说明“靠科学在各种生产方法上所带来的那些变化……这些生产方法又转而影响到生产关系，从而对经济发展和政治发展产生巨大影响”②。这是贝尔纳对于科学作为一种方法要说明的最根本的一点，通过科学与社会的这种方法上的互构关系对经济与政治产生了影响，这是他一贯秉持的思想，认为科学对方法的改进与改善推动了人类社会的进步与发展，为什么要说明人类可以通过改变方法来推动科学的发展，其核心主旨是要让科学为人类造福，这是贝尔纳分析科学与社会关系的目的，如何使科学应用于人类社会的需要而不是危害人类，这是人类必须思考的问题。只有通过科学方法的不断强化与应用，从而影响到人类思想、文化与政治的全部形式，才能使科学真正为人类谋福利，这才是科学与社会真正的和谐关系。

三、马克思主义科学史观形成的其他理据

关于马克思对科学与社会的认识和两者关系的论述，今后还需要做更多的研究，因为这些内容是马克思主义科学史观形成的重要基础。旨在从哲学对科学史观的评述角度出发，指出马克思主义科学史观是未来科学史理论的核心观点，马克思主义科学史观是未来科学史研究的重要指导理论，这也是面向未来马克思主义科学史学形成的理据，上述对科学与社会

① Bernal J D. *Science in History*. London: C. A. Watts & Co. Ltd., Illustrated edition, 1969: 40.
② Bernal J D. *Science in History*. London: C. A. Watts & Co. Ltd., Illustrated edition, 1969: 56.

关系的几个层面也是马克思主义科学史学研究的主要论题。今后要做的工作和研究都是基于这些层面的建构，从本体论、认识论与方法论上重建科学史，形成马克思主义科学史，特别是中国古代科学解释史，这是马克思主义科学史的重要方面，也是“研以致用”思想的具体体现。

科学是不会终结的，人类社会始终在前进，只是前进的方式与方向需要在理性的规范下进行。那么，分析科学与社会的关系问题，重在阐释科学如何更好地为人类服务。从人类社会总体来看，科学的起源与发展在不同的历史时期表现出了不同的特征，但基本都是“共进-互构”关系，即建立在共进基底上的互构与互构基底上的共进。贝尔纳作为一名科学家，对科学与社会的关系进行了非常深刻的思考，特别是结合当时经济萧条与战后的社会状况对科学的作用进行了研究。面向未来，人类面对高科技的不可预测性、环境带来的人类生存等问题，“碳达峰”“碳中和”历史地摆在人类面前，实现人类绿色、和平、共享、共治的格局是人类理性思考之后的最终归宿。AI 的快速发展，在带给人类发展效益的同时也带来了一系列的伦理反思，因而 AI 的哲学思考、技术治理等研究成为当下热点，这也启发我们对科学与社会的关系理应做进一步的思考，特别是需要从科学的历史中借鉴经验教训，面向未来的马克思主义科学史学还需要关注以下论题。

1. 基于社会理解科学的问题

公众理解科学，或者说科学普及成为国内外一个重要的领域，国外的一些科学家或科普作者的一些科普作品成为畅销书就是一个明显的例证，如霍金的《时间简史》，也有科普作品拍成纪录片，如萨根的《宇宙》。这说明从社会角度讲，公众对科学的理解方式发生了变化，人们渴望对科学是什么有更多的了解，科学也不再神秘，逐步走向大众。未来的科学史研究更需要马克思主义的指导，从唯物辩证法的角度去设计科普的内容，通过科普提高公众的科学素养。所以，面向未来，科普将越来越受到社会的重视，社会也越来越需要科普，科学普及会成为创新发展的重要因素，那么基于社会发展去理解科学不仅要从历史出发也需要从现实出发。

2. 科学的社会规划问题

将马克思主义的质量互变规律运用于科学的社会规划，在量上做好规定性才能实现质的变化。面对未来科学的发展，从马克思主义角度出发，特别强调科学的计划性，倡导对科学要以规划的方式进行研究，这样才能避免科学危害人类的一面出现，从而使科学向着人类造福的方向发展。这一思想对于当下及未来的科学发展都很有启发意义。从社会需要来讲，最大的社会需要就是人类实现美好生活的需要，这就需要对科学的发展要有量的规定性，而不能以传统的自发式的研究去进行，这是至关重要的。科学革命发生以前的科学研究，或科学革命发生中的科学研究，基本是以科学家自发研究为主，如牛顿对于物理学与天文学的研究就是如此，在当时社会条件的影响下牛顿综合了前人的成果而创新地实现了自然科学的数学化，从而成为未来科学发展的主要模式。在进入当代社会后，科学的分工越来越细，面对社会的不同需要进行不同的研究，这就必须进行规划式研究，即要规定哪些科学研究可以做，哪些研究不能做，需要建立科学与社会的约束机制，使科学造福人类。

3. 社会科学地位与作用发挥问题

社会科学对社会发展的贡献或许不会低于自然科学。马克思对社会科学做了大量研究，所以要运用马克思主义理论对社会科学史进行研究，这也构成了马克思主义科学史学的重要依据。贝尔纳的论著中有专门针对社会科学史的研究，然而目前国内外对社会科学史还不是全方位的研究。之所以这样讲，就是因为对社会科学没有像对自然科学那样进行哲学的、历史的、文化的等方面的多元化、多角度的研究，直观地讲就是虽然有社会科学哲学、社会科学史等研究，但远没有像自然科学那样全面的、系统的、多层次研究，因此对社会科学史的研究还远远不够。正是由于缺乏这类研究，才使对社会科学的地位和作用认识不到位，所以今后要用马克思主义科学史学的方法去进行社会科学的研究。虽然，现在学界也有经济学史（哲学）、政治学史（哲学）等分学科史或哲学的研究，但其理论与方法几乎是借鉴了自然科学的同类型方法或路径，而不是从社会科学内部的内在的逻辑路径展开的，或者说不是对社会科学整体的抽象式研究，所以需要马克思主义科学史学的指导。在此需要强调的是，从人类社会发展的角度看，社会科学对社会的作用和影响不亚于自然科学对社会的影响，有时这种作用也许会更大。

4. 科学与社会的整体化问题

现代社会越来越表现为科学与社会的高度结合，这就是说科学与社会的一体化程度在逐步增加，贝尔纳把科学置于社会的广义语境中去理解科学对社会的功能，从而发现科学与社会有机地融合在一起，而且越是与现代接近这种融合度越大，这就是说社会因素对科学发展的影响越来越大，同时科学的发展也推动了社会的发展，这正是上述总结的科学与社会关系的共进中的互构与互构中的共进，其实质也是科学的社会化与社会的科学化。正是由于未来科学的发展应是一种高度社会化的过程，而不能是简单的自发的内在的发展，所以更需要从马克思主义科学史的研究中汲取有效成分；社会的科学化也就是说社会的发展要实现科学的、合理的进行，要以马克思主义为指导形成量化的、以实际需要为基准进行规划式发展。这样的科学与社会的一体化，需要以制度的形式保障科学的发展，同时也需要以计划来安排科学的发展。

5. 科学与社会中科学家地位问题

马克思主义非常强调人类社会“现实中的人”的作用，科学家就是一类特殊的“现实中的人”，从某种意义上说是科学家建构了科学与社会的关系。那么，面向未来科学与社会关系的建构，科学家在其中应该起到什么样的作用，这是值得探讨的一个重要问题。传统的科学家的作用主要是进行科学研究，而对于科学之外的事情可以关注也可以不关注，但当下及未来科学家仅是做科学研究显然是不够的，这也正是当下讨论科学家的责任伦理的一个重要方面。例如，AI 给人类带来新的机遇与挑战，诸如 ChatGPT 的横空出世，致使一些行业受到了前所未有的冲击；AI 人工绘画生成技术的出现也使艺术创作的主体或本体受到了影响。那么，返回看这些技术研究的初衷是科学家造成的还是社会需要促成的？这不仅要求科学家进行反思同时也要求社会学家对此做一定的探讨。换另一个角度说，一项技术的出现到底是为了满足社会的需要还是科学家自身价值实现的需要，这是需要进行伦理思考的。如果 AI 导致大面积的失业而影响到社会的稳定，那就需要对这项技术进行反思，因为其违背了科学造福人类的初衷，同时也要求科学家在开发一项技术时要做到对社会的合理化满足。另一方面，科学的发展与社会的进步也需要战略科学家的参与，那么从马克思主义科学史学的角度出发，探讨科学史上的战略科学家是如何形成的，起到了什么样的作用，未来如何凸显战略科学家的地位与作用，这也是一个很值得研究的问题。

综上，科学与社会的关系问题，是一个重大而现实的问题，不同时期、不同学者都在对此做深入的探讨。特别是人类进入 21 世纪后，伴随后现代对科学认知的颠覆性反思，AI 带给人类新的伦理和责任思考，以及分子生物技术带给人类对生命的认识与重构等，人类必须以一个命运共同体去规范所有的科学实践活动，科学将不能再以随心所欲的方式任其发展，而是要在社会机制的约束下建构其发展模式、方向与内容。因此，面向未来，人类只有通过深悟马克思主义的巨大指导力与创造力，以一种更加理性的态度，通过科学的历史发展去认识科学与社会的关系，将实践中的科学工作者共处于“科学共同体”，建立一种和谐、有机的、绿色的新生态，形成科学的社会化、社会的科学化的有机统一的新格局。

这种新格局在马克思主义科学史学的指导下一定能实现，因此建构马克思主义科学史观，实现科学史的合理性重建是笔者未来研究的核心课题。

第三章　科学史研究对象的哲学认知

当下，科学史的研究对象基本是明确的，但随着交叉科学的不断出现，科学发展的态势一直在发生变化，那么从哲学本体论的角度对科学史的研究对象进行思考则显得非常必要。这是因为任何科学史都不是简单地对科学发展的历史做研究，而是在历史中回答科学是什么，因此科学史并不是在什么方向上都可以做研究，而是要有选择性。在库恩看来，科学发展的内、外史两部分是相关的，共同组成了科学史的研究内容，即内史关注科学知识之成长过程；外史关注科学与社会文化的关系。对于外史来说，更要从哲学层面上去分析选题，避免走向对其他领域的研究。事实上，不论什么时期的科学，其发展始终离不开社会的影响，而科学又具有内在的发展逻辑，上述马克思主义的科学史研究，可以把科学的内在逻辑与外部因素统一在社会文化的规范发展中去分析，这是很合理的研究进路。不过，科学史家在不同信念和动机的牵引下，可以从不同的角度对同一个科学事件做研究，科学事件构成科学事实，系列科学事实构成科学史，于是科学史的研究对象可以从三个层面去建构，对此可做一些哲学的合理性分析。

第一节　基本域面

科学史的研究对象不是一成不变的，随着科学史研究的不断深入，在不同时期具有不同的研究对象，科学史研究的基本域面是科学事件与科学事实。

一、科学事件

科学事件其实就是科学史的最基本单元，这如同一个生命体的细胞。只是科学事件可大可小，一名科学家所完成的一项科学发现就是一个科学事件，一个科学共同体完成的一项科学成果也可以被称为科学事件，只是大小不同而已，但都可被称为科学事件，对科学事件的发生与发展的历史考察是科学史的主要研究对象。当然，对科学事件的历史研究绝不能只是简单的记录式研究，如科学史家霍尔在《科学史能成为历史吗？》一文中，谈到什么是真正的历史[①]，他所追求的历史就是一种对过去的复原或还原，但这样的科学史是难以实现的，因为“科学现场”是不可能还原的，传统的科学实验结果有些是很偶然得出的，正因如此，马克思在论证偶然性问题时与必然性做了比较。所以说霍尔的科学史思想有其合理性的一面，但也存在不合理性的一面。科学史能成为历史吗？这样的反问是对一般历史而言的，但对于科学史的研究，只能是后期逻辑地还原科学家当时的研究而不能真实地再现。科学史作为一种特殊的历史，是由特殊人物来完成的，特殊人物在完成科学成果时肯定有科学传统、科学精神等内核蕴含其中，科学史最应该研究如何将这种传统揭示出来，所以，对科学事件的历史研究，建构了科学史的最基本单元，这符合科学史的学理性特征。

那么，对于科学事件来讲，怎样来评判科学事件，或者说怎么就可以确定为一个科学事件，这就需要从哲学的角度寻找判据。为此，从科学史哲学的角度提出几个判据：一是科学事件的主体是科学人物；二是要有追随者，即科学人物提出思想后要有一定数量的其他人追随；三是对后期科学发展的影响。基于这三点去判断科学事件的成立与否，这是较为合理的。

二、科学事实

科学事实是建立在科学事件上的事实考察。对科学事实的研究就是要最大限度地还原当时科学研究的真相，虽然从历史学的角度讲，科学事实是难以还原到历史真实存在的状态，但可以通过文献考察、考据及逻辑推断等方法逼近当时的真实状况。众所周知，科学史的研究起始于学科史，也可称为专科史，即对一门专业知识或学问进行记录式的分析，这是由科学家所完成的。这些学科史不可能记录当时科学家的想法，一些可称为科学思想的东西是不写进当时的学科史著作的，这就给还原科学事实带来了困难。

从科学哲学的角度讲，科学的发展是从经验到实验验证，再到理论升华的一系列过程。在波普尔看来，科学的发展是可高度证伪的，波普尔的证伪主义通过阿伽西运用到了科学史中，对科学史产生了一些影响，但并不是很大。不过从另一个角度讲，证伪主义对科学的划界产生了很大的影

① Hall A R. Can the history of science be history?. *The British Journal for the History of Science*, 1969, 4(3):207-220.

响，这样自然就影响到了科学史的研究，比如说数学不是科学，那么从证伪主义的角度讲数学史也就不是科学史了。但现实中，科学史中一直包括数学史，将来也还会如此。不过，证伪主义对于分析科学理论却是有意义的，如化学史上对燃烧现象的认识就是一个很重要的例子，当人们看到日常的燃烧现象时，并不知道是怎么回事，通过一定时间的积累后发现有的物质可以燃烧而有的不能燃烧，于是建构了“燃素”的概念，最初没看到金属可以燃烧就说金属中没有燃素，所以不能燃烧；但后来发现金属也可以燃烧，那么“燃素说”就被证伪了。直到 18 世纪发现燃烧现象其实就是发生了氧化反应，在一定的温度下铁也可以发生燃烧现象，因而“氧化说”代替了“燃素说”，成为化学理论。当然，实际发生的这一过程是很复杂的，绝不是这样简单地叙述，那么当时到底发生了什么，有哪些东西是值得后期学者去保留的，科学事实是如何被建构的，这些都是科学史重要的研究对象。

从哲学上讲，科学史研究对象的选择要经过哲学筛选，或者说不能什么都成为科学史的研究对象。这是因为，科学事实是通过科学事件建构的，这种建构本身就存在一定的哲学思考与理性的判断。那么如何建构一个合理的科学事实，使科学史的解释功能发挥得最到位，这需要具体问题具体分析。因为科学史不仅要揭示和研究科学事实，更重要的是要揭示其背后的意义和价值。这正如对科学革命的研究固然重要，但是其背后的观念意义更为重要。

因此，科学史对其基本研究域面的确立，不能像技术史一样，凡与人类的生活相关的技术都可以作为其研究内容。所以，从学科建设的角度来讲，应该将科学史与技术史分开研究，不能混为一谈。尤其是对于古代、现代与当代的技术史研究更是这样，因为不同时期的科学标准不一样，标准不一样则内涵不一样，古代科学的标准与现代科学标准完全不一样，所以以现代的标准去进行古代科学的研究就是一种辉格式解释，对于科学史的发展是有弊的，不是合理的解释。所以，对于古代科学的研究就是依据当时当地的标准去设定一个原则与标准，这样才能做出合理解释。

三、学科史

不难理解，学科史是上述科学事件上升到科学事实后的进一步研究，学科史是在淡化一切国别史及地方性知识后形成的一门科学。学科史是科学史的主流，狭义地讲，科学史可以由不同的学科史组成，但学科史不能等同于科学史，科学史可以建立在一种共性分析上。

科学是从问题开始的，科学也是无国界的，科学发现是为全人类服务的，比如牛顿发现了力学三大定律以及万有引力定律，他的这一发现是供全人类应用的。既然科学不能划分国别，那么在一定时期内的科学就不应该进行国别划分，或者说统一的科学出现后，就不应该有地方科学史了。之所以这样讲，就是因为科学有一个定义与划界标准问题。这是个科学哲学问题。

可以这样讲，在科学标准出现之前，特别是古代科学史可以按其国家或地区进行地方科学史研究，如中国古代科学史、古希腊科学史等。但从近代科学革命发生以来，科学的内涵就发生了很大的变化，科学不再像原来博物学那样综合在一起了，而是得到了极大的分化，从原来的自然哲学脱胎为不同的学科，如物理学、化学、生物、地理学等，所以如果再按传统的科学观进行研究则失去了科学史的味道。

于是，在科学哲学的影响下，科学史的研究也发生了变化。特别是在实证主义科学观的影响下，科学史表现为单一地描述真理的发现与发展史，认为科学是推动真理的唯一力量，因此科学——文明史可以说占据了学界的主流。在 20 世纪科学哲学经历了语言学、解释学与修辞学的三大转向之后，科学史实则也出现了很大的分化，如历史主义科学史、建构主义科学史等。但无论怎样变化，从科学史的研究对象来讲，不同时期的学科史由于其内涵不同，不能一概而论。

第二节　延伸域面

科学与其他知识不同的是，越是重大的科学发现越是由一些特殊人物完成的，这是一个基本的事实。没有科学家就没有科学的发生与发展，相反，科学在不同时代的需要也造就了科学家的成长，这是一个“互证式”的命题。从一点可以看出，围绕科学家的科学史研究是其延伸域面，这一领域可以在多层次展开，而且与哲学相关，或者说需要哲学的归纳与演绎。

一、科学家思想研究

科学活动的主体是科学家，那么科学家思想在某种意义上说就是科学思想史，或可以说至少为科学思想史研究提供了依据。广义地讲，科学思想史还包括对当时当地一些哲学思想、社会文化等的影响。科学史的一个很重要方面就是对科学家的思想进行系统剖析，但到目前为止关于这方面的研究远远不够，而且权威性的著作也不是很多。在这方面的研究，柯瓦雷与库恩的一些著作，是比较经典的，如柯瓦雷的《伽利略研究》《形而上学与测量》《从封闭世界到无限宇宙》《牛顿研究》，库恩的《哥白尼研究》等科学史经典著作。特别是《从封闭世界到无限宇宙》探讨了当时哲学思想与科学思想相互作用、相互影响的历史进程。如果从哲学对静态与动态分析的角度看，柯瓦雷的科学思想史研究属于静态研究。

与柯瓦雷略有不同的是，库恩由哥白尼的研究走向对科学革命的研究，表明他的科学家思想研究完全超越了科学家的具体思想，走向了科学发展的“哲学思想”，当然其中也有物理学史的研究，他反对把科学知识的增长看成是累积实证的观点，认为科学知识不是直线似的积累，而是一种革命式的增长。库恩反对把科学和科学思想的历史发展过程，看成是逻辑或逻辑方法的过程，而是认为应该依据科学史材料，提出了科学和科学思想发展的动态结构理论。所以，库恩的科学增长的范式理论彻底打破了传统的逻辑经验主义主张，形成了历史主义的科学哲学，并对科学史产生了很大的影响。

所以，对于科学家思想的研究，不同的学者从不同的角度分析，会产生不同的研究效果，对于柯瓦雷则形成了概念分析法，以静态的方式对科学家的行为进行解释，如他的《伽利略研究》成为科学史人物研究的经典。而对于库恩来说，则形成了历史主义的科学哲学思想，也影响到后期社会建构论的出现。正因如此，现在对于科学家思想的研究成为热点问题。

从科学史的角度研究科学家，不同于传记或报告文学讲究文字要很优美，而主要是以文献资料考证的方式进行，遵循求实与求真的原则，既要以可靠的事实建构科学事件，也要通过适当的内容讲好科学家故事，重点是通过科学家的经历把科学家的工作与科研活动等讲清楚，然后对其科学成就归纳到位，在此基础上结合特定的生活与科研环境来分析科学家的思想，科学家思想是最重要的研究内容。总结科学家的思想可以通过科学家的日记分析其成长历程，也可以结合科学家的同事、朋友或相关的研究者的论文或著作，以文献考证的方式研究科学家思想的形成、发展及其影响，最后形成结论并对科学家的学术地位、贡献及对某学科发展的影响等做出合理的评判。最后一部分的归纳与评判需要一定的哲学理性去科学合理地进行分析，也可以基于当时历史与文化背景进行分析。

二、科学精神研究

近年来，科学精神成为科学史的一个研究方向，一些学者对此进行了长时段、中时段的分析，笔者查阅到《科学与社会》杂志在2022年曾刊登专题文章论述“科学精神是什么”，其他杂志也有类似的文章刊发，这充分说明了当前对科学精神研究的重视。因为科学精神是在科学研究中形成的，其养成伴随科学的发展，而且不同的文化背景会形成不同的科学精神，所以在科学史研究中将科学精神作为一个领域去研究，可以从理性的层面探讨科学的实质。事实上，科学精神无论在古希腊还是在中国古代都有，只是表现形式不同，中国古代的科学蕴含在技术的实施中。例如，中国古代的建筑如何防雷击，就是典型的建筑技术中蕴含丰富的现代物理学避雷知识，古代工匠在设计建筑时会非常巧妙地利用自然环境，实现绝缘避雷的功能。那么，现在研究古建筑史就要还原其原生环境是怎样设计的，其理念是什么，等等，这便是古代的科学精神。当然，中国古代的科学精神来自古代哲学文化思想，与古希腊的“自由、闲暇、好奇心”的精神特质是有所不同的。当然，从古代到近现代的科学精神内涵一直在发生变化，从原来自然朴素的科学精神到哲学理性的科学精神，从解决自然现象出发的科学精神到当代追求真理的科学精神，充分说明了科学的实质一般来说是为了追求真理。追求真理的过程是什么样的，其中一定存在理性的与非理性的因素、文化的与非文化的因素，所以对科学精神的研究会对科学家在追求真理的真实活动做出最切合实际的解释。从人与自然的关系角度讲，真理成为人对自然界真实情况的认知度与表征度。这就是说，不同的科学发展阶段对世界的认知程度是不一样的，古代对世界的认知更多表现的是哲学上的一些思考，这一点在中国古代与古希腊几乎是相似的，那么这个时期的“科学精神”就与现代的科学精神有很大的不同，所以，科学精神在某种意义上说是对科学探究的一种人文总结。

围绕科学家思想与科学精神，还有一些方面同样值得科学史去研究，如科学研究中的直觉思维、科学发展的量化研究、科学研究中的感性与理性思维的作用等内容，也应该列入科学史的考察范围。在此不一一列举。

三、科技政策史

科学史与科技战略结合在一起的研究可以更加体现其运用价值，这在学理上是可行的。因为科学史揭示了人类认知自然规律的发展历程，在其发展中与制度密切相关，那么科技政策史就成为社会制度的表征，或科研创新的制度表征。因此可以展开的研究有科技战略研究、科技政策比较研究、科技规划研究、科技管理史研究等诸多方面。特别是开展科技政策史研究，这是制定科技战略、科技政策的主要理论依据。

科技政策史的构建可以在不同的层面上进行。具体来讲，可以选择一个国家在一定时期的科技政策进行研究，也可以选择一个省在某一特定时期的科技政策进行研究，也可以运用长时段分析的方法，对一个历史时期的科技政策进行分析。无论哪种方式的研究，对于科技政策的研究都需要结合哲学理性原则进行。在此之所以提哲学理性，是因为一项好的科技政策必定是依据科学哲学或技术哲学的认知来制定的，不论其文本是否体现哲学的字样，但其政策制定的逻辑性与历史性都体现了哲学思维，那么研究科技政策就需要分析其背后的哲学思维与评判，特别是后期对科技政策实施效果的检验与评价，更应该从哲学理性的角度去进行。

科技政策史在未来的中国科技史研究中应该占有重要的一席，因为鉴古知今，科技政策要具有连续性，以保证科研的可持续性，如果没有对以前科技政策的反思与总结，那么未来的科技政策就失去了依据。所以，科技政策史研究不仅仅要研究中国的科技政策，还要研究西方的科技政策，还可以进行比较研究。

四、科学创新史研究

科学技术创新史，重在研究科学发展在特殊转折点的思想变化，特殊转折点就是指创新思想形成而引发科学发生重大改变的节点。事实上，科学本身就是创新，只是在不同的时期创新内容具有不同的表现，或不同时期科学创新的主体不同。于是，普赖斯把自然科学的研究方法运用到科学史的研究中，创新性地形成了科学计量学，这相当于把科学史的研究数学化，体现了科学史研究的另一种风格。特别是普赖斯提出了自己的统计学规律，即普赖斯曲线，从而启发了后期诸多学者的研究，这也成为科学史计量研究的经典。

普赖斯的计量科学史研究，实现了社会科学的自然科学方法化，这本身就是一种创新。正因如此，他于 1962 年出版的经典之作《小科学 • 大科学》中第一次正式提出“大科学”的概念，并与小科学对比，认为“小科学”主要指 17 世纪英国皇家学会成立后，科学家依靠自己的资金、技艺和兴趣自由选题进行的研究。这是一种相对主义观点，与现代科学对比后认为“小科学”是一种“为科学而科学的科学”，其强调科学家的个体性，主要集中于科学家的个体发现。那么，对于现代科学来说，建立在大型实验基础上的大项目的研发就是“大科学”。从普赖斯的观点可以看出，小科学建立在科学家的兴趣与自由研究上，而大科学则建立在科学共同体上，与社会经济、政治、军事等关系很紧密。

一方面，普赖斯的研究固然在科学史、科学学与科学社会学上留下了很重的一笔，从其研究中揭示了大科学创新的运行机制，也启发后人沿着这一思路继续研究，这是其方法论意义。但从另一方面看，普赖斯研究的是 20 世纪 80 年代以前的科学的计量分析，人类进入 21 世纪后伴随交叉科学的出现，如 AI 就是建立在计算机科学、数学、认知科学等交叉学科的基础上，如果还以普赖斯的标准去衡量则应该称为“超大科学”才合理。在此，本书只是提出这一概念，相信在未来会有学者将交叉科学以一种“超大科学”的概念进行研究。现在，我们还是着重以大科学的原始创新从科学史的角度进行一些分析，这是科学史研究域面不可或缺的内容，因为“大科学的技术创新存在组合创新、颠覆式创新和需求拉动创新”[①]，这三种创新反映了人类认识世界的方式与社会机制的关系，对于研究科学创新意义重大。

一般意义上讲，科学史研究有一个基本的前提预设，即对科学的内涵判断，这可通过科学哲学的相关分析进行确定，正如上述提到的拉卡托斯、阿伽西等学者的认知。那么，大科学的出现有其必然的历史与逻辑基底，是科学发展到一定程度的表现。科学史已经说明其脱胎于自然哲学，而当时的自然哲学并没有学科的划分，近现代科学随着分科的越来越细化，其研究方法必然受到一定制约而影响其发展，所以不同的学科间互相借鉴方法是历史与逻辑发展的必然。所以，大科学是交叉科学的另一种表征。此外，大科学因为由不同的学科互相渗透与交叉而实现原始创新，这与社会需要和机制运行有极大的关系。

因此，不同于传统的科学史，如果从哲学层面思考的话，那么大科学史的研究必须与社会的原始创新机制紧密结合起来，要充分体现大科学推动技术发展，再通过工程实施实现社会需要的逻辑通道。所以，通过大科学原始创新机制研究大科学的发生与发展，是今后科学史非常重要的研究内容。从某种意义上讲，科学发展到今天，已不可能像牛顿或近代科学革命发生之前的科学家那样可以做相对独立的研究，未来的科学发展一定是

① 张毅、闫强：《大科学的技术创新范式及演化动力分析》，《中国软科学》2023 年第 6 期。

“学术团队”式的整体研究，这是大科学发展的创新路径。那么，建立什么样的大科学运行机制来激发科学创新，这是从制度层面必须考虑的事情。这一点对东西方未来的科学发展都是如此。科学史在这方面需要做的主要是对已成功实施的大科学项目进行跟踪研究，一是当时组建大科学项目的目的或目标是什么，即解决为什么而建的问题；二是当时大科学项目团队的组成，前文已述，大科学的重要特征是学科的交叉性，那么组建项目团队时需要哪些科学家参与，具体的科学研究内容是什么，或者说要重点突破哪些研究；三是大科学运行机制中的学术分配、权益分配、效率分配与评价体系等是如何保证大科学项目运行的；四是经过一段时间的运行后个别科技政策或机制是如何调整的，因为任何制度不可能一开始就制定得很完善，如何在运行中调整而不影响整体运行，这是很值得研究的；五是最后取得的成果达到了什么样的水平，这可以通过各种奖项的获得进行评价；六是从哲学理性的角度对大科学原始创新机制的经验、教训及意义进行深入总结。

第三节 理论域面

科学史的理论域面曾一度受到冷落，但近年又有所回升，为什么会出现这种现象，也许与科学史出现的编史学困境相关。针对不同的研究对象，科学史会采取不同的研究方法。实证主义的科学史研究，其核心主旨是将科学知识内在逻辑关系的发生与发展揭示出来，虽然也会考虑到一些与社会、文化、军事等相关的因素，但其重心是在科学自身。这种方法在对科学上的发现、定律、理论等的发生与发展研究得差不多的时候，会出现科学史的外史研究，即从科学外部找原因来解释科学是如何发展的。

所以，科学史的“内外史之争”是理论研究对象的出发点不同，虽然在科学史的发展中只有少数的科学史家进行过此类研究，但也促进了科学史理论的发展，使科学史学由隐学成为显学。前已谈到，科学史学中的关键词是 historiography，这个词的本义是历史的编纂，或历史写作学（the study of historical writing），因而具有了“学”这层含义，但其核心词仍是 science，是对科学的史学研究，因此可以译为科学史学。任定成教授就赞成这一译法，但其主要研究的是如何对科学进行编史，其关心的是方法论层面的思考，还不能真正称为哲学上的本体论、认识论与方法论思考，所以不能将科学史哲学与科学史学混为一谈，科学史哲学有其独立的思考空间与向度。

进一步讲，将 historiography of science 译为“科学史学”，这是较常见的译法，与 history of science 译为科学史相对应，如果将前者译为“科学的编纂学”或“科学历史写作学”，显然有些不符合中文的表述，对应的“历史写作学”译为科学史学，而科学史学则正好把英语原文的意思很好地表达出来了，因此本书还是采用“科学史学”这种译法。国外系统研究科学史学第一人当属丹麦科学史家克拉夫，他在前人的基础上于 1987 年完成了第一本专著《科学史学导论》。国内的相关研究，大约是在 20 世纪 90 年代初开始的，当时大连理工大学的刘凤朝教授所撰写的《劳丹科学编史学思想析要》等几篇文章，表明了早期学者的研究。

事实上，西方的科学史学研究起始于 20 世纪 60 年代，1963 年阿伽西之所以要写《走向科学编史学》，就是因为他觉得当时的科学史受归纳主义哲学的影响，不是一种真正的科学史，科学史应该是最具合理性且可以讲成一个个迷人的故事①，那么怎样才能成为这样的科学史呢？阿伽西给出的方案是利用波普尔的批判理性思维，从证伪主义的哲学思想中汲取营养。所以，对于科学史的认识是来自科学哲学思想，或者说是基于其导师波普尔的证伪主义或试错哲学。所以，他提倡运用波普尔的证伪主义科学哲学思想来确定科学史的标准，并用他的思想来提高科学史的理论与实践水平。但是，科学史有其特殊的一面，而非一般的历史，波普尔的试错哲学只是一种对科学划界的思想，对于科学史的影响只是关于科学的模型化观点，而对其历史的影响很小。

我们知道，在阿伽西的著作出版的前一年，库恩已经出版了《科学革命的结构》，而且这本书中提出的范式理论与不可通约性，以及科学发展的模式理论等，在当时已产生了一些影响，库恩与阿伽西不同的是他是从科学内部入手去分析科学革命的发生与发展，从而形成历史主义的科学史观，但对一般科学史而言库恩的观点在当时的意义并不是很大，但对科学哲学的冲击力却很大。正因如此，阿伽西进行科学史学研究，试图在科学史的方法论与认识论方面有所突破，然而当他过分强调证伪主义的科学哲学对科学史的指导作用时，科学史界并没有给出多大的反应。正因如此，库恩于 1966 年评论阿伽西的这部著作时认为，阿伽西试图在当代的科学史实践研究中激发一种新的编史路径，但他的著作远远没有达到该目的。②

① Agassi J. *Towards an Historiography of Science*. The Hague: Mouton, 1963.

② Kuhn T S. “Towards an Historiography of Science”, history and theory, studies in the philosophy of history. *The British Journal for the Philosophy of Science*, 1966, 17(3): 256-258.

阿伽西当时就是这样的境遇，以致他后期围绕科学史学的研究从未间断，在 2008 年出版了《科学及其历史：科学史学的再评估》（*Science and Its History: A Reassessment of the Historiography of Sience*），对 1963 年以来对他的科学史学思想质疑的不同学者做了学术上的回应，其中也有对库恩质疑的回应。返回来再谈库恩，尽管他对科学革命的研究及科学发展模式的研究在科学哲学界与科学史界产生了很大的影响，他的范式直到今天仍是一个众所周知而被广泛应用的概念，但面对不同学者的长期质疑，他在晚年的时候不得不承认："对于科学如何运作以及科学革命是什么，我们简直不再有任何管用的概念。"①库恩的这种无奈，其实代表了当时科学史研究的一种现状，即传统的内史风格被打破之后，外史的固定格局并没有形成，科学史的研究呈现缤纷多样的格局，所以他发出这样的感悟也在情理之中。

事实上，在库恩于 1986 年发出这样的感慨之前，劳丹也曾对科学的编史进行了研究，他的突出思想是对科学进行层次划分，他在《进步及其问题》一书中，将真实的科学史写作 HS_1，科学史家写就的科学史为 HS_2，试图通过这样的划分来区别这两层次的区别②，但如何判定真实的科学史，这是非常难的事情，因为历史无法再现，科学史家写就的历史就相当于真实的历史，否则真实的历史去何处寻找？

从上述可以看出，一些科学史家也是科学哲学家，他们给出了自己对科学史的认识与理解，这些思想构成了科学史的理论域面。但库恩的无奈暴露出一个问题：科学史到底需要不需要哲学？

对于这个问题，只要承认科学史是一门科学，那么就需要从哲学层面进行思考，这是学科成熟的标志，而不是仅仅有科学史学的研究就足够了。这一点如同物理学发展到一定程度后先出现物理学史，然后出现物理学哲学一样。之所以这样说，是因为不同的科学史学对科学史的看法是不同的，有些科学史家认为科学史更多的是关于科学发展的内在的逻辑考察，不需要哲学思考；而有的科学史家认为科学史如果离开哲学的思考便走不远，这一点正如历史学需要历史哲学一样。

当然，科学史离不开科学哲学的指导，但科学哲学与科学史到底是什么样的关系，虽然前面已涉及这个问题，在此还有必要重提一下。对于这

---

① Kuhn T S. The histories of science: Diverse worlds for diverse audiences. *Organon*, 1986, 22: 9-16.

② Laudan L. *Progress and Its Problems: Towards A Theory of Scientific Growth*. Berkeley: University of California Press, 1977.

两者的关系讨论包括库恩在内的科学史家和科学哲学都有所涉及，但谁都难以做出科学合理的解释，也只有拉卡托斯的“没有科学史的科学哲学是空洞的，没有科学哲学的科学史是盲目的”①概念解释得比较到位，但这样的宏观论述与微观上的分析研究还是有所差别的。况且，有一个现象是，在中国从事科学哲学的学者与从事科学史的学者很难有在一起开会的时候，几乎是各自为政，各自做着自己分内的研究。何时科学史与科学哲学的学者走在一起，或许对科学史的理论会有很大的促进。当然，国内也有学者从事两方面研究的，只是既研究科学哲学又研究科学史的学者数量不多而已。

事实上，科学史与科学哲学的关系类似于理论与实践的关系，科学哲学是理论，科学史是实践。然而这两种观点与思想又有很大的不同，科学哲学是站在科学发展的前沿来思考科学是什么，而科学史是回顾科学是如何一步一步地走到今天的，要从历史上去回答科学是什么。但科学哲学对科学史的研究是有指导作用的，不然的话拉卡托斯就不会用盲目与空洞去形容这两者的关系。所以从哲学层面去研究科学史自然有了其合理地位。针对这种现象，国际科学史学会于 1967 年召开了以“科学史与科学哲学之间”为主题的国际科学史大会，试图通过学术会议把科学史与科学哲学拉在一起，从科学哲学家与科学史家“联姻”的角度努力实现交叉互鉴，但这次会议已经过了 50 多年，这一问题还是没有得到彻底的解决。不过这样的局面，至少留给科学史哲学无限的研究空间，科学史哲学可以通过一些内容的构建充当两者的桥梁。

所以说，科学的历史研究，从方法论角度讲，不管使用哪一种逻辑体系去分析研究，都不可能完全实现科学史真正的使命，虽然可以在某些方面达成一致，但它的个体差异还是有的。从另一个角度来讲，科学史存在于历史解释中，以史为鉴，科学史的解释并不是把过去的东西拿过来运到今天现实的状况中那么简单。

第四节　中国古代科学的重新诠释

中国古代科学不能按照近代实验科学的标准去衡量，有其独特的知识内涵，是人文、哲学、文化、文明、经济、政治、制度等的综合反

---

① 〔匈〕拉卡托斯：《科学研究纲领方法论》，欧阳绛、范建年译，北京：商务印书馆，1992 年，第 141 页。

映，在漫长的华夏文明的演进中，中国的四大发明对世界文明演进做出了重大贡献，还有其他的许多发明与发现同样具有世界影响。因此，中国古代科学的重新诠释涉及诸多方面，本节鉴于篇幅不能全部展开，只是从科学史哲学的角度做些分析，即只能点到为止，希冀引发更多学者的关注。

中国古代的农学、地学、天学、数学、医学等，需要从中国古代科学通史的角度去诠释。然而，到目前为止，还没有一部真正的中国古代科学通史。之所以没有，是因为科学划界的标准不同。所以需要从哲学上探讨中国古代科学史的合理性问题，这需要一种全新的科学史观去分析。本节只从研究对象的角度提出这一选题，对此不做过多的研究，留待笔者在另外的课题中进行研究。

中国科学往往与技术关系非常紧密，具有技术通过社会经济发展促进科学发展的显著特征，因此需要基于中国古代社会与传统文化去重新诠释古代科学。比如青铜器的冶炼技术，鼎的上面与下面如何结合，这不仅仅是一个技术问题，其中还存在科学问题，是科学研究的一部分，也是科学史的一部分。又如，越王勾践的宝剑的还原问题，用现代的炼钢技术去还原的过程是科学研究的一部分，也是科学史研究的一部分。此类例子还有很多，那么如何把古代科学从技术中离析出来，这需要还原到原生环境去分析。所以，对于中国古代科学史的研究，虽然不同学科的不同领域做了很多工作，但还没有真正糅合在一起，成为一个科学史的集合，所以目前的研究几乎是各领风骚，难以形成一个整体，这需要以一种学科内外的综合思考来评判科学史的研究，使之走向一个统一的解释方式，理应以“立足中华优秀传统文化，请教马克思主义”的原则，构建中国特色的科学文化史观，通过马克思主义科学史观建构马克思主义科学编史纲领，以指导中国古代科学史的研究，这也是科学史哲学研究的重要领域之一。

因此，中国古代科学史的重建需要在新的科学史观的指导下，把古代科学作为一种社会发展到一定历史阶段的特殊产物，分析其内生动力、外部环境，以及当时科学家的认知方式等因素的作用机制，为科学知识的发展规律与特征提供不可或缺的分析，这是未来科学史研究的重要内容。

第四章　科学史学科性质的哲学分析

科学史的学科性质是科学史哲学本体论与认识论的核心论题。论题的关键是科学史不仅仅具有历史性，还具有科学性、交叉性与社会性。前三个属性是科学史的内在属性，社会性是其外在属性，事实上从上述科学史的研究对象也可以看出来这四个特征。其实早在 2002 年，王大明和郭继贤就对此讨论过，他们对科学史的学科性质认识有一定的见地[①]，基于此，本章尝试对此做一哲学上的理解。

第一节　科学史的历史性

在第一章已引述过，“科学史之父”萨顿在谈到科学史的价值时的两条内容，一是历史的，二是哲学的。这两点实则在阐明科学史的属性，即历史性与科学性，因为当时哲学的概念包括科学的内涵。但他没有考虑到科学史还具有社会性与交叉性，科学史的历史性是其基本属性，科学史的历史性主要表现在科学史是对科学发展的历史及其规律的研究，科学史的其他属性是其延展属性。

出于对科学史的重视，我国在学科划分上把科学技术史确定为一级学科，与其最相关的历史学是平行的，但科学史作为本科专业只在为数不多的学校设置，况且有个现象是研究科学史的往往还不关注历史方面的学术会议；另外，科学史专业培养的本科生人数较少，与其他本科生相比，比例几乎可以为零。[②]这两种情况造成了中国科技史研究非常独特的一面：科学史的研究是在大多数没有历史基础知识，而且是非职业的科学史学者中进行。这样的一种后果就是没有把对科学史的研究放在一个历史的大背景下进行，而是“各自为政”，因而科学史的学术交流难以在一个平台上进行，只能在各自的学术圈内进行。

笔者在 2019 年 5 月参加了一次以“科学史学科建设”为主题的研讨会，会上发现国内科学史的博士点授予权，几乎都在高校，说明高校是科

---

① 王大明、郭继贤：《走向开放的科学史研究——关于科学史学科性质的思考》，《自然辩证法研究》2002 年第 12 期。

② 注：国内有一些大学虽招收科学史专业的本科生，但往往与相近的专业混在一起，而且数量很有限。

学史研究的主阵地，这些学科点的研究各具特色，但共同的话题非常少，因为研究的领域各不相同，这样就会影响到与会交流的“质”的提高。这样的局面，致使不同的科学史主题研究各不相同，讨论的深度就难以达到，科学发展中的人文关怀、环境关怀等更难在不同的选题中展示，这与形成科学史职业化的国外研究格局不同。学界理应将科学史与科学哲学放在一起研究，建立技术史独立运行机制，或与科技政策史放在一起研究。

“存在的就是合理的”，从这一哲学理念出发来看科学史的历史性。将这句话换一下，不存在的就是不合理的？虽然依这样的逻辑思考不一定真正合理，但有一定的道理。这里要指出的一个事实：历史学的学术会议，几乎很少有从事科学史研究的学者参加。从事科学史研究的学者不参加历史学的会议，这是不合理的。这样的结果就是国内科学史的研究得不到史学理论的指导，或者说不能从历史学的研究中借鉴有价值的方法、路径等，从而造成科学史的理论研究长期得不到科学史界的重视，更取得不了突破性的成果。例如，国外对历史哲学经过近 300 多年较为完善的研究，到现在形成了分析的历史哲学、思辨的历史哲学与马克思主义的历史哲学“鼎足三分”的局面，构成了人类思想史上的宏大场景。[①]事实上，对于什么是历史的思考自古希腊就开始了，那么对于历史哲学这样的理论研究，科学史应该可以从中汲取一些史学的理论思想。这一点，也是本书取名《科学史哲学研究》的一个出发点，以期与科学史学作区分。

科学史的历史性除了这点外，还有一点就是对历史上“科学”的认识或认知。西方传统意义上的科学来自自然哲学，在经历了古希腊的逻辑、数理的公理化以及实验方法促成了近代科学的产生，于是有了“科学”的概念。而中国没有经历过公理化体系与实验方法，虽然没有发生近代科学革命，但不能说中国古代没有科学，只是对科学的定义不同而已。现代的科学是体系化的，但从一开始发展的时候，并没有人为地规划数学怎么发展，物理学怎么发展，需要多少个概念、定理、定律等，所有现在体系化的自然科学都是后期不断完善的结果，因此科学就不再分界了。那么，对于几百年前没有体系化的物理学是不是科学？如从亚里士多德以后到牛顿以前的物理学，是不是科学？其与中国古代没有体系化的科学有何异同？从一些科学史的著作中，可以读到西方科学的发展之路，有一些也是经验性的，有学者列出了亚里士多德关于物理学的 10 多个观点，在当时看来是正确的，但现在我们已经证明它们全是错误的。那么这种经验性与中国古代的经验性有何文化异同？这是值得深入思考的问题。当然，这里要把

---

① 〔英〕伯恩斯、皮卡德：《历史哲学：从启蒙到后现代性》，张羽佳译，北京：北京师范大学出版社，2008 年，第 1 页。

欧几里得几何已预设的公理与公设排除在外，因为其从开始就是建立在公设基础上的。

所以，科学史的历史性，就是要在历史中认识和理解“科学”，对不同时期的科学进行不同的分析。但从哲学上分析，这又面临一个“两难”问题：科学的叙事与理解的问题。为什么会遇到这种问题，是因为科学史的研究有一个“事实崇拜”：世界就在那儿存在着，其中有一系列给定的客观事实，等着“幸运的家伙”、崇尚客观性的人，来到这里精准地观察它们。[①]也许牛顿就是一个这样的“幸运的家伙”，因为“苹果砸到他的头上”而发现了万有引力定律。然而，事情真就是这么简单吗？科学是理性的事情，暂时不论当时是不是真的有苹果砸到了牛顿的头上，就算是真的，难道万有引力定律就这么容易被研究出来吗？从科学发展内在的逻辑性讲的话，万有引力定律的发现是建立在前人的基础上的综合研究成果，这一点正如牛顿的力学定律。从这一点可以看出，对科学的这种叙事与理解的“两难”问题，也正好反映在如何对待中国古代科学上。中国古代科学的一个突出特点就是“拟科学性”，完全是“经验技术”中的“科学性”，比如中医学，这是中医在长期的经验基础上形成的医学，其中的中药配比严格量化，可以称为科学配比，而且不同的病情会采取不同的配比方案，因此就是科学的、量化的。再如，农学也是如此，长年的耕作经验使人们把在什么时间做什么事都安排得非常科学合理，所以怎么能说不是科学呢？类似这样的经验技术中蕴含的科学理念还可以列举很多。

第二节　科学史的科学性

科学史的科学性主要是指在历史的特定时期内某项科学的内涵及其蕴含的理性精神等，是历史上科学的具体表征。萨顿论述科学史的研究理由时指出，科学史的研究就是要理解科学更为深层的含义[②]，这是萨顿对科学史属性的一种哲学概括。现在距离萨顿的表述已过了百年，但他的思想仍有一定的合理性，他当时是将科学与文明紧密地结合在一起来进行的研究，那么在文明演进的过程中，科学在不同时期起到了不同的作用，如石器时期的技术与现代的科学技术是不能相提并论的，所以说，萨顿认为科学史的科学性就是要理解科学更为深层的含义，实质是指对科学的理性特

① 〔澳〕舒斯特：《科学史与科学哲学导论》，安维复译，上海：上海科技教育出版社，2013年，第18页。

② 〔美〕乔治·萨顿：《科学史和新人文主义》，陈恒六、刘兵、仲维光译，上海：上海交通大学出版社，2007年，第55页。

征、科学精神，或科学方法等更深一层的理解。

在萨顿看来，科学性还表现在科学的统一性，这也是科学更为深层的内涵，科学是统一的，可以通过科学史的研究来认识科学的统一性。他认为，科学史证实科学的统一性有两种不同的方式，一是每一门学科的进步都依赖于其他学科的进步；二是科学发现在不同的地方并且有时使用不同的方法同时提出，这意味着存在一种内在的一致性。①萨顿这样的论述是不无道理的，科学史的研究已发现人类对同样的问题在不同国度的相近时间都在研究，如中国和印度因土地丈量而数学知识非常丰富、牛顿与莱布尼茨都对微积分各自进行研究等，类似这样的知识点很多，因此萨顿认为科学史的研究要揭示科学的这种统一性。

这是萨顿对科学史的科学性认识，可以说从哲学层面上看是比较合理的，尤其是他对科学统一性的看法是一种高度的抽象与概括。对于中国科技史研究者来说，科学史的科学性除上述萨顿认为的揭示科学的更深层的含义外，还有一个科学的“复原”问题，这也是近十几年来科学史界呼声很高的一种研究范式。这一点首先是由吴文俊先生提出来的，他在研究中国古代数学史时，通过数学的机械化、几何的机器证明等开创了中国古代数学“复原”新范式。在吴文俊看来，贯穿中国古代算术的思想是机械化思想，“中国古代数学自成一体，不仅与西方理论是完全不同的思路，而且对现代数学很有启迪。②吴文俊的这一认知很清楚地表达了对数学东西方概念的不同，那么中国有自己的数学传统，西方有西方的数学传统，要研究中国古代的数学就不能以西方的数学传统去规范，这是不合理的。因此，从科学史哲学的角度看，要从中国古代科学传统的角度去重建古代数学史研究。

吴文俊先生对中国古代数学的深入解读，真正做到了萨顿所提到的“理解科学深层的含义”，所以他对中国古代数学的理解与传统的观点完全不同，他不仅认为中国古代数学的抽象性不亚于古希腊的欧几里得几何，而且认为中国古代数学对世界文化的贡献是巨大的，并不是人们传统所认知的观点。对于这一点，其实他早在 1975 年发表的《中国古代数学对世界文化的伟大贡献》一文就已指出，世界近代数学是基于中国的数学而非

① 〔美〕乔治·萨顿：《科学的历史研究》，刘兵、陈恒六、仲维光编译，上海：上海交通大学出版社，2007 年，第 180 页。

② 黄祖宾、吴文俊：《走近吴文俊院士——科学史家访谈录之四》，《广西民族大学学报（自然科学版）》2004 年第 4 期。

希腊的数学。[1]

论及这一观点的这篇文章特别具有震撼力，当时吴文俊用了笔名——顾今用。这篇文章他一改对中国古代数学的传统认知，认为“中国的数学，在世界上可以说一直居于主导地位并在许多主要的领域内遥遥领先，直到宋末明初”。所以他呼吁“被颠倒了的历史必须颠倒过来！”[2]事实上，中国科学史的研究起步几乎就是从研究数学史开始的。在20世纪30年代，第一代数学大师李俨和钱宝琮利用现代数学概念，对中国数学史进行了研究和整理，他们的一些论著具有里程碑式的意义，是他们这一代学者奠定了中国古代数学研究的基础。后期的中国数学史研究基本是在古代著作的研究中展开的，并且随着数学史研究的不断深入，与天文学的结合也紧密起来，出现了数理天文学等领域。吴文俊的研究对中国古代数学提出“复原”思想，对数学编史学的意义是非常大的，乃至对科学史的研究也产生了很大的影响。

吴文俊的“复原”思想也被称为“吴方法”。从哲学上讲，这是很重要的一种科学史研究方法，他提到“复原”中国古代数学，并将这一思维延伸到其他学科史的研究中，致使科学史的科学性得到了极大的表现，呈现出中国科学史界的很特殊的局面：不同的学科点具有不同的研究内容，而且到目前为止，几乎是某个学科点的研究内容，另外的学科点都不怎么去关注和研究。一些学者投入到对中国古代一些遗产的“复原”研究上，如指南针的“复原”、古代青铜剑的“复原”等。正是这些内容的研究使中国科学史研究的科学性更为突出。

从哲学上讲，科学史研究域面的拓宽是其自身完善的表现，但不是理性的构建，而是科学史的可持续发展，这是需要考虑的问题。比如，对于指南针的“复原”，自然科学史研究所的黄兴研究得非常好，通过新研制的“磁矩测量装置”，发现按古代工艺切割、摩擦等造成的退磁非常轻微；磁石加工后形状变化导致磁化强度略有降低，数十天后恢复稳定，从而成功地研制出了古代的“司南”。[3]这一研究在学界影响很大，但我们假设一下，如果找不到这样一块磁石，那所有的辛苦则尽费。所以说，类似的研究存在一定的“风险”。但面对中国古代以“术”为内容的科技，也许这是一个很好的路径，更是中国科学史研究的科学性表现，只是需要建

---

① 顾今用：《中国古代数学对世界文化的伟大贡献》，《数学学报》1975年第1期。

② 顾今用：《中国古代数学对世界文化的伟大贡献》，《数学学报》1975年第1期。

③ 黄兴：《天然磁石勺“司南”实证研究》，《自然科学史研究》2017年第3期。

立在特定条件的基础上。

第三节 科学史的交叉性

科学史研究对象的文理兼容决定了科学史学科的交叉性，这是其一；其二，交叉科学的发展赋予科学史新的内涵。对于这两方面的思考，不仅需要历史叙事的方法，更主要的是需要借鉴各种方法以对历史上发生的科学事件进行全方位的解释与说明，特别是因交叉科学的出现而进入大科学时代，更要在科学史中有所体现。

本书的序言中已谈到，研究科学史的现实价值是要在历史叙事的基础上诠释科学的理性、自由探索的精神、好奇心的培养等一些促进科学发展的理性与非理性因素。为此，从哲学层面上讲，科学史的学科交叉性具体体现在以下几个方面：其一，科学史的自然科学基础。虽然现在强调综合科学史的研究，但综合科学史的研究离不开各学科的历史研究，如果没有具体学科的历史研究，综合科学史就成了无源之水。例如，研究物理学的要对物理学的一些知识很了解，因此具备一些专业知识是必需的。其二，需要社会学的相关知识。科学的发展与社会诸因素有极大的关系，失去社会基础的科学是无法生存的，因此研究科学史必须寻找社会因素的线索，要运用社会学的知识分析科学的发展历程，或从认知的角度去看待社会因素对科学是促进的还是阻碍的，其作用力有多大，怎样去量化等问题都需要从社会学的角度去分析，因此 SSK 对科学史的渗透很大。其三，心理学知识。科学史的研究必然涉及科学家的思想，对科学家的思想进行解读往往是科学史诠释的一条重要路径。因此，从事科学史研究的学者大多都对一些科学家的行为、研究方式、思想变动、研究方法等做过一些研究。这就是说，要从科学家的心理认知对他们的研究内容进行解读，那么心理学就是这类研究的基础知识。例如，恩斯特·马赫对牛顿力学的研究中就运用了大量的心理学知识。

马赫是奥地利物理学家、科学哲学家、科学史家，经验批判主义的创始人之一。之所以说他是经验批判主义者，是因为他撰写了一本非常经典的物理学史著作——《力学史评》，从物理学史的角度来说，目前为止没有人能超越这部著作的研究。这部著作初版于 1883 年，距 1687 年牛顿出版的《自然哲学的数学原理》相差近 200 年，估计连牛顿也没想到在 200 年后会有一部对他的思想进行批判的著作出现。这部书的内容涵盖当时力学的全部，在第五章还谈到了力学与相关学科的关系。在此不谈书中的力学的发展历史，只是就马赫的论证方式与方法进行简单分析：其一，他用历史叙事的方式充分肯定了牛顿及其后继者的历史功绩，盛赞了牛顿《自然哲学的数学原理》对物理学的贡献及对人类认识自然的作用。其二，他从经验批判主义和逻辑学的角度出发，系统地批判了经典力学的基本概念和基本原理。关于牛顿的绝对时空观，在马赫看来绝对的时间、空间是不存在的，只有相对的时间与空间，就连加速度也是相对的，因而绝对的时空观是无用的形而上学概念。其三，他从认知心理学的角度对绝对空间、绝对质量等概念进行了批判，认为绝对质量是不存在的，绝对空间和绝对运动是纯粹的理智构造，而不是产生于经验。其四，他从社会学的角度对当时人们对牛顿用力学解释一切物理现象的机械论自然观进行了批判，这是尤为重要的一点，因为在当时机械论自然观占据了主导地位，不论是大到天体还是小到人体都像一部精密的机械钟一样运行，物理学的这种确定性描绘了一幅很和谐的自然图景，如果这样一幅动人的画卷不能用力学解释，那还能用什么样的理论去解释？这种将历史、哲学、心理学、社会学等学科进行交叉融合的研究，使马赫的对牛顿力学的批判成为物理学史的经典，对于后期物理学发展影响很大，所以称其为物理学革命的先声是不为过的。[①]

科学史的学科交叉性还体现在研究者的跨专业性，尽管一些博士点的学科建设与其学校的优势学科背景结合得非常紧密，利用这样的学科背景从事学科史研究有一种“近水楼台先得月”的便利条件，但从事科学史的学者大多具有不同的专业背景，科学与艺术、文化的交融使科学史的研究与科学文化的研究紧密结合起来，科学史研究呈现多学科融汇的局面。正如 2019 年 4 月 26 日，北京大学科学技术与医学史系成立，并举办了科学文化论坛，韩启德院士在欢迎致辞中介绍了论坛的缘起，指出了科学文化研究在当代中国的学术使命和现实意义，期望与会学者为北京大学的相关学科建设建言献策，共同致力于科学文化在中国的本土化，为中国培育有利于科技创新的优质土壤提出宝贵建议。还有学者认为，这是跨自然科学、医学与人文多个学科范畴的庞大理论，对促进科学文明的发展，以及科学代价观的形成具有重要的意义，一定会对学科交叉有非常重要的推动

① 李醒民：《物理学革命行将到来的先声——马赫在〈力学及其发展的批判历史概论〉中对经典力学的批判》，《自然辩证法通讯》1982 年第 6 期。

意义。[①]所以说，今后科学史的研究需要跨学科的科学文化人才，这是科学史学科交叉性的重要体现。

当科学发展到当今的大科学时代时，学科的交叉性更强，也更加凸显了科学史的交叉性，形成了交叉科学史。这一研究领域的形成标志着科学史的与时俱进，不断开拓新的学科领域，同时也更需要从哲学的角度分析其学理，以及研究方法的合理性。国内外在这一领域的研究有大量的论文，主要在以下方面进行了较系统的研究：其一，大科学产生的背景分析；其二，大科学与技术的创新分析；其三，大科学引发的社会机制分析；其四，大科学与传统的产学研的创新分析；其五，大科学时代的创新机制分析。这五个方面是基于大科学的时代性所做的研究，为未来科学技术创新提供了历史方面的借鉴。

第四节　科学史的社会性

科学史的社会性需要从理性的角度对科学史的应用性进行全方位的哲学分析，然后进行归纳才可以得出。也许个别学者对此会有一些异议，但从科学史应用的角度讲，科学史的研究就是为社会发展服务的，其表现就是社会性。科学史的社会性表现得越明显，科学史的社会地位就越高，历史作用也越大。

实证主义科学史之所以盛行，就是因为在16世纪时一批科学家撰写学科史，以寻求科学在社会上的地位及政府对科学的重视，这种功利主义的科学史观尽管有一定的局限，但在当时的时代背景下却使科学的合法地位得到了认可。所以，如果没有当时的科学史研究，也许科学的社会地位还得不到应有的重视。所以，如果说当时科学史的社会性是为了寻求科学在社会的合法地位的话，那后期科学史的发展逐步形成了多元化的社会性，已不再局限于其社会地位如何，因为科学职业化以后，科学史也逐步职业化，职业化的科学史其社会性表现为更多的社会服务，具体如下。

第一，科学传播中的社会性。

科学发展到一定程度后，已脱离了地域的限制。前文已述，无论哪一门科学，都已不再局限为当地服务了。物理学发展到相对成熟后，现在已在全世界普及，并不存在西方的物理学或东方的物理学，其他学科也是如

---

① 北京大学新闻网：《首届中国科学文化论坛暨北京大学科学技术和医学史系揭牌仪式在北京大学举行》，http://pkunews.pku.edu.cn/xwzh/a9c869960f094918a106dc794dd1a479.htm，2019年6月18日。

此，属于全人类。但科学的传播是有途径的，并不是当一名科学家完成一项科学研究后，马上就会将自己的研究成果向世人展示，尤其是过去。现在则可以在较短的时间达到较大的传播速度，这是因为现在的网络非常发达，当一名科学家完成一项研究后，只要一发表就会被世人看到。不过，这样的速度也会带来一个很大的伦理问题，即科学家的责任伦理，如果一名科学家完成的是一项“伪科学”，那么他对受众的危害是很大的，科学史上有过伪科学事件。所以说，科学史的社会性需要关注科学传播的伦理问题。

科学传播的社会性还有一个重要内容就是科学普及工作，可以这样说，科学史的研究做了大量的科学普及工作，而科学普及工作对于提高国民素质意义很大。科学技术普及工作一般由科学家、科学史家、科学技术爱好者、科普记者等来完成，他们把科学语言通过合理、适当的方式转换为科普语言，实现科学语言的通俗化、大众化，通过传播提高公众的科学素养。特别是当下伴随多媒体技术的不断发展，传播渠道多样化，对科普工作极为有利。尤其是“公众易于理解、接受的方式”，能做到这一点就需要对科学史有较深入的研究，只有这样才有可能写出好的科普内容，所以科普也就是一种科学史的传播。

第二，科技政策制定的社会性。

关于科学与社会之间的关系，尽管一些学者认为是互动关系，但这只是一种较为浅层次的认知，是一个很笼统的概括，真正的关系绝非这么简单。对于这一点，需要从哲学的角度进行全面的总结与归纳，因为不同时期科学与社会的关系是不一样的。科学与社会的互动关系主要是通过科技政策来实现的，所以对于科技政策史的研究来说，科学史是不可或缺的。

美国学者对于科技政策史的研究较为深入，特别是对第二次世界大战以来美国的科技政策史研究多一些，这些研究在当今美国调整科技政策方面发挥了很好的作用。而我国在这方面的研究则相对少一些，1980年以后一些学者才开始关注科技政策史方面的研究，研究的主体大多是一些政策类的研究机构，且相对较少，事实上这正是科学史研究未来发展很好的一个方向。从科技政策史研究的现状来看，现在对中国科技政策的研究大多集中在对不同时期科技政策的解读与分析上，而对不同科技政策主导下的科学家的培养与发展情况、对科技人才的激发效果如何、科技产出情况怎么样、对创新的影响力有多大等一些问题的研究，特别是对科学人才的研究，才是科学史研究与其他学科领域有别的地方，也是科学史在科技政策研究上的创新之处。通过对上述问题的研究找到引发问题的关键因素进行分析，然后总结经验，吸取合理之处，向各级政府或机关提供咨询报告等，这是科学史的社会性很重要的研究内容。

第三，科学理性的社会性。

科学是从问题开始的，那么科学家是如何进行科学研究的？科学家的理性与非理性因素对科学贡献的大小，是科学史研究非常重要的一个方面，诸多科学史学者都是从对科学家思想的研究开始他们科学史的研究生涯的。往往一名科学家的理性因素与非理性因素对后代科学家的研究影响很大，甚至是让人感到神圣的，这就是世界上一些研究机构表现出的社会性，也是科学理性的社会性。比如，卡文迪许实验室（Cavendish Laboratory）并非卡文迪许本人建立的，而是麦克斯韦创建的。麦克斯韦建立实验室的目的是带领大家重复和改进卡文迪许做过的一些实验，并深刻理解当时实验的设计思想进而锻炼学生的动手与设计能力，因为这些能力对于科学创新来说尤为重要。科学史上有好多创新发现就是通过改进仪器或某项技术而实现的，显然麦克斯韦看到了这一点。比如，伽利略在16 世纪末的一次偶然的机会知道了望远镜的制造技术，于是他对此进行了改造，并用自己制造的望远镜观测到了太阳黑子，这虽然比中国晚了1600 多年，但确实是观察到的结果，以及他对地动的认识，造成当时教会的恐惧，从而把伽利略审判后软禁起来。另外，伽利略的小球实验同样是自己动手设计的，没有他亲手设计的实验就不会有后来对牛顿的启发式研究。同样，牛顿也是自己设计实验器材，如他对光学的研究实验就是自己设计的创新性实验。卡文迪许在研究中设计了自己的实验，包括一些实验器材都是自己做的，虽然麦克斯韦带领学生做了一些重复性的劳动，但这样的实践活动锻炼了学生的动手能力，最为重要的是思维创新能力。因此，卡文迪许实验室的这种做法也被其他一些实验所效仿。

之所以举这个例子，是想说明科学的理性精神或许是从一些非理性因素中汲取的，随着时间的推移而成为习惯，这个习惯就表现为社会性了。卡文迪许实验室之所以能培养出那么多获诺贝尔奖的科学家，除了他们的智力因素外，自制仪器、改进传统实验等一些方法是激发他们创造力的很有效的途径。这对中国的科学实验室建设具有启发式意义，这也是一个研究机构形成一种科学理性以后的社会性表现。

科学史的研究还有一个很重要的方面就是对科学发展过程是理性与非理性因素的影响。特别是当今的中国，科学技术能否超越西方发达国家，决定了中国未来的经济、社会发展。从目前来看，对于中国科学技术的发展水平，某些技术已经处于世界的前沿，处于国际领先地位，但也有技术落后于发达国家，这是事实。面对未来的科学革命，我们能否占据科技的制高点，这需要一代代科学工作者的努力，但更重要的是培养科学的理性精神、批判精神。所以，现在大量的文章都在讨论科学精神在中国科学界的生根与立足问题。科学精神的形成与发展要经过一代一代科学工作者的努力，逐步形成一种科研习惯，像卡文迪许实验室被其他实验室模仿一样，表现为一种社会性。

第五章　科学史分期的哲学探讨

科学史如何分期是元理论问题的基本问题，需要从哲学理性的高度对其进行归纳与分析，一个合理的科学史分期能真正表现科学发展的阶段性特征。鉴于科学史的历史属性，科学史注定要有一个分期的原则与方案，这个原则与方案的确定就是一种哲学的理性分析。许良英早在20世纪80年代就指出，“科学史的分期，是整个自然科学发展史的纲，是科学史研究的一个重要的理论问题”[①]。许良英本是主要研究相对论和量子力学的教授，后长期从事科学史、物理学思想史和科学哲学的研究，特别是对爱因斯坦的思想、科学和社会的相互关系的研究。正是从这些研究中，许良英才对科学史的分期问题，特别是对世界科学史的分期问题，有了很清楚的认识。

第一节　科学史分期的传统原则

从哲学上分析科学史分期，实则是在探讨科学史研究分期的合理性问题，通过合理的分期方案以更好地说明科学发展的阶段性特征。对此，许良英给出主要和次要两种分期原则，主要依据是根据科学发展的不同本质特点进行，次要依据是从科学与社会关系来划分。[②]这两条原则给出了科学史分期的内在的与外在的基础性原则，内在的基础是科学发展的内在逻辑，外在的基础是科学与社会之间的关系，有一定的合理性。

许良英首先对一些学者的分期方案进行了分析，然后得出了自己的结论，他认为科学史分为三个时期，人类科学技术的发展也可明显地分为三个时期，一是古代时期（16世纪以前），二是近代时期（16—19世纪），三是现代时期（20世纪），并提出三次技术革命和五次物理科学的理论综合。[③]从这种分期方案来看，他主要还是考虑了科学发展的内在逻辑性与科学的发展特征，正如他在《关于科学史分期问题》中所写的，古代时期的科学是建立在经验与实证基础上的，与近代科学以实验为基础是完全不同的，现代科学以理论研究为主要特征，与近代科学又有所不同，所以这

① 许良英：《关于科学史分期问题》，《自然辩证通讯》1982年第4期。

② 许良英：《关于科学史分期问题》，《自然辩证通讯》1982年第4期。

③ 许良英：《关于科学史分期问题》，《自然辩证通讯》1982年第4期。

样的分期方法有其一定的合理性，但存在一个问题就是太笼统，对一些阶段性的科学波动不好表征出来。科学的发展不仅是一个全局的事情，也关系到地方性知识，况且在科学成体系化之前，都是以局部或地方性知识出现的，这是不争的事实。那么在这样的情形下就不可能有一个统一的分期原则来对科学的发展进行研究，而应该是根据科学在不同时期的具体内容进行分期，即具体事件具体分析的总原则。

在此，可以分析一下萨顿对科学史分期的观点，可以说也具有一定合理性。他在论及科学史分期时，这样写道：可以把科学史区分为四个主要的阶段，第一个阶段是埃及人和美索不达米亚人从经验上获得知识的阶段；第二个阶段是希腊人建立了具有震撼人心的美和力的理性基础的阶段；第三个阶段是中世纪阶段——许多世纪之黑暗中的摸索；第四个阶段是近代科学的阶段。[①]萨顿具有这样的划分思想是与他的科学史观相关的，他一直把科学与文明结合在一起来研究，实质是指明了近代科学革命发生的来源，这是其合理性的一面。但对中国古代科学技术及科学文明的贡献，以及印度的古代数学等对文明的贡献都没有涉及，这是其不足之处。另外，萨顿没有提到现代科学，不过可以按照他的观点，自然延续即可，所以实质上是将科学史分为五个阶段。

上述两位科学史家的观点各有利弊，都是从宏观上进行概括的。如果从人类学的角度、从大历史观着眼来看是没有问题的，相对较为合理。但从科学自身发展的逻辑看，科学发展的东西方特征截然不同，各自走的路径不同，文化基底不同，所以以这样的人跨度进行科学史的分期显然是不合理的。比如中国科技史的研究就不能以这样的方式去划分，因为中国古代没有产生类似伽利略式的实验方式。当然除了研究中国科学通史之外。

于是有些学者在考虑到这一点时，便提出了自己的一些方案。比较有代表性的是樊洪业的思想，他认为许良英的分期方案有其合理之处，对于中国科技史的分期有启发作用，但对于中国科学史在研究时如何区分古代与近代的含义，或者说其间分界的标准是什么，存在一定的争论。这是因为在处理中国近代科学史的分期界限时，会碰到如何确认中国近代科学区别于中国古代科学或传统科学的问题，或者说中国传统科学就是中国古代科学吗？如何解读“传统科学”便成为一个问题。[②]

为此，樊洪业比较含蓄地引出了一个中国科学史的分期问题，这个问题的核心就是如何划分中国的传统科学，所以作者用的标题是中国的传统

① 〔美〕乔治·萨顿：《科学史和新人文主义》，陈恒六、刘兵、仲维光译，上海：上海交通大学出版社，2007年，第86页。

② 樊洪业：《从传统科学到近代科学》，《科学文化评论》2016年第3期。

科学是如何进入到现代科学的。据此，“传统科学”就进入到对中国科学史分期的领域中，对中国古代科学传统的研究成为一个很有内涵的领域。从哲学文化的角度看，中国古代肯定有科学，而且也形成了与西方不同的中国古代科学传统。但是，这样的假设有一定的局限性：只能在一定的范围内讨论，因为中国的古代科学是在中国古代文化的基础上发展起来的，与近代的文化基础有很大的不同。从传统的角度讲，科学传统主要体现在两方面，一是传承性，即上一代或前几代是怎么传下来的；二是体系化，是否形成系统的或体系化的一些东西。显然，中国古代没有成体系化的物理学、化学等，当然这里不指属于技术方面的一些东西，中国古代在这方面是很强的。

既然中国古代有科学，也有科学传统，那么中国古代科学史的研究怎样进行分期就成为一个重要问题，因为中国古代史是以朝代的更替进行研究的，科学史是否也可以以这样的方式进行？不同的学者有不同的观点。从上述许良英的观点来看，将中国古代科学史分为三个时期虽然有一定的合理性，但过于笼统，不利于揭示中国古代科学技术发展的真正特征。但有两个原则可以作为划分的标准：就是说以科学发展的内在逻辑和特征来进行分期。

这样一来，依据樊洪业的主张，可以把中国科学史划分为三个时期：传统时期、近代科学和现代科学，当然了樊洪业没有论及现代科学，但其顺延划分是很明显的。所以，中国科学史也可分四个时期，在传统时期前面加“前传统时期”。如果从科学发展的内在逻辑来看，或把科学看作人类的文明演进的一种特殊行为，那么上述两位先生的分期方案固然合理，但还有更为科学的一种分期原则，即语境原则。

第二节　科学史分期的语境原则

笔者的博士论文《语境论科学编史学研究》论证了语境论科学史学的理论建构，这就是说科学的发展离不开语境，任何科学史料都是用语言记录的，有语言就有语境。因为从人类文明演进的角度来看，哲学是第一位的，科学是第二位的，也就是说先有了哲学上的思考，才慢慢产生了科学。这一点不论是在中国古代，还是在古代希腊都是如此。自然哲学产生了自然科学，没有自然哲学的语境就没有自然科学的语境。

人类在漫长的进化过程中，首先是对自然的认知与反应。最初人类是惧怕自然的，人类在自然面前的力量是非常小的，就连刮风、下雨、打雷这样的日常所见也会使人类恐惧，所以不得不借助各种神来消解这些恐惧。从对这些神的敬仰中慢慢产生了宗教，哲学也就随之产生了，只是哲学在东西方有很大的不同，比如中国古典哲学与古希腊哲学就有很大的不同。

之所以这样讲，就是因为不同的语境造就了不同的科学成就与技术发明。中国的农耕文明就与希腊的商业文明有很大的区别，这是由当时当地的语境决定的，这种语境决定了语言的使用、工具的使用、生活习惯与思考习惯有很大的不同。中国古人将天地人“集合”在一起考虑完全是出于中国古代自然认知语境，而古希腊人却将自然与人分开去思考自然也符合其认知习惯。所以说，科学史的研究是语境相关的，基于什么样的语境就会有什么样的科学发现或技术发明。

这样一来，语境原则自然就是科学史分期原则，具体如下。

一、科学史分期的语境性

既然科学的发展是语境相关的，那么如何研究科学史自然就与语境相关，即要研究一个科学事件是在什么语境下产生的，不能以古代、近代、现代等时期来作为科学史划分的标准，而应该以一个个科学事件去研究，把一个个科学事件“还原”为一个个专题，科学史的整体面貌就很清楚了。

任何一门具体科学的发展，开始并不是体系化的，这是一个真理。从哲学上讲，由一个个具体的科学事件上升到综合的抽象就是一次升华，是由实践到理论的升华。这一点正如科学的概念，无论被称为博物学，还是古希腊的自然哲学，或中国古代的格物学，以前并不存在一个“科学”的概念，科学概念的产生是缘于各门自然科学的不断发展，为了更好地统一学科的称呼而抽象出了科学的概念，所以说科学其实就是一种哲学的抽象或归纳。

科学发展到今天，似乎其并不能代表各门具体学科的共同特征，比如物理学虽然与化学很近，但二者还是有很大的差别，科学这一抽象概念并不能代表物理学或化学的共性，所以科学史寻求统一的分期是不可能的，其核心因素就是各门具体学科发展的不平衡性。但各门具体学科的发展都与语境相关，语境原则就是处理科学事件最重要的原则。

二、科学史分期的逻辑性

科学史的研究离不开史料的记载，那么在史料相对缺乏的情况下怎样研究科学史成为一个很重要的问题。本书后文会专门研究科学史的假设性，就是基于这一问题展开的。比如，对很早的一些科学事件，几乎没有任何记载，那么只能靠逻辑与假设。假设的前提就是逻辑，没有一定逻辑的假设就是一种胡乱设想。所以在此对科学史分期中的逻辑性问题做一简要分析。

科学史分期要建立在严密的逻辑基底上，主要体现在对待科学事件，尤其是古老的一些科学事件的研究，有时不能只靠史料的支撑，应该是基于一定语境下的逻辑判断。这种逻辑判断必须基于一定的语境，怎样获取语境？这就要回到大历史中去。换句话说，要研究古希腊的科学史就要回到其当时当地的语境中去进行逻辑判断；要研究中国古代的科学就要回到当时的历史文明中去进行逻辑分析，在适当的情况下可以进行假设，等以后的考古发现再进行验证。

我们知道，任何一门学科都有其自身发展的逻辑，其内在逻辑性是成体系的，当然这个逻辑体系是后人整理的。这一点从我们现用的各种教材就可以看出来，比如中国古代数学的发展，虽然在宋元时期取得了很大的成就，但在当时并没有一个很好的体系，不过中国古代的数学也未能像欧式几何那样，构建全球性数学框架（建立在五个公设上形成体系化的数学）。由此可见，尽管中国古代的数学成就很大，但对世界范围内数学发展贡献并不是很大。当然这里说的贡献是指体系化的东西。

为什么要考虑教材式的科学，这是因为只有能成为教材的理论才是体系化的内容，否则就是一种零散的知识点，这不利于整个人类的科学素养与能力的提高。就拿数学来讲，数学基本是形与数的结合，“形”是指几何，“数”是指代数，数学主要讲的是逻辑性，尤其是推理。正是由于数学的这种逻辑独特性，当它与其他自然科学结合起来时就显示出其无比强大的力量，现在已经证明数学一旦与物理学、化学、生物学等学科结合起来就会催生其发展速度，同时也极大地拓宽了其本身的研究领域。

所以说一门学科自身的逻辑性加强以后，学科内部的自主性就会得到很大的发展，同时学科的规范性也与以前大不一样。数学在一定程度上代表一门学科逻辑性与推断实现的程度，所以说数学对于各门学科来说不仅仅是工具，还是一种方法与提升的路径。

对于科学史的分期来说，这种逻辑性的深入与发展也是考虑的一个因素。对于一门具体的学科来说，可以通过数学对其的渗透程度进行分析也应该是一个指标，或一个因素，这是有其合理性的。

三、科学史分期的历史性

科学史本身就是一门历史科学，理应从历史哲学中汲取相关理论建构科学史哲学，这在学理上是符合逻辑的。因此，对于科学史的分期问题就应该持一种理性的原则，可以运用马克思主义的历史哲学的相关理论解决这一问题，要做到既不能失去科学史的味道，更要符合历史原则。

第一，任何科学事件是历史语境的产物，更不能失去历史，否则就不是科学史。

一般来说，在对科学史进行历史追溯时，大家都认为现代科学来源于近代科学革命，近代科学革命来源于古希腊的自然哲学，所以说无论什么学科都与古希腊的自然哲学相关。现当代科学的发展在给人类带来有益一面的同时也存在有害的一面，如生成式人工智能（generative artificial intelligence，GAI）的快速发展给人类社会带来了前所未有的机遇与挑战，且其具有不可预测性。相反，中国古代历史上的科学，一直主张人与自然的和谐相处，这一点正是现在人类所追求的一个重要方面。对现代科学的发展来说，中国的古代科学贡献了独特的思想，我们需要重视这些思想的作用。所以对科学史的分期研究，要关注科学事件的历史语境，依照具体的历史语境进行分期也是一个很好的选择。

第二，任何科学事件的主体都是“人”，都是具体的、特殊的人物，这些人物处于特定的历史时期，不能失去当时的历史语境去研究科学人物。

对科学事件的研究，无论是东方的还是西方的，都离不开对具体人物的研究。很多伟大的科学史家都是从人物研究开始的，比如柯瓦雷对牛顿的研究，然后开启自己的概念分析法的内史研究方法。如果以这样的方法对科学史的阶段性发展进行研究的话，那么特殊人物的研究就具有了科学史分期的历史意义，以一些人物的贡献节点进行科学史的分期也不失为一个科学合理的方法。

第三，任何科学史的选题都是一个专题，都具有特殊性与语境性，需要灵活地设置分期。

无论做什么内容的科学史研究，主题一定是统领研究的核心，不同的研究内容在历史发展中的特点是不一样的，因此需要从哲学的角度理性地建构科学史的分期，而不能按大历史的观念去设置具体的科学史专题。要以“具体问题具体分析”的哲学理性针对不同的科学史专题进行分期，这就需要有一个哲学预设，这种哲学预设要建立在对文献资料充分的分析论证的基础上，在此基础上确定几个标志性的成果作为分期的依据，或有明显转折点的成果作为分期点，即“专题成果”分期原则，以此划分研究专题的不同阶段，这样的研究才是符合哲学理性的。

另外，还需要指出的是，科学史的分期需要考虑科技考古的历史发现，在新的发现出现后可以进行调整。从大历史的角度来看，考古发现是经常存在的事情，往往是当有了重大考古发现时会把以前的好多结论都推翻，因而科学的发展历程也会受到很大的影响。所以科学史的分期也会因考古发现而做出调整，这是很容易理解的。所以说，对于科学史的分期方案或原则没有一个固定的标准，而是会随着新的发现不断进行调整。

第六章　科学史功能的哲学思考

作为沟通科学与人文的科学史，要从哲学理性的角度去概括其应体现的功能与作用，这是科学史哲学的研究内容，也是与科学史学有所区别的地方之一。基于哲学认知，哲学精于思辨，科学史可以发挥多种功能，如科学史的文化功能①，就是说科学史作为一种独特的文化而表现出来的文化特质；科学史的预测功能和启迪功能②，旨在通过科学史的教育功能，将科学史功能看成是物质价值和精神价值的统一体，从而实现其对科学的预测功能和对研究者的启迪功能。对此，本书第一章已对科学史的功能略有提及，本章是针对其中一些内容的展开分析，可能部分论点会有重复，但论述的深度与广度皆有不同。不过鉴于篇幅，不能全部展开，本章重点分析科学史两方面的功能，一是解释功能，其是科学史的本质功能，重在对科学事件做出科学的、合理的说明和解释；二是教育功能，其是科学史的社会功能，或者说外在功能，重在对科学工作者的借鉴、启迪及科学发展的预测。

第一节　科学史的解释功能

科学解释是科学哲学研究的重要命题，科学史解释则是科学史哲学考察的核心问题，因为没有对科学事件发生与发展的解释和说明，科学史就失去了存在的意义，科学史的解释功能是其很重要的“内在”功能。但如何实现对科学事件的合理性解释与说明，需要从哲学的角度进行全方位的建构。其一，通过科学史解释，旨在回答科学史研究的目的，从而更好地说明科学的发展历程；其二，任何科学事件都是特定历史、特定社会的产物，体现了当时当地社会的需要，可为未来的制定科技政策，提高科技管理、科学教育提供借鉴。

---

① 刘钝：《科学史的文化功能及其建制化——贺中国第一个科学史与科学哲学系诞生》，《自然辩证法通讯》1999年第3期。

② 徐超：《关于科学史功能研究的若干思考》，《武汉大学学报（人文科学版）》2007年第5期。

一、何为科学史解释?

科学史的解释功能是如何体现的，或什么是科学史解释，这是一个值得思考的问题，早期的科学史解释“是期望科学史家给出科学事件的解释，另一个较复杂的定义就是对科学发生、发展及过程的事实与事件的解释”①。关于科学史解释的定义和概念，是从科学事件是如何发生的，又是如何发展的及产生的后果是什么的一种说明。尤其是第二个定义就比较合乎科学史研究的实际。不同的科学史家对同一个科学事件给出的解释会有所不同，那么哪个更合理则需要在哲学层面去分析。

事实上，传统科学史的研究应该有两大基本任务：一是要在历史中回答科学“是什么”；二是回答为什么科学是以“这样或那样的方式”发生的，这可以归纳为“知其然”与“知其所以然”两个层次，对应于科学史的“描述（叙述）层面”和“解释（说明）层面”，第二个层面才体现科学史的解释功能。这两个层面最后达到的目的是要揭示隐藏在科学背后的理性精神。

在中国科学史上，就像祖冲之计算圆周率 π，我们知道什么年代、什么人，计算密率或约率，它的值大约是多少，这是具体事件，那么为什么要计算 π 或密率，会给当时的社会带来什么影响，这一系列问题建构了科学事件的基本问题，通过一定的解释方法，才能了解科学家为什么要做这些事情，因此，科学史的发展是一种动态和静态结合的状况。单纯的静态图景相当于单纯的历史描述，这种历史描述是静态的，是一种原始的史料的积累。科学史的解释是动态的，这种动态要求在史料的基础上去分析，然后再进行综合和判断，这种判断就会形成对这个科学事件的进一步的认识。这种进一步的认识就是科学史解释，那么怎样选择材料，采取什么样的路径去做解释，这些是需要进行哲学建构的，或可说是需要理性分析的。

单纯的历史描述只是史料的堆积，相对“固定”，是单线性的而不是立体的；对科学事件的说明和解释，是多元化的、立体的。只有在解释层面达到“以史为鉴”，才可以对过去有非常深入的了解。基于其与当下的相似性作直观判断，历史上发生过与今天相类似的事情，才可以从历史经验教训中判断未来应该怎么做。科学史解释就是要把历史解释的方法、历史哲学的理论借鉴过来，形成科学史解释的方法。

---

① Finocchiaro M A. *History of Science as Explanation*. Detroit :Wayne State University Press, 1973:17.

这样一来，科学史研究最核心的两个目的就可以实现。正如牛顿把经典物理学的大厦建立起来，它的意义不仅是建立了经典物理学的大厦，更重要的一点是，它对人的思维产生非常大的影响。这种影响就是另一个层面上的解释学研究，即一种对科学观念的解释。这正如萨顿在《科学的生命——文明史论集》中阐述了他对科学史的理解，他认为“它（科学史）的目标就是解释科学精神的发展，解释人类对真理反应的历史、真理被逐步发现的历史，以及人们的思想从黑暗和偏见中逐渐获得解放的历史。……历史学家不应只是描述转瞬即逝的发现，而应在科学中发现那些永恒的内容”①。

这段话很好地概括了科学史解释的哲学内涵：科学史一方面要完成对具体科学事件的描述，另一方面要对在这一科学事件中所表现出来的科学精神做出很好的说明与解读。这就是说，真理是科学追求的那种永恒的理论，科学的精神也是一种永恒的精神。比如古希腊科学精神的特质是自由、闲暇、好奇心，直到今天，许多西方传统受古希腊影响，西方科学传统里的学术自由、好奇心与兴趣、公平与无功利性也是与古希腊相关的。因此，萨顿认为，科学史的研究是找永恒不变的东西，科学史的目标就是真理史，人类不断发现真理，对知识不断地累积。从某种意义上说，科学史就是不断发现真理的历史，从而把人类文明一步步地向前推进。

从上述两位科学史家的认知来分析，无论是菲诺基亚罗给出的复杂定义，还是萨顿给出的实证主义分析的进路，都可以说明科学史解释作为一个研究域重点就是为了对科学事件进行逻辑的、合理的、历史的分析，而且是要给出科学事件背后的意义，与科学解释不同的是科学史解释不像科学解释一样可以有模型式的设计，科学史解释主要是文本解释。

二、科学史解释功能的实现

简单地理解，科学史是由一个个具体的科学事件组成的，只是事件的大小不同。所以科学史解释功能的实现路径，可以在选择科学事件后，从哲学理性的角度确立一套科学合理的解释方案，从描述和说明这两个层面由个体科学事件上升到对整体科学的地位与作用的解释。这种解释是多元文化的，是建立在传统的科学史解释上的。

第一，科学史的内在解释。

① 〔美〕乔治·萨顿：《科学的生命——文明史论集》，刘珺珺译，北京：商务印书馆，1987年，第18页。

从科学发展的内在逻辑出发，对某一门具体的科学事件进行说明，这是科学史解释最基本的内容，或可称为科学史的初步解释，虽并不是科学事件的全方位解释，但这些解释对于科学的发展不可或缺。例如，18 世纪蒙蒂克拉（J. E. Montucla）的《数学史》、巴伊（J. S. Bailly）的《古代天文学史》。19 世纪后，一些较为全面的学科史著作相继出现，其中代表性著作有拉朗德的《数学史》，以数学命名说明其已是数学方面的通史性著作，还有其他一些学科史著作的出现，实际为进一步的综合史出现奠定了基础，如 1837 年惠威尔写出了人类第一部科学史著作——《归纳科学史》（*History of the Inductive Sciences*）。当然，这些科学家撰写的学科史著作极大地提高了科学的社会地位，出现了科学与社会互动的局面。更为重要的是说明了"科学的历史，其本身是一门科学"[①]，极大地促进了科学史学科的解释学走向。

事实上，实证主义哲学的代表人孔德很早就认识到科学与社会的互动关系，而且认为科学史本身就是一门科学，只是后期才由萨顿真正确立为一门独立的科学，但他的这种认知对萨顿产生了很大的影响。当然，在此还需要说明与孔德同时代的英国哲学家和历史学家惠威尔对科学史解释的贡献，他认为必须将科学的发展视为一个整体的历史过程，而不能进行单一的学科描述，这样达不到科学史的解释。他于 1830 年的一次会议上提出"科学家"的概念用以解释科学事业，这在当时是创举，并于 1840 年出版《归纳科学哲学》（*Philosophy of Inductive Science*），对科学家一词的意义做了分析，从而为科学家概念的普及做了理论说明，具有里程碑式的意义，只是人们在当时并没有太多的认可，直到 19 世纪末仍有学者称从事科学研究的为"科学的人"。至此，科学史解释由独立的专门学科史解释转化为由不同的科学事件组成的归纳科学史。

从这一点可以看出，科学史的哲学思考由来已久，而且从一开始就是为了实现科学史的解释功能而进行的哲学归纳。20 世纪初期，柯瓦雷的科学史研究形成了自己独特的风格，后被学界称为概念分析法的科学内史研究，他的一些研究可称为经典，因为他是通过科学史的研究实现了对科学发展内在逻辑的独特解释，只是他将科学的发展比作一幅静态的图画，去做一些静态的分析，得出一些可靠的结论，虽然其解释学是成功的，但存在一定的缺陷，即对外部因素的忽视。科学的发展离不开社会语境的制

---

① 王维：《科学史的概念——兼论不同文化类型科学史比较研究的不可通约性》，《自然辩证法通讯》1993 年第 3 期。

约与影响，这一点正如对中国古代科学史的研究，永远离不开当时的社会需要一样，没有社会的现实需要，科学就成了无源之水，所以柯瓦雷的研究形成的是对科学发展的静态画面，而不是与社会发展紧密相关的动态图景。

科学史的解释研究将启发科学史走向科学解释史，即使科学史的学科名称不改变为“科学解释史”，但从科学史的功能上将成为史学解释的重要内容。况且有一个很现实的情况是，经过百余年科学史的发展，对于“科学有什么”这一层面的研究已差不多全部搞清楚了，未来的工作则主要集中在“解释层面”的研究，这是科学史研究内在逻辑决定的。而且，这种解释与说明将会在另一种格局下实施完成，可以设想到未来的格局一定是立体、交叉的诸学科互相渗透的一种全新格局，而不是一种简单的历史叙事式的解释。对于科学发展的模式，也不会是以科学革命式的动态图景，而应该是基于社会、立足于社会，从社会与科学的互相协调、共生与互构的历史图景中去理解科学。前文已述，新科学史观一定是建立在科学、文化、社会互构共生的情景下，从不同的视角、不同的方法建构不同的内容去全面解释科学的发生与发展，特别是强调科学的历史与逻辑性的统一。

第二，外部因素对科学发展的解释。

科学外史或可称为科学社会史，因其说明的是科学所受到的外部因素。科学史的外史强调的是科学之外的因素作用，在某种意义上说，或许用科学发展的内部逻辑去解释更有说服力，因为作为特殊人物的科学家，是社会中的“现实的人”，在马克思主义哲学的视域里非常重视“现实人”的作用。所以，科学社会史一经从科学史中分化出来就显示了其很强的生命力，成为当今最强的一支科学史解释力量。这一点正如萨顿所言：科学史的研究目的是“考虑到精神的全部变化和文明进步所产生的全部影响，说明科学事实和科学思想的发生和发展。从最高的意义上说，它实际上是人类文明的历史”[①]。萨顿对科学史的研究目的的定位说明了其对于科学史的基本态度，虽然他在此强调精神的全部变化及文明进步产生的影响，但其还不是外史式的研究，为什么在此指出这一点，主要是让我们分析出外史与内史解释的不同。因为，从萨顿的科学史观来讲，他是实证主义的科学史观，强调科学知识的累积实证，从精神的全部变化来看主要还

① 〔美〕乔治·萨顿：《科学的生命——文明史论集》，刘珺珺译，北京：商务印书馆，1987年，第29—30页。

是科学事实与科学思想，这些内容都是科学史的内史解释而不是外部解释，对于文明演进所做的贡献，也是从科学自身的作用力出发的，所以他还是内史式科学史解释。但是，萨顿提到的科学史是人类文明的历史，这又包括人类全部的科学文明史，其中自然有很多是科学外部的事情，如哲学观念、社会文化、经济发展、政治制度等与文明相关的，但是科学外部的因素。所以对于萨顿的这一科学史研究目的，也有多重解释。这更说明了科学史的解释多样化，但是外史解释占据很重要的地位。

正是科学史外史解释的对社会、文化、经济、政治等多方面的考察，致使对科学史的解释出现了多元文化的多维度考察，其解释力不仅涉及社会方面，同时也涉及心理认知层面及精神层面，尤其是现在关于科学精神影响科学发展的解释受到了学界的关注。这样，科学史解释将科学家与科学事件或事实紧密联系起来，多元语境分析范式在科学史解释中逐渐显现出来，成为当下研究的主流。

第三，科学史解释功能实现的语境范式。

事实上，科学史的解释功能重点是对科学事件的发生与发展做出合理的解释，以使后期的人们对科学事件的发生、发展及意义有一个很清楚的理解，从实现这一任务来看，似乎科学的内史与外史都难以完成。于是有的学者主张综合史“要通过对科学史研究之目标、价值、研究规范与编史原则的系统反思，重建适于作为未来科学史研究之基础的科学观、科学史观以及可行的科学史学纲领”①。

袁江洋的这一学术主张实则是在批判传统科学史解释研究的基础上，试图为科学史的合理进路提供一条可实现的、合理的哲学思辨之路，因此具有一定的合理性，但在综合史的研究上，正如拉卡托斯提出的科学史的理性重建，往往是一种理想式的构想，因为提倡综合性的科学史，但在内外史的取舍上，始终难以做到平衡。因此从消解内外史的角度出发的语境论则有了合理的选择，对此笔者曾有过相关论述，并结合一些学者的观点从传统科学史观的角度进行了一些分析形成。②

从语境论哲学的角度讲，任何理论都是语言写就的，有语言就有语境。有语境就存在语义、语形、语用，就存在修辞，不同的人写就的内容不同，就是因为语境不同。从语境要素出发，结合研究者的观点、立场、

① 袁江洋：《科学史：走向新的综合》，《自然辩证法通讯》1996 年第 1 期。

② 李树雪：《语境论对传统科学史观的反思与消解》，《科学技术哲学研究》2013 年第 6 期。

思想、方法去实现科学史的解释。因为语境是实在的，就像科学一样，是可以被人描述的，因而语境方法论是一个系统的、全面的、具有平台性的方法体系。只是要规范不要产生语义的歧义，不同的话在不同的语境中它的含义是不一样的，只有在科学史的语境下才能对科学史事件做出比较合理的解释。

语境论作为一种世界观、认识论与方法论，强调动态考察科学及其发展，在对待科学史解释问题上，强调以科学事件为主体内容与分析框架，在看待科学家与社会的关系、科学与文化的关系、科学与诸多因素的关系时，不对社会的现实做任何前提假设，只是将社会现实需要与科学事件的发生与发展结合在一个语境中进行分析，因此，在语境论看来，科学事件就具有了系统结构的统一体，科学家基于一定的目的来行动，从而构建这个整体性的语境，即语境要素与科学家主体的共同层级。语境论的哲学思想对于科学史解释功能的实现有重大的指导作用，在语境论看来，科学事实是基于科学事件的，科学事件是基于语境的，语境是基于科学家主体与社会文化的，那么科学事实便具有了社会、文化语境的特征，因而其具有一定的合理性。

第二节　科学史的教育功能

萨顿是最早有权利说科学史具有教育功能的科学史家，因为萨顿在哈佛大学开设了多年的科学史课，成为第一个科学史教授，并为科学史的职业化发展奠定了坚实的基础。他曾在其《科学史教学是可能的吗？》一文中提出了两个问题，一是值得进行科学史教学吗？二是教科学史可能吗？[①]这两个问题可以说是相辅相成的，第一个问题是论述其价值，第二个问题是论述如何去教学。历史地看，法国的皮埃尔·迪昂也做了与萨顿相似的工作，他在 34 岁就被聘为物理学教授，后来从事科学哲学与科学史的研究，但遗憾的是他没有成功申请到科学史的教授席位。萨顿和迪昂的工作推动了科学史教育功能后期的深化：一是人才培养的教学功能；二是科学研究的启迪功能；三是科学发展的预测功能。

---

① 〔美〕乔治·萨顿：《科学的历史研究》，刘兵、陈恒六、仲维光编译，上海：上海交通大学出版社，2007 年，第 94 页。

一、人才培养的教学功能

关增建教授的《通识教育背景下的科学史教育功能探析》一文认为，当代的大学教育，就世界一流大学而言，经历了一个由博雅教育（liberal education）到通识教育（general education）的转变过程。通识教育是当今大学教育的发展趋势，是从中世纪的博雅教育发展而来的，旨在培养健全的个人和负责任的公民。要实现这一目标，必须对大学课程进行设计，以建立能够适应通识教育要求的课程体系。作为一门课程，科学史能够满足通识教育培养学生的核心要求，它是通识教育不可或缺的核心课程。科学史融入通识教育有一个发展演变的过程，为适应通识教育要求，对科学史课程也要进行针对性的改革。[①]在这里，关增建重点强调的是健全个人和负责任的公民所需要的通识背景下的科学史教育，为什么科学史具有这样的功能，他认为：

> 一部科学史，上面充满了价值判断，读读爱因斯坦的论述，读读世界上许多知名科学家关于人生的哲理名言，就可以知道科学史在引导学生积极向上方面能够发挥多大的作用。实际上，空洞的说教在塑造学生的价值观方面所起的作用可能会适得其反，而科学史提供的大量案例则使之成为引导学生向上的良好教材。[②]

这段话深刻阐明了科学之所以能达到通识教育的核心要素就是“寓价值判断于具体的案例”，这比空洞的说教效果要强得多。从哲学的角度讲，人的发展应该是全面的发展，全面的发展就需要宽泛的教育体系，而不能忽略任何一个方面。科学文化与人文文化之争就是因为出现了从事自然科学的人缺乏人文素质，而从事社会科学的人又缺乏自然科学素质的局面而引发的争论。那么面向未来的教育一定会重视科学与人文教学上的融合，而科学史作为沟通人文与科学的桥梁，非常适合在中学和大学阶段设置相关课程。

当然，科学史研究的是整个人类的科学发展历程，那么对于中学生、大学生，以一部科学通史的内容去进行教育肯定是不可行的，况且其课时

① 关增建：《通识教育背景下的科学史教育功能探析》，《上海交通大学学报（哲学社会科学版）》2012 年第 2 期。

② 关增建：《通识教育背景下的科学史教育功能探析》，《上海交通大学学报（哲学社会科学版）》2012 年第 2 期。

数也不够。那么，面对理科的学生讲哪些内容，面对工科的学生应该讲什么，面对人文社科的学生又该怎么讲，这些都需要进行系统的设计，也需要在哲学层面从健全人的素质角度去考虑。对此，教师在讲授科学史课程的过程中，必须下决心把很多东西不列入教学内容之中。唯有如此，才能突出主线，简明扼要。①

因此，在不同年级的学生中开展关于科学史的通识教育，是非常重要的。特别是对于中学生而言，也许在某种意义上说，比在大学生中开展相关通识教育都重要。从科学创新史的角度讲，中学生的思维最为活跃，他们的创新能力有时比大学生都强。一些大学的心理学研究表明，中学生的创新力与想象力比大学生更为丰富，但需要激发他们的这些能力。科学史完全具有这样的功能，因为面对中学生的科学史可以把一些科学发现以生动的故事讲出来，让他们感觉科学就在身边，离他们并不遥远。特别是能够激发他们的观察能力与动手能力，这是培养未来科学人才的重要方面。也许只有受到这些科学发现案例的影响，才会出现一批真正有创造力的中学生。

而对于大学生的科学史通识教育，则要比中学生更深入一些，选择重点案例不仅要把科学发现的过程介绍给他们，更为重要的是把科学发现中的理性精神、思考角度等讲给大学生，使他们学会用科学家的思维方式去思考问题，用科学家的动手能力设计实验与研究。这一点也许正是前文所述的麦克斯韦让学生重复卡文迪许实验室中的实验的核心要素所在。从目前的大学教育来看，对于开展以科学史为核心的通识教育的条件已经成熟，只是如何设计成相关的课程还需要研究。通过笔者面向大学生开设的“科学通史”课程的情况来看，本科生很喜欢这样的课程，特别是一些文科的学生更愿意选择这样的课程，这说明大学生对这类课的认识是比较到位的。在大学生中开设科学史的通识课提升科学素养势在必行，特别是对于文科的大学生更应该开设一些自然科学史方面的通识课。

二、科学研究的启迪功能

上述科学史的教育功能无疑说明了科学史的启迪作用。在科学的发展历程中有很多创新性、创造性活动，正是这些活动对未来的科学研究产生了启发作用，科学史的解释功能发挥得越大，对未来科学研究的启示作用

---

① 关增建：《通识教育背景下的科学史教育功能探析》，《上海交通大学学报（哲学社会科学版）》2012 年第 2 期。

就越大。前已举过卡文迪许实验室的例子，从这个实验室建设的经验来讲，前人的经验对后人的影响很大，麦克斯韦让学生重复并改进卡文迪许做过的实验，就是要启发学生认识以前的实验是怎么设计的，其设计理念是什么，这些观念性的东西对学生的研究能力的提高是至关重要的，它会使学生自觉或不自觉地养成一种创造性的思维，这正是创新思想必不可少的内容。

对于这一点，萨顿也有很深的认识，他在《科学史和新人文主义》中这样写道：

> 我们必须研究我们的传统，对所有依次传给我们的那些古代的、中世纪的以及我们这个世纪以前的一切世纪的知识和智慧，对所有这些优良传统无一例外地加以研究。……没有任何东西能比这些构成我们文化的精华，构成我们心灵和精神的本质的传统更值得我们骄傲和自豪了。①

这段话解读了上述麦克斯韦让学生重复并改进卡文迪许实验的原因，这也使我们了解了为什么科学史的研究只有对过去和现在的事情做出合理性的解释，才能对将来的事情做出理论上的推测，启发人们向更高的目标前进。事实上，科学史的研究“对于提出问题、洞察疑点、解决难题、简化理论、扩大视野、深化认识、了解现状、预见未来、把握科学发展的进程和方向大有裨益”②。科学是从问题开始的，那么如何提出问题就是创新思想的表现，提出问题比解决问题更难，这是科学研究的前提，科学史解释正好为提出问题提供了思路与途径，让学者们明白前人做了什么，是怎么做的。

对萨顿这段话的理解，我们还可以从中国古代的一些体现智慧性事情来理解。中国古代出现了很多能工巧匠，他们的智慧表现在诸多方面，比如《墨经》中记载的一些事情不仅对当时的研究有启迪，而且在今天也值得去研究。《墨经》中关于力学、光学、几何学等知识，其概念的简洁明了充分说明了当时墨子对自然现象观察的独特性，特别是记载了关于小孔成像和平面镜、凹面镜、凸面镜成像等现象，比古希腊还早 100 多年。这说明早在 2400 多年前，我国古代思想家墨子已经掌握了有关力、力系的

① 〔美〕乔治·萨顿：《科学史和新人文主义》，陈恒六、刘兵、仲维光译，上海：上海交通大学出版社，2007 年，第 155 页。

② 李醒民：《关于科学史的几个问题》，《中国政法大学学报》2011 年第 2 期。

平衡和杠杆、斜面等物理学的知识，而且对时空的概念也形成了，如《墨经》中的时间（即“宙”）和空间（即“宇”）的概念。当然还有很多能体现古代人智慧的例子，现在有许多研究中国古代科学史的人在解读这些古老的智慧，尽管这些东西正是那个时代的精华，但更需要我们研究中国古代的科技传统，这些科技智慧中蕴含的哲学思想，也是值得我们自豪的东西。

所以，古代的科技遗惠对我们当代的研究有很大的启迪作用，这种启迪作用往往表现在理性思维、哲学文化的启发上，有些是方法上的，有些是思想上的，还有些是认识上的或人文主义的一些影响。中国古代科学传统主张和谐地发展，有机、统一地发展，尤其是对人与自然如何相处的论述。充分理解中国古代科学的发展，深刻挖掘其中蕴含的人文知识，“如果从一种真正哲学的角度去理解，将会开阔我们的眼界，增加我们的同情心；将会提高我们的智力水平和道德水准；将会加深我们对于人类和自然的理解”①。萨顿在此提到了从真正哲学的角度去理解，事实上也是从科学的内涵去理解，因为从某种意义上说，萨顿说的哲学还是一种科学的角度，他多次提到科学史研究的哲学价值与历史价值，因为科学的发展不仅带来了内涵的发展变化，而且对人们认识世界与认识自然界规律的观念改变有很大的影响，此外最核心的哲学意义就是对观念的改变，从而加深大众对世界的理解。这正如哥白尼日心说的意义，其不仅是提供了一个太阳系的运行方案，更重要的是改变了人们对太阳系的认识观念。

当然，萨顿对科学史有这种认识，是很到位的理解，但他对中国古代科学不甚了解，只是基于他对科学史多年研究后的哲学认识，他后来也讲到未来要多研究中国古代科学史，因为他在晚年认识到中国古代科学的价值。中国古代科学的发展与人文关怀有很大的关系，中国古代的科学就是在人与自然的和谐相处中发展的，这也为科学史哲学提供了认识论基底。显然萨顿认识到了科学史的人文性致使他从实证主义的科学史观走向了人性化的科学史观。不过萨顿的人性化科学史观中仍有实证主义的思想，因为他认为科学就是累积实证的，这一点是不可改变的。但不管怎么说，萨顿的科学史对后期的科学史研究具有很大的启迪作用，他也将他的这些思想通过他的科学史教程传授给学生。

从马克思主义哲学讲，事物都是一分为二的，科学的发展也是如此，

① 〔美〕乔治·萨顿：《科学的生命——文明史论集》，刘珺珺译，北京：商务印书馆，1987年，第49页。

有成功的一面也有失败的一面。现在的科学史论著中科学成功的方面比较多，但“失败是成功之母”，科学史的教育功能反馈给科学史，则应该有关于科学发展中一些失败案例的分析。从失败的科学史案例中分析如何走向成功，也是一条理性的路径，而且往往失败的案例更能给后人多方面的启迪。所以，多总结科学的成功与失败的案例，寻找其中的科学探索的艰辛、科学方法寻求的不易、科学精神的可贵，以及科学认识等一系列理性的与非理性的因素，这才可以在科学素养的培养、启迪功能的实现等方面更有说服力。

三、科学发展的预测功能

以史为鉴，研究历史是为了展望未来。通过科学史的研究预测未来科学的发展，但能在多大范围上进行预测，能够预测到什么程度，则需要借助哲学思维，因为这种预测功能的实现需要哲学去归纳。法国史学家富勒说过：“它（历史）不仅能使人对过去的和现在的事情做出合理的解释，还能使人对即将来临的事情做出合理的推测。”①当然，富勒这句话是从大历史的角度讲的，但对于科学史来说同样适用。因为科学发展的历史已经表明，任何一门具体学科的发展都是建立在前人的研究基础上的，前人的研究在其成果形成后往往会对未来本门学科的发展提出一些预测性的内容，这也成为一些后期学者追寻的路径，同时这也表明了科学的预测功能，但其最为关键的是科学史对过去发生的事件的合理解释。因此，科学史向科学解释史转向的深层次含义就在于此。

从科学史的角度理解富勒的这句话，可以有好多案例注解。科学史的研究已经发现好多这样的例子，通过科学史的研究对科学发展进行预测，这是科学史教育、启迪功能的重要方面。在这方面有两个很好的例子，一个是非常有名的“汤浅现象”；另一个是科学史计量研究后的预测科学增长的“普赖斯定律”。汤浅现象是对近代以来科学活动中心在世界范围内周期性转移的现象，是由日本科学史学者汤浅光朝开展的“科学中心转移”研究，他对《科学技术编年表 1501—1950》中《韦伯斯特人物传记》的科学成果与科学家进行了计量分析后，得出了在一定时期后科学中心会发生转移的结论。他的专著《科学活动中心的转移》的主要观点是科学活动中心大约只能鼎盛 80 年，然后就开始衰落，逐步转移到别的国家或地区。此外，该书认为近现代以来，科学活动中心转移的顺序大致是意

① 李醒民：《关于科学史的几个问题》，《中国政法大学学报》2011 年第 2 期。

大利（从 1540 年到 1610 年）；继而转到英国（从 1660 年到 1730 年）；其后转向法国（大致从 1770 年到 1830 年）；然后转向德国（从 1810 年到 1920 年）；从 1920 年以后是美国。从上述时间段可以看出，时间上有的存在交叉现象，主要是因为科学的发展不是严格的线性关系，不可能一下子从一个国家转向另一个国家，无论是衰落还是兴盛，都有一个过程。况且，从另一个角度讲，越接近现在的科学活动越与经济的关联度大。除了科学成果与科学家因素外，经济因素、文化因素、哲学因素等都对科学的发展有影响。

所以，如何看待科学中心转移现象，从科学哲学的角度讲科学的发展模式并不是固定的，要受种种因素的制约。汤浅现象是在对科学做静态分析的基础上得出的结论，就是说在不考虑社会因素的前提下，只考虑有关科学成果产出的数量，如对科学家的人数、科学论文的数量等进行统计，而且也基于一个基本的假设：定义一个国家的科学成果数占全世界总量的 25%，就称其为科学鼎盛期。这固然有一定的合理性，但这不能称为权威，因为还有人均的问题。况且，关于世界科学中心的概念，其实早在 1929 年，英国科学史家丹皮尔在他的《科学史及其与哲学和宗教的关系》一书中就已经提到，只是没有对其如何从一个国家转移到另一个国家进行统计性研究。1959 年贝尔纳在他的《历史上的科学》这部巨著中再次提及这一概念，并在附录中列出了人类在技术与科学方面不同时间段的科学活动情况，但他对科学中心是如何转移的没有进行详细的研究。也许汤浅光朝正是受了上述学者的启发而进行研究，得出了他的统计结论，从而引起了不少学者发表多篇文章对此进行争论与研究，并从不同的角度对这一现象进行了分析，有主张消解这一现象的，也有认为这一现象在现在讨论是无意义的，但无论怎么说，汤浅现象反映了文化的震荡、社会的变革、经济的快速增长、新学科群的崛起、科学家的集体流动，这些因素都是导致科学中心发生转移的原因，且对于科学研究具有一定的启迪作用。换句话说，科学中心能否转移到一个地区，是和这个地区的经济、社会文化、科技政策、科学家的聚集等因素相关的。但从另一方面讲，科学研究毕竟有其自身的发展规律，如果单纯从这几方面考虑也有其局限性，所以从汤浅现象所揭示的科技发展的内在规律性来说，看不到社会的和体制的因素对科技发展的制约性，对体制改革没有应有的重视，往往只强调科研队伍、科研设备和科研经费等，将使科技创新和发展难以获得持久的活力。

如果说汤浅现象给予科学中心转移具有一定预测功能的话，那么科学史通过计量方法得出的结论则会对科学发展的方向、速度与内容等同样具有一定的预测功能。科学史的计量方法是基于数学方法的一种由定性研究转向定量研究的方法，其原理是对一种自然现象或社会现象的统计学分析，实则也是一种概率分析，通过定量研究科学论文、成果等的数量关系，然后定性地分析科学活动的内容、走向、速度等，从而做出判断。这一方法极大地改变了传统科学史的研究方法，从而将数学方法引入到科学史的研究中，对科学的发展进行预测。例如，关于英美科学史研究的新趋向的分析，魏屹东、王保红对 *ISIS*、*History of Science* 和 *The British Journal for the History of Science* 这三份国际科学史权威综合期刊 10 多年发表论文的内容进行了计量分析，完成了《英美科学史研究的新趋向——三份国际科学史权威综合期刊 1993—2005 年内容计量分析》一文，该文对上述期刊进行对比得出结论：近 10 多年的物理科学史和医学史是研究的重点内容；人物与专题史是研究的重要领域。[①]最后分析了产生这些变化的深层原因，通过这样的统计分析，非常容易预测未来科学发展的重点领域。此外，该文还提到了内外史与综合史的发展态势，这都是定量统计后的定性分析。不过，从另一个角度讲，科学史的研究与科学史家的兴趣也相关。

科学史通过计量研究确实对科学发展的方向、规模等方面有很大的预测作用，这是不可否认的，但这种建立在定量研究基础上的定性研究，非常重要的一点就是所取数据的权威性，或者说取样的权威性，如果所取的样本不权威的话，则结论就不可靠。前文已提到美国科学家、科学计量学家普赖斯通过计量研究，用实例研究的方法对科学的起源与发展进行了富有见解的分析和论述，取得了计量研究的突破性成果，也受到科学史界的普遍关注，他的计量方法与默顿的角度有所不同，他是基于论著数量的分析。从科学知识的暴增的角度分析了科学从“小科学”发展到“大科学”的过程，于是后来他在《小科学·大科学》一书中提到把科学的工具用于科学自身，而且要对科学通过计量、归纳建立假说并从中得出结论，对科学的发展做出预测。从他的论述我们可以看出，正是因为取样的问题，需要建立假说，然后得出结论，当然最重要的还要对这一假设进行验证。事实上，普赖斯的预测是正确的，现在处于大科学阶段，未来也许会有“超大科学”的发展阶段出现。

---

① 魏屹东、王保红：《英美科学史研究的新趋向——三份国际科学史权威综合期刊 1993—2005 年内容计量分析》，《自然科学史研究》2007 年第 2 期。

对科学史预测功能的研究，还有一个值得重视的内容就是科学的动态发展，前文已述，科学并不是按固定的方式发展的，尽管有时表现为库恩提出的科学革命的发展范式，但也表现为学科交叉后的新范式，即大科学范式，或许未来还会有超大科学范式，特别是当下的计算机技术与互联网技术基础上开发的AI技术，将会引发传播学、新闻学、社会学等学科的革命，并会引起人类的思维观念的变革，估计像当年望远镜制造技术推动天文学革命发展一样，AI技术又将掀起一场深刻的科学革命和技术革命。

第七章　科学史学术价值的哲学理解

科学史发展到今天，对于科学史有什么价值的分析，仁者见仁、智者见智，不同的学者对科学史的学术价值认可度是不一样的。有学者认为科学史具有教育价值，有的认为具有人文价值，还有的认为具有科学方法论价值，等等。事实上，科学史的学术价值主要是指科学史对科学发展历程、规律认识研究的深入程度，是科学史自身发展到一定程度后所表现出来的学术内涵，也是用来衡量和评判科学史研究成果的标准，其能够在科学史研究领域的基础理论、科学史实与科学方法上有所突破、有所创新，那么科学史就具有较高的学术价值。基于这样的逻辑认知，科学史最核心的是认知价值、方法价值和人文价值。展开来讲，其一，科学史的研究可以在历史中寻得对科学的认知，即对事物是怎么认知的；其二，科学的发展主要是靠方法的改进与创新，所以科学史也是一部科学方法演进史；其三，科学史最能将自然科学的发展与人文科学的发展关系讲清楚，是沟通科学文化与人文文化的桥梁和纽带。当然，科学史还有其他一些学术价值，如教育价值、预测价值等，不过笔者认为那是科学史功能的体现，因此归纳为上一章的内容。

第一节　科学认知的历史价值

萨顿在《科学的生命——文明史论集》一书中说过："科学的历史……是人类思想和文明史——是任何哲学必不可少的基础。"[①]事实上，任何哲学的产生都离不开科学，科学通过其历史向人们展现了人类思维与认知的发展历程，这种理性认知与哲学分析一定会结合在一起，产生新的观念，从而推动科学与哲学的进步。所以，这充分说明科学史在某种意义上为哲学的发展提供了案例，就是说科学史为哲学思想的产生提供了理据，因为科学史就是人类的思想史与文明史，通过科学史我们可以在最大限度上认知人类是如何进行文明演进的。萨顿的这一概括无疑将科学的发展与人类的文明演进结合在一起，而且给予了科学至高无上的地位。对

① 〔美〕乔治·萨顿：《科学的生命——文明史论集》，刘珺珺译，北京：商务印书馆，1987年，第52页。

此，他进一步解释道：

> 科学史……是我们关于世界以及我们自己的知识的增长；它不仅是扩大着的光明的历史……它也是思想宽容和思想自由不断增长的历史……由于科学的发展是人类经验中唯一的一种积累性的和进步性的发展，因此传统在科学领域中就得到一种和在任何其他领域中完全不同的意义。①

这段话非常清楚地表明了萨顿对科学史价值的理解，他把科学史与人类的思想史融合在一起，其本身就已经具备了巨大的学术价值，这是由历史与逻辑决定的。从人类的科学技术产生以来，科学对于人类认识自然、冲破黑暗起到了其他知识无法取代的作用，因此萨顿强调其唯一性，这也是不与文化史、政治史、艺术史等学科史相提并论的主要原因。因为从人类历史来看，只有科学冲破了迷信的禁锢，才能让人们对自然有理性的看法与观点，从而改变对世界的认知。特别是，科学史的研究已表明科学史是不同时期科学理论的相互“斗争史”，即科学争论，这种科学争论存在于人类知识不断地演进时与传统知识斗争的历史，在这种斗争过程中人类的认知逐步走向科学。其价值体现主要有以下几点。

一、经验知识认知的表征价值

人类对自然的认知，是由现象到本质、由浅入深，逐步向真相逼近的过程，外观感觉就是知识的积累，当达到一定程度后就会产生某种认知，从而有了理性的判断，这一点在波普尔看来就是一种“似真”，“像是可能”的知识，对于知识的积累在波普尔看来更强调动态过程，而不是静态过程。②对知识的产生过程形成了知识论，旨在通过人类知识的产生，进而探讨知识的本质和范围，属于哲学的一个分支。波普尔的这种“似真”的哲学态度与库恩的不可通约性可做比较，都是从科学发展的动态历程中认知的，只是波普尔强调科学向真理的逼近，所以才“似真”，而库恩认为要通过“革命”实现科学的跨越式发展，他们的角度不同但都是基于动态分析的一种哲学分析。另外，若从知识论的角度讲，科学史就是研究人

① 〔美〕乔治·萨顿：《科学的历史研究》，刘兵、陈恒六、仲维光编译，上海：上海交通大学出版社，2007年，第26—27页。

② 〔英〕波普尔：《猜想与反驳：科学知识的增长》，傅季重等译，杭州：中国美术学院出版社，2003年，第304页。

类科学知识的产生过程，在此重点强调“科学知识”，就是说人类的知识有很多，分类也很多，科学史只能探讨属于“科学”层面的知识，而这类知识的产生与发展过程是科学史研究的对象，或者说科学史就是要说明和解释人类是如何认知这类知识的。科学产生于问题，或者说科学产生于对一些现象的解释与说明。对于这一点，东西方走出了一条完全不同的道路。

中国古代对自然的认知建立在经验知识的基础上，由此形成的数学、农学、医学与天文学，与古希腊的科学认知传统有所不同。中国古代的先哲同样对人与自然的关系进行了思考，前文已述，其思想是主张天人合一的和谐思想。这里的“天”有不同的解释，如自然规律、法则、规定等，那么基于这一哲学文化的古代科学，对其进行历史研究而形成的古代科学史，需要从哲学认知的角度去分析。吴国盛《博物学：传统中国的科学》一文曾论述中国古代的科学到底是什么，他认为中国古代的博物学是科学，它不仅存在而且还很发达。[①]该文的观点可以说代表了一种基于科学史的“科学”认知，而非基于现代意义上的科学概念去分析的，对于中国古代来说没有数理意义上的科学，或者说没有成“教科书式体系”的科学。那么中国古代的博物学传统与科学有何差异？为什么中国没有产生近代科学革命？这就回归到“李约瑟难题”所涉及的内容，对此国内外一些学者给出了诸多答案，在此不做过多的阐述。但对于中国古代的科学传统，可以这样认为，中国古代是有科学的，而且是基于中国古代的哲学文化产生的科学，现在需要建立新科学史观去重新解读中国古代的科学与社会的发展。

所以，吴国盛关于中国古代科学传统的认知是有合理性的。中国古代有科学而且很发达，如董光璧认为中国古代是有科学的，数学、地学、农学、天学、医学都有自己独特的科学范式，而且共同构成了中国独特的历法模式、数学模式与物理模式，只是中国古代的科学不是数理化科学而是模型化的科学，另外，中国古代的科学传统与西方的不同，中国是生成论，在此基础上形成了中国的代数的、功能的和模型的科学传统，而西方是构成论，体现了结构的、几何的与公理论的特征。尤其是中医学，是典型的一直沿用至今的中国科学传统，集代数的、功能的和模型的特点于一身，所以我们可以承认中医学不是现代意义上的科学，但中医学是中国古

① 吴国盛：《博物学：传统中国的科学》，《学术月刊》2016 年第 4 期。

代科学的代表。[1]从另一个角度来讲，物理学发展到今天，一些理论的模型化不正验证了古代科学的模型化吗？

在此，还需要提到的是中国古代的“格致学”，这也是对中国古代科学认知的一个重要方面。“格致”一词来源于儒学中的“格物穷理”，格物，推究事物的道理；穷理，追寻事物的究竟，穷究事物的原委、道理。在这里的“物”到底指什么，理应是研究对象，研究对象决定了思考的角度不一样，得到的结果也不一样。这是东西方最大的认知差异。这里可以通过中国古代对物理学的认知来说明科学史的研究为什么具有认知的学术意义。

与西方不同的是，中国对现代意义上的物理学的认知、对物理现象的认识具有悠久的历史，对中国古代物理学的认知可以在不同的古典著作中进行解读，如从前文提到的墨子的论著中就可以看出这些内容，只是没有类似实验式的研究，或没有走上数学与物理结合的路子，虽然中国古代的数学基础非常好，但没有引入对物体运动的描述中。这一结论非常中肯地评价了中国古代虽然数学很发达，但没有促成物理学的体系化进程，这是非常遗憾的事情，或者说很遗憾没有实现物理学的数学化。胡化凯的物理学史研究在国内很知名，他从中国古代先哲对物理学的认知出发，认为古人对不同的对象采取了不同的认知方式，这是导致物理学没有体系化的原因。在胡化凯看来，中国古代的数学认知方式解决了运动问题，但不是在物理领域，而是在数学领域，如一些问题涵盖匀速、匀变速和变加速三类运动现象。[2]对此应该客观地讲，近代科学革命以来形成的数理逻辑与以实验为主的科学研究范式，在中国古代是不可能出现的，即使是古希腊也没有这样的模式，那么就不能以近代科学的范式去考量古代科学的研究范式，而应该基于当时的社会需要去分析、评判科学与人们生产、生活的关联度，这才是相对合理的。

因此，对于中国古代的这种认知方式不能通过实验的方式进行数学论证，当时不可能做到这一点，而近代西方的运动学是基于实验通过数学化进行的。所以说，其一，物理学需要数学是事实，且数学与物理学可以说是同根同源的，但单纯地从数学出发去研究物理学，而不建立物理学的概念与定律等，即使数学运用得再多也归纳不出运动定律。其二，自然哲学思辨方式解释物理现象，中国古代天人合一的思想由来已久，这种思想造

---

① 董光璧：《中国科学传统及其世界意义》，《中国科学院院刊》2015 年第 5 期。

② 胡化凯：《传统认知方式与中国古代物理学的发展》，《自然辩证法通讯》2018 年第 2 期。

成古人对看到的现象都是以人与自然合一的方式去解释，这就是一种和谐思想，是一种原生环境与人的生活环境和谐的发展态势。比如看到磁与铁相吸，就说这是“方以类聚，物以群分”造成的，但对为何会这样没有进行更进一步的研究。所以说，哲学思辨是认知活动的一种方式，但还需要数理计算与实验验证，这样才能产生近代科学。中国古人对自然现象的理解多是以想象、类比、猜测、思辨的方式进行①，这些思想观念，在现在仍在运用，只是运用的角度、方式与面对的对象不同而已，不能说仿生学与类比无关，中国古代科学处于的那种境遇发展了那样的认知，在当时当地的情境下是合理的，因此不能要求中国古代人有现代人一样的实验思维与认知。

正因如此，中国古代发展的技术都是经验性的，而且是一代一代传承式的发展，在技术的运用中蕴含丰富的科学知识，比如古建筑中的声学、力学都处于当时世界前沿，只是没有公理化或理论化。例如，中国出土的青铜剑就体现了中国古代高超的冶炼技术，但关于这种技术的记载很少，没有详细的记录就难以还原当时的技术，但可以判断的是这种技术中蕴含很合理的金属成分配比。通过史料记载分析，现在公认的青铜冶炼技术始于商周，在春秋战国达到顶峰，在冷兵器时代，能够拥有上好的青铜剑，也是国家综合国力的彰显，因此在春秋战国时期，秦国的青铜冶炼技术世所罕见，这也为秦国统一六国奠定了基础。1965 年我国考古人员挖掘出了“越王勾践剑”，将古代最巅峰的青铜剑展示在世人面前，这把尘封了 2000 余年的剑依然耀眼夺目、锋利无比，可见当时对防锈与剑刃技术的研究已到了登峰造极的程度。1994 年 3 月，陕西省考古研究院在清理 2 号兵马俑陪葬坑的时候，发现了 19 把秦朝的青铜剑，再次震惊世界：其一，建造的精度。剑身上铸有 8 个错落有致的菱形图案，考古学家用最精密的游标卡尺来对它进行测量，发现这 8 个棱面误差不超过一根头发丝的直径，精确来说就是不超过 0.1 毫米。②这样的精度已完全达到了现代机床的一般加工精度，由此可以想见当时手工打造的情况下，工匠的技艺水平达到了何种程度。其二，防锈处理。冶金专家经过一系列的测试后发现，这批青铜剑的表面都镀有一层 10 微米厚的铬盐化合物，才使青铜剑

① 胡化凯：《传统认知方式与中国古代物理学的发展》，《自然辩证法通讯》2018 年第 2 期。

② 文史道：《2000 年前“古剑”，出土后寒气夺人？专家费解，成未解之谜！》，https://baijiahao.baidu.com/s?id=1618640473636251548&wfr=spider&for=pc，2018 年 12 月 1 日。

千年不锈。然而，这种“铬盐氧化”冶炼铸造工艺，1937 年才被德国人发明并申请专利。其三，青铜剑的记忆性。出土时发现有把青铜剑被一重物压弯了，当搬开重物后瞬间自动恢复成直的，这一现象让当时的考古人员很吃惊，因为铸造冶金界称为“形态记忆合金”技术是在 20 世纪 50 年代才被研制出来的，中国居然早在 2000 多年前就已经掌握了这种锻造技术，由此可以想见当时技术的先进性，只是遗憾没有将这技术记载下来。所以只能将其定义为经验技术，虽然中国古代科学史的研究做不到对技术的还原，但仍可从对这一技术的“外围”考察进行认知，这是其他学科所做不到的事情，也是学科学术价值的体现。中国古代类似这样的经验技术还有很多，如农学中的一些经验常识是在长期观察农业种植的自然条件下得出的；天学中的历法、数学等知识也是将经验长期地记录而形成的，如对彗星的观察与记载等，古代没有像现在计算机对数据的处理，能做到这一点是难能可贵的。

对于这些内容，通过李约瑟对中国古代科学技术的研究也可以看出来，中国古代科技长期处于先进地位，只是中国和西方的科学技术是在不同的社会背景下发展起来的，不同的文明对科学发展的内涵要求不同，李约瑟认为科学就是文明的推动力，科学技术的发展与文明的演进是同步进行的，所以他用一种很敏锐的眼光将中国古代的科学技术放在中国文明的背景，乃至世界文明的大背景下去考察，这是非常明智的。李约瑟在分析科学发展的外部条件时认为，虽然中国和欧洲都经历过封建社会，从社会体制看似乎是一样的，但中国的社会政治结构与西方的不同，中国自春秋战国结束后形成的大一统局面以后，科技是按照官方的设计进行的，民间虽有科技，但以官方为主，“官科技”的出现是中国古代时期作为一个中央集权的封建国家的必然产物，首先表现为组织农业的生产活动，统一规划农业生产实践活动，而且是依据皇权的需要，当时的科学技术活动都是官方在组织进行，而且针对不同的内容有不同的职能部门负责，此外还有科研机构等，这些都对中国古代的科学技术发展产生了很大的影响。但这种“官科技”也有一定的弊端，就是在某些情况下会对科学技术的自由研究有所影响。中国古代政府从社会稳定的角度出发，与农业有关的天文、星算、地学及水利航运等技术发展得就很好，如造船技术一直比较发达，官方还曾组织过一些较大规模的科学考察，如 8 世纪时子午线的测定，对南海岛屿的考察，等等。不过，也有学者指出的，中国古代的官科技是农业国家的官方科技，“官科技”作为中国农业社会比较成形的科技体制，必然不适应近代工业社会科学技术的发展需要，阻碍近代科学技术在中国的发展。[①]

从另一角度讲，中国古代的“天人合一”思想对中国古代的文化发展肯定有影响，若从“天人合一”、讲求自然与人的和谐相处来看，这一思想没有什么不合适的地方，因为现在我们越来越讲人与自然的和谐共生，特别是面对环境保护，世界范围都在“双碳”目标下规范自己的发展，这就是说不能以发展为理由而牺牲环境，环境破坏后难以恢复，人类付出的代价更大。所以看待中国古代的“天人合一”思想，要从历史唯物主义的角度看，应该以一种扬弃的态度对待这一点，这种自然观对科学的发展起到了积极的作用。对中国古代科学史的研究，合理的是从“技”中分析出对现代科学原理的运用，而不是对其进行剔除，是“技”中有“科”，且是“科”从“技”出；同时要从实用角度看待古代科学。这两点可以说是在观念上就没有多大的改变。比如第一次西学东渐的明朝徐光启翻译了欧几里得几何，给予了其非常高的评价，但当时中国的科学技术也没有像西方一样出现“文艺复兴”式的科学思想变革；第二次的西学东渐是从鸦片战争以后到洋务运动为其第一阶段，其主张的是“师夷之长技以制夷”，这里再次强调的是“长技”。所以，科学史的研究不仅需要从内史上了解其内涵，更重要的是从外史上去说明为什么会这样，这才是科学史学术价值的体现。

还有一点，今天的科学概念并不是中国本生的，汉语中的“科学”一词源自日语对 science 的翻译。真正的现代科学源自古希腊的自然哲学，自然哲学是研究自然“本性”的学问，注重发现现象“背后”起支配作用的原理、原则、原因，希望通过观念的内在逻辑的推演，为人类未知的世界给出系统的因果解释，透过个别“现象”看“本质”是自然哲学的基本方法论。英国著名的科学史家劳埃德曾长期研究中国与古希腊的科学，他认为不存在唯一的科学发展道路，他主张用一个宽泛的定义来理解古代科学，尤其是他在《古代世界的现代思考——透视希腊、中国的科学与文化》一书中，经过对中国和希腊的古代科学发展的研究之后，认为古代希腊和中国的科学与文化为推进现代的各种相关争论提供了宝贵的资源。所以他认为现代科学直接来源于近代科学革命，间接源头是古希腊的自然哲学是不全面的，古代中国和希腊只是科学的研究风格不同而已，都是对一些现象的说明和解释，“如果把科学定义为描述、预测、解释并理解围绕在我们周围的这个世界的系统尝试的话，那么所有这些古代文明都可以说

① 丁海斌、陈凡：《李约瑟现象的“官科技”解读》，《社会科学战线》2005 年第 4 期。

对科学的成长做出了贡献”[①]。

劳埃德的这一观点是合理的，因为通常总是将科学的定义理解为现代意义上的内涵，而忽视了对于“科学自身”的理解，科学本来就是一个抽象概念，是“分科之学”，试图通过科学共性来替代其他一些学科，所以在很大程度上误解了科学本身的发展。对于自然科学而言，一般人的理解就是从古代希腊的自然哲学演变而来的，对于社会科学则认为是由道德哲学演进而来的，但对于中国古代的“格物学”或“格物致知”的认知应该处于一个什么样的位置却产生了很大的争论，其实从劳埃德的观点来看，格物学就是科学，只是研究风格不同而已。因此，从哲学的角度来分析，中国的科学史研究，尤其是对中国古代科学史的研究，亟须从科学文化与社会学、哲学的角度进行重建，只有建立在中国传统文化上的中国古代科学史研究才能真正反映中国古代科学文化的内涵，从而为现代社会的发展服务。

二、科学知识的源起价值

由经验科学上升至理性科学，或者说科学由经验发展为理性，这是人类科学史上的最大成就。劳埃德对于古代中国和希腊的科学史研究给了我们很好的启示，从侧面说明了中国古代是有科学的，而且对世界科学文化做出了巨大贡献，只是中国古代科学的发展没有产生近代意义上的科学，但不能说对近代科学革命没有贡献。那么，近代意义上的科学是怎样从经验科学走向理性科学的，其文化基础与社会基础是怎样的，理性科学是如何被认知的，这些是科学史学术价值的另一方面的体现。对于近代科学的理性认知，自然会涉及近代科学的起源问题。

对于这一问题，巴特菲尔德的《近代科学的起源（1300—1800年）》（*The Oringins of Modern Science: 1300-1800*）对这一问题进行了很有见地的研究，这也是科学思想史上的一部经典著作。[②]这部著作之所以经典是因为它在历史研究中把“科学革命”一词当作核心概念，在这部书出版之后，科学革命这一概念便广泛流行起来。巴特菲尔德的这部书主要论述了14—19世纪的科学思想发生与发展的历史，以中世纪晚期的冲力理论为开端，阐述了近代科学是如何兴起的，着重对哥白尼的天文学革命、伽利

① 〔英〕G. E. R. 劳埃德：《古代世界的现代思考——透视希腊、中国的科学与文化》，钮卫星译，上海：上海科技教育出版社，2008年，译者序第26页。

② 〔美〕赫伯特·巴特菲尔德：《近代科学的起源（1300—1800年）》（修订版），张丽萍、郭贵春等译，北京：华夏出版社，1988年。

略的物理学实验思想和培根的哲学思想进行研究，论述了这些科学家与哲学家为突破亚里士多德物理学所作出的艰苦努力，并追溯了哈维、牛顿、波义耳等科学家对其时代思维方式的影响。正因如此，这部著作才产生了很大的影响力，但也因为书中的一些解释，本书成了一部反辉格式科学史解释的科学史家写就的辉格式著作。[①]之所以这样，也许和该书基于巴特菲尔德的系列演讲有关，巴特菲尔德是将自己的系列演讲稿进行整理后于1949年出版了该书，所以不同阶段的演讲内容的连贯性可能存在逻辑问题，但书中的一些观点不乏可取之处。

书中指出的近代科学革命是在冲破亚里士多德物理学思想的条件下发生的，这一点对认知近代科学如何由经验走向理性有很大的支持，著名科学史家席泽宗1996年5月在《光明日报》撰文《古希腊文化与近代科学的诞生》阐述了这样一个观点："近代自然科学是在反对古希腊文化的激烈斗争中诞生的"[②]，同时他也指出："在传统与现实之间，现实的需要和提供的条件才是科学发展的更重要的动力。"[③]对于科学史的研究，如果从席泽宗的观点出发，我们可以这样理解：古代希腊的科学发展是基于一种哲学思辨的、无功利的、自由探索的精神，然而在发展的过程中不免一些纯思辨的思想在其中。比如，重的物体先落地，轻的物体后落地等物理学思想，以及天文学上的地心说，最初是由米利都学派通过观察天体的运动规律及自我的判断而形成的哲学思想，类似中国古代的盖天说或浑天说一样。地心说后期在亚里士多德的思想中得到了进一步完善，到托勒密时更加完善，建立了本轮与均轮等概念以解释不同天体的运动现象。鉴于当时的这些思想和观点，特别是经亚里士多德完善之后，要对其挑战就非常困难，到托勒密时就更难以挑战，所以影响了西方1300多年。然而，当面对越来越多的观察到的天体运动现象难以解释时，该体系也越来越复杂，可以说哥白尼第一个站出来对此质疑，并从数学角度提出了日心说，但同样也是基于观念上和数学上的设计，而不是真正的天文学分析。

所以，近代科学要想走出传统观念，不进行思想层面的斗争是不可能的。最初的斗争发生在天文学领域，是有特定的背景的，日心说对地

① 郑辰坤：《〈近代科学的起源〉：一部反辉格史学家的辉格史——兼论科学史的辉格式和反辉格式解释》，《南阳理工学院学报》2014年第5期。

② 转引自魏佳音、李建栅：《也谈近代科学与古希腊文化的关系——与席泽宗先生商榷》，《科学技术与辩证法》2003年第2期。

③ 席泽宗：《古希腊文化与近代科学的诞生》，《光明日报》1996年5月11日，第5版。

心说的批判真正触动了“传统”经院哲学的神经，前后大约涉及 14 位“科学家”，历时百余年，而并不是一般认为的 1543 年哥白尼的《天体运行论》出版就标志着天文学发生了革命，如误解布鲁诺是因为捍卫日心说而被烧死在罗马柱上。其实通过后来的史实解读，布鲁诺是在传播日心说及其他一些思想，这位哲学家将哥白尼的日心说提到了另一个高度，他认为宇宙是无限的，太阳也不是宇宙的中心，只是众多恒星中的一颗，仅从这一点就可以看出，他其实“否定”了日心说。他认为太阳与其他恒星一样，也围绕着其他星体在转。另外，通过解读更多的史料发现，布鲁诺最后被宗教法庭判处火刑的原因并不是日心说，或者说日心说基础上的更大的发挥，而是作为一名天主教的牧师，他由于对天体的认知，到最后否认耶稣是神，这简直是“冒天下之大不韪”之事，于是被处死。

在这场斗争中，虽然布鲁诺被烧死了，但他的思想却启迪了后期学者的研究，特别是他对宇宙的新看法，与前人的观点有很大的区别，他不仅没有遵循前人的思想，反而还做了大胆的突破，认为宇宙没有中心这本身就是一个创举，因为在当时观察与测量条件不具备的情况下，能以这种方式去否定前人的成果，这种精神是难能可贵的。所以，事实上他并没有遵循哥白尼学说，而是将其向前一步发展，形成了自己崭新的宇宙论，他不仅认为宇宙没有中心，而且还认为它没有边界，而且坚持认为除了我们人类的世界以外，还有另外平行世界的存在。他的这些激进的观点有些被现代科学逐步证实，平行世界的研究现在还在探索之中。从这里我们可以看出，在当时对宇宙观察不是很全面的条件下能提出这样的思想是非常难得的，也许后来伽利略对太阳黑子的观察也和此有关。

因此，从日心说的提出到传播，在经历了文艺复兴以后，科学逐步从经验走向了理性，科学史的研究就应该基于哲学思考的前提下对人类认知过程进行研究，这也是科学史哲学存在的合理性。从这一点来看，促进西方科学发展的文化因素，绝大部分都可以追溯至古希腊，因为正是由于理性因素与传统思想斗争的过程中科学才得以发展。非常值得思考的是，在漫长的中世纪后期，出现了意大利文艺复兴运动，在这场运动中一批哲学家对古希腊、古罗马知识文化体系的重新发现和诠释，才真正促进了近代科学的诞生和发展。特别是古希腊的理性思辨精神，虽然在中世纪曾帮助神学家建筑起了基督教教义的理论大厦，但在文艺复兴中却实现了身份的完全转变，扮演了与此前截然不同的角色，而且非常重要，可以说是不可或缺的角色。因为近代科学的重要形态就是以严密的理论体系为前提，文艺复兴时期冲破了黑暗的中世纪束缚，重新恢复了古希腊和希腊化的理性思辨传统，经由近代科学革命，才能为近代科学技术的发展创造不可代替的条件。

对于古希腊的科学精神研究已有相当数量的论著，所以上述内容只是做了简要回溯，旨在说明科学史研究的源起价值，同时从哲学的角度重新反思中国古代科学史的研究，尽管国内的诸多文章与著作对中国古代的科技进行了大量的研究，但需要从科学理性的角度对中国古代科学进行重新认知，所以对中国古代科学史的研究远没有达到其应该具有的程度和高度。因此，需要重构中国古代科学通史研究，以揭示其中蕴含的理性智慧，这是非常重要的时代价值。在这方面的研究已有先例，如中国古代的数学成就很辉煌，通过吴文俊的研究发现，中国古代的数学成就足可以与古希腊的欧几里得几何匹敌，这足以说明古代数学的理性价值。而且中国古代哲学中也有理性思辨，对物理现象等也有很深入的认识，但为什么没有走向一条类似近代西方科学革命的道路，或者说如何重新认知中国的古代科学，这是值得研究的。因此，如何重建中国古代科学等一系列的问题，已经超越了科学史的本身而成为一个值得研究的哲学命题。如果不从理论上进行一定程度的思考，中国古代科学史的研究难以上一个更高的层次，而只能是在考据与考证中进行。因此，中国古代科学史的研究亟须进行哲学层面的认识论与方法论的重构。

第二节 科学研究的方法论价值

科学研究方法往往是在科学实践中有意或无意间形成的，科学发展到今天，每一项重大突破几乎都是因方法的改进而取得的。那么，科学史的研究从某种意义上讲就是一部科学研究方法的改进发展史。在近代科学革命发生以前，科学的发展非常缓慢，主要是因为方法、手段与仪器所限，经过哥白尼的天文学革命，开普勒对行星观察的三定律研究及伽利略的开创性实验以后，科学实现了突飞猛进的发展，再结合笛卡儿、培根的启发性哲学思辨的引导，牛顿等伟大的自然哲学家创造了“大成果”。不同时代的科学方法有不同的表现，形成了古代、近代、现代不同的、独特的科学研究方法特征，对这些方法特征的综合研究是科学史研究的方法价值体现。

一、阐释古代科学方法的价值

科学史的研究，尤其是中国科学史的研究，要深刻揭示中国古代科学发展的方法特征，是中国传统文化与哲学思想的体现，透过中国古代天文学、农学、算学等的方法，可以对中国古代智者的思想有很深入的把握。但是到目前为止，还没有一部关于中国古代科学方法的专著，个别著作与论文中有一些提及，但也非常少，中国的科学史理应对中国古代科学方法进行全方位研究，这是其重要的学术价值，因为方法体现了古人的智慧。

（一）中国古代科学方法的重新理解

李约瑟在其《中国科学技术史》一书中非常鲜明地通过分析中国古代科学思想来揭示其研究方法来源。这为中国古代科学史研究科学方法提供了思路与哲学理性分析，以更好地体现科学史的学术价值。中国的古代先哲，如孔子、老子、孟子、墨子等一大批哲学家、思想家、思辨家，为后世中国儒家的完善、道家的发展、宋明理学思想等奠定了坚实的基础，同时也形成了一套独特的对事物的认知方法，这是中国古代科学发展的思想基础。前面的论述列举了物理学的一些认知方式的例子，是比较笼统地从数学问题的转化与思辨方式的认知。下面再从天文学方面分析科学史的研究应该如何揭示古代的科学方法。

今天我们称为天文学的系统知识，在中国古代进行了漫长的观察与研究，而且好多当时对天体运行的记载在世界上是最早的，还有中国古代的历法也是非常系统的，不同的时间做什么农事都可以依节令而行。与天文学相关的农学、地学、数学等也取得了长足的发展。特别是中国古代为了观察天象而制作的仪器，在不同的朝代都有不同的天文仪器，而且有些仪器“相当先进”，方法渗透在仪器中，通过研究中国古代的天文观测仪器就可以分析出其中蕴含的方法。类似这样的成果还有很多，那么问题来了，科学方法是借助仪器、实验器具等而形成的，中国古代有这么多的仪器，而且进行了那么多年的观察为什么提不出一个类似“地心说”或“日心说”的理论？为什么中国古代的科学没有连续性？还可以列出一系列的类似问题，要回答这些问题固然可以从中国古代的文化、社会和政治等方面入手，但从方法入手也许才能看到中国古代科学发展的真谛。

就拿天文学来说，可以简单地列举一些中国古代主要用于计时的天文仪器：①圭表，这是观影定向的小型仪器，但体现了古人对太阳的观察与运用；②日晷，利用日影测时小型仪器；③漏刻，中国古代的一种计时工具，有水漏和沙漏两种，类似的计时器在古埃及、古巴比伦等文明古国都出现过；④浑天仪，主要用于演示天体的运行；⑤水运仪象台，观测天象与计时于一体的大型仪器。

当然，中国古代还有其他的天文仪器，在此不一一列举，仅以这五种天文仪器为例来说，从计时到天象观察，再到天体的演示，可以说形成了一套完整的天文学研究仪器，这充分说明了古代中国的智者的巧妙设计，特别是漏刻与水运仪象台，漏刻考虑到天气的变化，分别用水漏与沙漏计时，用沙漏解决冬天水结冰的问题，体现了中国古人的智慧；水运仪象台更是古人对机械的认知达到了顶峰，就连李约瑟都说这是中国古代的机械钟。所以说从研究手段来看，中国古代的设备已非常先进，但对于近代天文学的革命却几乎没有产生影响，这不得不需要深思。只是现在我们返回来看时，才发现中国古代的仪器有多么先进，因为中国古代没有提出一套关于天体运行的学说，虽然有一些学说，但没有经过数理分析这是很遗憾的事情。例如，关于天体的学说到汉代已有盖天说、宣夜说和浑天说等，盖天说提出的天盖左旋与日月星辰右转，尽管与宣夜说的日月星辰漂浮空中的观点有所不同，但争论仅限于观察，没有从数学方案去解释各自的不同观点，这是与地心说及日心说争论不同之处。虽然历史是不能假设的，但我们假设一下，如果中国古代也运用了数学方案去解决当时的不同天体论的争论，也许近代天文学革命的发生就与中国古代相关了。不过，从另一角度讲这只是一些主张，从科学的内涵来说，也不是体系化的知识。那么，从东汉的浑仪到宋代的水运仪象台，经历了几百年的时间，为什么没有对原来的浑天说等理论做进一步的研究而提出一套天文学的理论？这是中国古代科学史需要研究的一项重要内容。

所以，从科学史哲学来讲，未来的中国古代科学史研究要体现其方法价值需要从以下几点入手。

第一，需要批判性的价值判断。

中国古代科学技术确有其非常辉煌的一面，这一点必须肯定，但中国古代科学发展所经历的方法选择是不是有利于科学的发展，还是主要为当时的统治阶级服务，正如前文所述的“官科技”，其固然有自身合理性的一面，适合大型工程的开展，如宋代的水运仪象台的设计制造就是官科技的作为，这项由苏颂、韩公廉建造的水运仪象台，是中国古代天文仪器史上的巅峰之作，在天文观测技术上和机械技术上都有极高的成就。可以设想，如果没有官方的支持是不可能完成这项任务的。

所以，中国古代科学史的研究怎么看待官方也在组织天文学的研究，各种仪器也具备，为什么没有天文学理论的出现？应该怎么批判性地看待中国古代的科学发展，对现代的科学研究有何启发，这才是最重要的问题。

第二，激发创新科学知识。

如何通过对中国古代科学史的研究，不仅要从方法论上，还要从哲学、文化上进行全面的分析，为现当代的科学发展提供有效成分、激发新的科学知识的产生，这是中国古代科学史研究的价值诉求。

如果从科学文化的角度看，中国古代科学技术实则是中国传统文化的有机组成部分。中华优秀传统文化的创新性发展与创造性转化，理应包括中国古代科学思维、科学方法的当代价值实现，或者就科学是文化内在的组成部分来说，中国古代科学文化是中国传统文化的一部分，中华优秀传统文化是世界的文化遗惠，具有非常重要的学术价值。那么作为其一部分的中国古代科学文化，急切需要从科学方法的角度进行认知，从而为新的科学知识的产生提供一条创新路径。

第三，诠释中国古代智慧。

库恩的历史主义科学史研究主张用当时当地的语境去看待历史事件，要像当事人一样去思考，所以对中国古代科学史的研究，着重在于对古代人的科学认知进行分析，通过领悟中国古代科学认知进而诠释其中隐含的哲学智慧，特别是对古代用于天文学观察所做的仪器与其中的设计思想，这理应是中国古代科学研究重要的学术价值体现。

事实上，这样的研究是一件比较难的工作，中国古代的好多仪器在今天要想复原是很难的一件事，如上述提过的青铜器、浑天仪、水运仪象台等都非常难复原，还有一些如计里鼓车、指南车等小而精的设计也很难复原；还有一些大项目，特别值得一提的是都江堰分水工程，虽然是工程，但其中蕴含的是分水科学机理。都江堰工程中渗透着丰富的科学知识，从经验技术的角度解决了分水、排沙与进水等问题，而且这一套设计完全是一个很好的系统工程的范例。虽然距今已 2200 多年，但当时的工程设计隐含了科学知识，透过技术看当时的“科学知识”，通过现在的实用反观和分析当时的设计、施工等，就可以想见李冰父子率领的团队的聪明才智，在古代没有我们现在的测量仪器，不可能做到精准测量，如对水流速度的测定、鱼嘴分水堤的角度与高度、宝瓶口的设计等，每一项都是一个小系统工程，整合在一起就是一个大系统工程，如此完好地运行了2200多年，而且还可以继续使用下去。所以说，这项工程已不是一个技术工程，“深淘滩、低作堰”看似一句简单的口诀，但其中渗透着许多科学原理，如对水流的方向、速度等的测定，因为这么多年水流不可能不变，还有对气候的预测等其他一些情况，都需要科学测量与科学计算，所以从科学史的角度怎么领会古人的认知智慧，会给当今的工程技术研究很大的启发。

（二）古希腊科学方法的阐述

对于古希腊科学思想与方法的研究，国内外的研究较多，在此只做一些综述性的分析，只是从科学史哲学的角度论述其学术价值。古希腊的先哲，如苏格拉底、柏拉图、亚里士多德等一大批自然哲学家，他们的共同特征就是将科学知识做理性的哲学思考，将人与自然分开、将精神与物质分离去思考，欧氏几何学和阿基米德定律的提出和完善，为亚里士多德的诸多哲学思想做了很好的奠基，所以学界公认古希腊的逻辑方法、公理化体系及意大利文艺复兴创立的实验方法为近代科学的产生奠定了基础。其中，阿基米德的贡献，特别是在机械工程与实验方面，其思想影响很大。从阿基米德测皇冠的故事中就可以看出来，他的思想中已经有了实验科学的构造，只是当时不可能提出实验科学来。这一故事与曹冲称象相似。另外，阿基米德的机械设计使其认识到了“力”的原理，如杠杆原理，中国古代也有桔槔等应用杠杆原理的工具，却没有从量上去考虑其平衡，这也是很遗憾的事情。事实上，古希腊的自然哲学研究是关于“自然本性”的思考，注重发现现象“背后”起支配作用的原理与原则，希望通过观念的内在逻辑的推演，为世界给出系统的因果解释。所以说，透过个别“现象”看普遍的“本质”是自然哲学的基本方法论。

古希腊逻辑方法的鼻祖当是提出“万物源于水”的哲学家泰勒斯，他通过长期观察世界万物的变化，依经验与理性思维得出此哲学命题。对于这样一种理性思考，不同的哲学家有不同的认知，有学者认为泰勒斯采取的方法是一种归纳法，是从观察现象中归纳出一般性命题；有学者则认为这是一种抽象逻辑思维，是对自然界万物进行抽象的结果，并认为这样的抽象有四种意义：一是使自然认知脱离神话阶段，走上从自然本身寻找合理解释的轨道；二是提出从观察开始认识自然的方法论思想；三是使自然认识摆脱直观，进入运用抽象概念达致普遍知识的科学阶段；四是开始运用归纳和类推的逻辑方法与科学认识。[①]正是有了这样的逻辑思考的基

① 周昌忠：《西方科学方法论史》，上海：上海人民出版社，1986年，第4—6页。

础，才为后期自然哲学进入公理化阶段奠定了基础，后经亚里士多德的集大成，不仅从哲学上、逻辑学、物理学、博物学等都取得了极大的成就，而且为近代科学的发生与发展做了哲学思维的铺垫。

因此，科学史的研究中科学思想史的魅力仍然有一部分可以通过分析古代的哲学思维来体现，这也是现在仍需要对传统的、古老的自然认知方法进行研究的主要原因。古希腊自然哲学的研究在很大程度上是基于观察后的经验总结，通过经验事实上升到哲学理性，这一点与中国古代哲学思想几近一致。那么无论是观察得出结论，还是对现象问题的解决，其实其中都蕴含丰富的科学方法，只是与现代的方法有所不同，科学史的研究理应把这些哲学思维式的方法深刻挖掘出来。例如，阿基米德最开始是为了解决皇冠是不是纯金问题发现了浮力定律等，只有了解了科学方法才能更好地理解科学发现，或可以更好地解释和说明科学发现。对于古代的自然认知方法研究，无论是中国古代还是古希腊，研究的重要意义还在于哲学启发，这正是其学术价值体现。

二、近现代科学方法特征

自古希腊之后，一些哲学家或科学家冲破了黑暗的中世纪束缚，继承了古希腊的方法与逻辑思维，形成了自己独特的方法，如经验论哲学家培根的科学归纳法，正是有了归纳才与演绎法形成了一个范畴，为后期的科学研究奠定了方法论的基础。历史地看，真正对近代科学革命起到作用的当属伽利略，他在天文学方面的研究受到审判后，从天上的运动研究改为地上的运动研究，对物理的运动规律进行了实验研究，从小球的斜面运动来分析物体运动与力的原因，这为牛顿力学定律的提出做了大量的前期工作。

上述只是列举了具有历史影响力的一些科学方法，还有一些更为具体的研究方法，在此不一一列举。从科学史哲学的角度讲，需要反思的是怎样去研究才能真正揭示科学发现或发明的真相，科学研究的方法论蕴含什么样的认识论意蕴，特别是分析一些创新性方法的发现，以从中体现科学史的学术价值。

近代科学之所以发生革命，就是因为近代科学的研究范式完全变了，近代科学革命发生以前的哲学思辨、逻辑推理与科学的理性实验，冲破了宗教神学的束缚，导致科学革命的发生，进而产生了不同于传统的科学，其核心是近代科学方法的出现。在进入现代科学之前，科学是可以证实的，是可以验证的，当然科学有时也需要假说，在没有完全弄懂原理或机理之前，可以进行假说，然后进行验证，经过实验验证后的知识或原理就是科学知识，或科学理论。这种模式经历了很长时间，但这种模式也有可能会被打破。

为什么说这一模式会被打破？就是因为，如果把古代科学与近代科学都称为传统科学的话，传统科学的发展模式是寻求物体运动的确定性，这也正是机械论哲学所倡导的思想，但在20世纪90年代以后，这种确定性被打破了，普里高津（又可译作普利高津）1977年荣获了诺贝尔化学奖，他在研究非平衡态的不可逆过程热力学时发现了非确定性的一些问题，他是物理化学家也是理论学家，提出了一个“确定性的终结”的观点。他的思想由确定性到不确定性就是一次革命，他通过不可逆变化把人类观察到的一切联系起来，以及人类的组织系统也与之相关，这样的一种思想更加注重人文社会科学，从自然科学到人文社会科学，可以说是所有的科学体系都与不可逆变化相关。特别是他在《确定性的终结：时间、混沌与新自然法则》中文版序中写道：

> 西方科学和西方哲学一贯强调主体与客体之间的二元性，这与注重天人合一的中国哲学相悖。
>
> 本书所阐述的结果把现代科学拉近中国哲学。自组织的宇宙也是“自发”的世界，它表达一种与西方科学的经典还原论不同的整体自然观。我们愈益接近两种文化传统的交汇点。我们必须保留已证明相当成功的西方科学的分析观点，同时必须重新表述把自然的自发性和创造性囊括在内的自然法则。①

这段话已被好多学者在不同的文献中引用，尤其是谈到未来科学的发展与中国古代哲学智慧时更是经常引用这部分内容，因为他道出了未来科学发展的模式与路径选择。普里高津把现代科学拉近到注重天人合一的中国哲学的思想，实质指向未来科学的发展就应该向中国古代的整体自然观汲取智慧。换句话说，中国古代的自组织体系显然为未来科学的发展指明了方向与道路。

之所以在此举这样一个例子，就是要说明科学史的研究应该在科学发展模式转型时，更要对其方法进行研究，这才是科学史学术价值的体现，否则就是“无用”的学问。对于普里高津的研究方法其中有一条就是“剖

① 〔比〕伊利亚·普利高津：《确定性的终结：时间、混沌与新自然法则》，湛敏译，上海：上海科技教育出版社，1998年，第1页。

析旧理论，打开突破口”，这正是他在书中倡导的思维方法要向古代中国学习。这从另一个角度也说明了，中国古代的科学方法中有一个特点就是模型化研究，如前面已提到的浑天仪就是一个天体运行的模型。这也正是普里高津谈到的向中国的古典哲学寻找答案，并寄希望中国的青年一代为“新科学”的产生而努力。

借新科学之名，在此需提出大科学时代对科学史研究的启示，这也是科学史学术价值体现的一个方面。科学史理应对大科学时代予以更多的关注，因为这是科学研究发生转折的一个重要方面，科学史应当也必须对科学发生重大转变时的科学内在的逻辑、社会需要、运行机制等因素进行研究。特别是，大科学的创新机制完全突破了传统的科学运行体系，而是针对社会需要组合具体的学科，形成联合攻关的方式，突破重大的科学或技术问题，以更好地满足人类发展的需要。对于这方面的研究，要从哲学的角度，先确立一些主要的因素，大科学是基于什么样的社会现状提出的，将其运行机制中的政策、管理、具体制度、团队建设、学科交叉等诸因素细化，然后进行系统的研究，并对大科学的未来发展进行展望，如“超大科学”的出现等。

第三节　科学理性的人文价值

科学史本就是沟通科学与人文的桥梁，这是科学史界的共识。例如，萨顿的科学史观刚开始主张科学史应该是一部实证的科学发展历史，是人类文明史，是全世界的、完整的综合史。随着他对科学史的逐步认识，特别是他的《科学史导论》无法续写的时候，他的编史思想转变为“人性化的科学史观”，开始创作富有人文精神的科学史著作，这说明萨顿后期的科学史观已认识到科学发展并不是内在的逻辑发展，而是人与科学、社会相统一的发展过程，而其中的人文精神更为重要，通过科学史的研究可以体现科学理性的人文价值。

一、科学的人文理解

萨顿之所以停写《科学史导论》而转向另一套《科学史》，大致有两方面的原因：一是在 14 世纪以后，自然科学的发展呈多元化态势，到 18 世纪更是伴随自然科学的大发展出现了可以称为“浩瀚”的史料，因此史料的选择是件非常难的事情，科学史不是史料的“堆积”，致使他不得不重新考虑；二是据他回忆与他的学生有关，他的学生觉得他讲的课比他的

《科学史导论》读起来更生动有趣，因为萨顿在上课时加入了很多人文故事。由此，萨顿经过对科学史的重新思考，决定以他 1916—1951 年在哈佛大学所讲授的科学史的讲义为基础，重新写一部多卷本的《科学史》：他规划了四个部分，每部分有两卷，这四个部分分别为古代、中世纪、15— 17 世纪、18—20 世纪。从萨顿设计的时间节点来看，基本是按照西方科学史的特征来设计的，同时这八卷文本既可构成一个统一的整体，每卷又可独立成书。非常遗憾的是，萨顿只写了两部就逝世了，但这两部著作与以前的《科学史导论》风格全然不同，其论述了从科学发端到公元前 1 世纪末的自然科学与人文科学的发展、科学思想的传播及不同文明的交流与互动。

科学史的重要学术价值就是其人文价值，科学的发展需要人文关怀。科学内容由科学家的科研成果组成，科学史的研究无论是叙事还是说明和解释，如果忽视了科学家的个性特征，便都失去了人文性，而变成静态的、失去人性的科学史。在对科学发展历程的描述中，往往对科学成果产生的时间、地点与其意义阐述得多，如果再加上对其产生时的语境描述，那么达到第二个层次的解释和说明则更为合理化了。所以，这样的研究缺少了对科学家的分析与研究，在人文价值上体现得较少，从哲学上讲，这是片面的、不合理的。

事实上，从语境论的角度看，科学就是人类对世界认识的表征程度，是对真实世界的无限逼近，科学之所以是可错的、可证伪的，就是因为科学不是终极真理。那么科学史就是在特定语境下对这一表征过程的客观解释与说明。不同时期的社会、经济与政治制度等对科学家会产生很大的影响，同时也制约着科学家对自然的认识与理解，古希腊与古代中国对自然与人的认识基点不同，并不是因为不同的自然造成的，而是基于不同的文化造成的，这种科学文化是一种历史的传承，那么科学家的志趣、价值取向等就会有很大的不同，其具体表现就在于人性，人性实指科学家背后的文化取向与判断，即揭示人的本性的一面。所以，科学史的研究只有把这种科学理性的人性深刻揭示出来，才能真正达到其价值实现。否则，就是一部记事史。

二、科学文化与人文文化的理性沟通

科学技术的发展越来越注重人文主义关怀，这也与科技伦理相关，这是一个事实。比如，手机从第一代移动通信设备——“大哥大”到现在的智能手机，发生了颠覆性的变化，手机的功能越来越多，而且越来越人性化，人性化的特征就是满足人的不同需要，手机的通话、短信等是非常基础的功能，随后不断注入了新功能，如拍照、游戏、文件处理等。当然手机是一种技术应用，但手机也与科学有关，没有基础科学研究，就不会推动相应的技术发展，手机也不会发展成今天这个样子。

但是，常人很难理解到这一点，人们在追求“好用”的价值上，并没有考虑到技术家设计的人文文化。以手机的例子可以阐释科学通过技术而实现人文性，同时也说明了技术史是沟通技术文化与人文文化的桥梁。对于科学史来说，学界有一个共同的认知就是科学史是人文与科学的桥梁，科学史的人文价值就体现在科学文化上，另外，科学史的人文价值也是科学背后所“内含”的人文性，失去人文性的科学是不被倡导的科学，因为其有可能会对人类产生危害。之所以这样讲，就是因为科学史要深刻揭示科学研究背后的人文文化，这是科学史未来从解释学的角度必须注重的一点，而科学史的内史很难发现这一点。

无论科学是从问题开始还是从观察开始，都有一种哲学思维在发生着潜移默化的作用，都是建立在科学家与面对的现象之间的理性关系，在这一关系的互动过程中，文化有时是一种决定性力量，这也是产生文化决定论的原因。无独有偶的是，中国古语也认为一方水土养一方人，这也说明文化的力量非常大。著名科学史家席文在对中国古代科学为什么那么先进而没有产生近代科学的原因进行分析时，用了“文化簇”的概念，就是说不同的文化共同决定了一个地区的思维与做事的方式。

所以，现代科学的发展更加证明了科学文化与人文文化的共融性，这两种文化共同作用于人类文明的演进，对人类的生存与发展产生了深刻的影响，科学中的一些概念和范畴也可以借鉴到人文社科的研究中，但其物理意义已发生了变化，更多的是其哲学意义。例如，化学中熵的概念本来是用来表征化学反应的，但应用于社会学后，成为一个对社会紊乱度的表征概念，这是自然科学与人文关系结合方面很好的例子。另外，科学的发展更需要人文关怀，如一名科学家在工作之余的带薪休假就是一种人文关怀，这种人文关怀也是人文因素对科学研究产生影响的重要表征。

事实上，从人类社会历史发展的角度看，科学、技术、文化、社会、医学等本身就是一个大的系统，“人”在这一系统中处于核心地位，因为是“现实中的人”创造并改进了技术，技术通过改变社会而推动了科学的发展，人又创造了医学与医疗、文化、思想等所有的文化形式或文明形式，没有人的话一切都是空的，所以在人的设计下，这些全部都是统一的，即人、社会、自然是一个统一体，单独对某一种分析都是静态的、暂时性的。萨顿主张科学的统一性与人类的统一性只是同一真理的两个方面。正因如此，科学史的研究也许会出现两种不同的观点：一种观点强调知识的抽象性，而写出了一部实际上是思想史的历史；另一种观点强调人的方面，强调发现的变化莫测的起源与发展，强调一切细小的偶然事件，“正是这些偶然事件引发我们各方面的好奇心并使我们不得不围绕我们的目标的那些越来越小的圈子上团团转，直到我们达到这个目标或清楚地认识它。一个全面的历史学家应该将这两种倾向结合起来”①。萨顿这里强调的正是主张科学史的研究要使科学文化与人文文化统一的问题。对于这一点，李约瑟的《中国科学技术史》就是建立在中国文化与文明的视角，全方位地研究中国古代科技的发生与发展，特别是他的《科学思想史》，作为全套丛书的第二卷，分析了大量的中国古代哲学文化对科学发生与发展的影响，因而大家认为的哲学思想，在李约瑟看来就是科学思想的来源，充分说明了科学文化与人文文化的内在一致性。对于这一点，未来的中国科学史研究理应重新解读李约瑟的思想，并通过中国古代科学通史来反映中国古典哲学对科学的影响与作用，况且这种影响到今天仍然存在。

三、科学精神与科学发现的人文性

库恩在其《科学革命的结构》的姐妹篇——《必要的张力：科学的传统和变革论文选》中对科学史是这样评述的，科学史“是一种解释性事业，一种启发理解力的事业，因而它不仅要表现事实，还要表现事实之间的联系”②。库恩的这一观点与菲诺基亚罗的思想是一样的。对于科学史的解释功能，前文已进行过分析，在此不再赘述。库恩提到的表现事实之间的联系，这就是说科学史在对科学事件进行分析时的基本原则，分析它们之间的关系问题。特别是不同的科学发现，它们之间的联系如何，以及涉及科学家在发现过程中的理性精神，这是很值得研究的一个方向。那么，在此就科学史如何研究科学发现与科学家表现出的科学精神，从哲学上加以适当的分析。

在科学哲学视域中，科学研究是理性的行为，那么科学史就要把这种理性行为的发展历程表征清楚。从科学史的角度出发，怎么将这一理性行

① 〔美〕乔治·萨顿：《科学史和新人文主义》，陈恒六、刘兵、仲维光译，上海：上海交通大学出版社，2007 年，第 31 页。

② 〔美〕托马斯·S. 库恩：《必要的张力：科学的传统和变革论文选》，纪树立、范岱年、罗慧生等译，福州：福建人民出版社，1981 年，第 14—15 页。

为深刻地揭示出来，对科学精神的研究无疑是一条很好的路径。因此，近年来对科学精神的研究，针对科学理性、科学精神等主题的文章出现了很多，是很合理的情形。之所以出现对科学精神的再度热情讨论，主要是从世界范围内讲，学界突然发现第二次世界大战以后在基础科学领域没有一项像牛顿的经典物理学、万有引力定律及爱因斯坦的相对论等这样的重大科学发现或发明出现，有的只是在应用技术领域的一些技术突破，因此也产生了“技术科学”。面对这种现象，人们自然要寻找为什么现在科研条件等各方面都比以前改善了很多却没出现基础科学的重大发现。于是，学界在发现硬件条件不是合理理由时，就只能找人为因素，所以，科学理性、科学精神自然又被唤醒，成为讨论的焦点。

一般来说，科学革命是科学家经过艰苦的努力实现的某一学科的变革性成果，在这场革命中所表现出来的精神内涵最能代表科学精神。这种科学精神主要包括质疑批判精神、自由探索精神、实证求真精神、改革创新精神、团结协作精神等。可以这样说，对于科学精神的内涵分析，不同的学术论著可以从不同的角度列举了十几种，除上述几点外还有信念、勇气、意志、工作态度、理性思维、人文关怀和牺牲精神等。现在的相关文献已有上百种，所以在此不一一列出。从哲学上讲，面对这么多科学精神的内涵，对于一名科学家或一个科学共同体来说，是不是一项科学发现一定要在这样的精神鼓励下才可以产出？

在此，通过三个例子来做简要的哲学分析，一个是哥白尼的天文学革命；一个是牛顿的物理学革命；一个是爱因斯坦的狭义相对论原理。这三个事件可以说是科学的重大发现，通过仔细回顾不同科学革命发生的前后人物及事件的语境，我们可以发现，尽管都可以称为科学革命，但内涵却是不一样的，其中科学精神有什么作用。

第一，哥白尼的天文学革命。库恩对哥白尼的研究相对比较系统，他的专著《哥白尼革命：西方思想发展中的行星天文学》开创了科学史研究的内史与外史结合的编史方法，使内史和外史的因素十分自然地结合在一起，将科学置于当时当地的文化语境中加以考察，不仅详述了许多天文学概念、技术性细节和宗教方面的社会文化背景，而且也突出了革命多元性的结构和意义。[①]该书也为后期研究科学革命的结构奠定了基础。综合该书及后来的一些关于哥白尼革命的研究，可以看出来，当时的哥白尼之所

① 〔美〕库恩：《哥白尼革命：西方思想发展中的行星天文学》，吴国盛等译，北京：北京大学出版社，2003 年。

以研究日心说，主要是基于以下两点，其一，对上帝才智的更进一步证明，他认为造物主不创造累赘无用的东西，而是具有一种将多种现象归于同一原因的能力。[①]他认为托勒密的地心说体系太复杂，真正的宇宙图景不应该如此烦琐，应该是简单的、非常和谐的一种完善运行，他要重新研究一个体系，所以提出了日心说，但他又束缚于宗教思想，一直没敢公表，直到他临终前在朋友的帮助下才出版。其二，他试图创造另一个和谐的行星运行体系，可以这样说，哥白尼并没有全部否定托勒密创立的地心说，只是将地心说变为日心说之后，简化了原有体系，使之更加科学化，这与中国古代哲学思想主张的“天道崇简”观点是相吻合的。从科学史上讲，“日心说”代替“地心说”实际是错误的理论替代错误的理论。

从科学精神的角度讲，尽管哥白尼顾虑宗教对他的打击，迟迟没有发表他的理论，但他在当时的情况下敢于通过自己的观察研究提出日心说，本身就体现一种科学的质疑、批判与大胆创新精神，这是科学精神中核心的要素。所以库恩认为在哥白尼以后，天文学家生活在一个不同的世界里[②]，通过哥白尼的天文学革命，打开了认识宇宙的另一扇门。哥白尼的天文学革命对于数学、物理学的影响力也非常大，启发了人们对科学真理的追求，当时敢于向统治了人类1300多年的托勒密体系挑战本身就需要非常大的科学勇气。这是科学精神不可或缺的因素。

第二，牛顿的物理学革命。在此，先回顾在牛顿之前的两位科学家，一位是开普勒，一位是伽利略。开普勒本是一位数学老师，他在给学生上数学课时偶然想到了柏拉图对天体运行认识的正多面体，于是他进行了深入研究并撰写了《宇宙的秘密》，该书在1596年出版后被丹麦天文学家第谷·布拉赫看到，因为第谷的数学不太好，面对自己多年观察得到的好多天文数据不知如何去分析规律。所以，他写信邀请开普勒一起研究。于是，在1597年他们见面后开始讨论关于天体运行的规律与看法，其时第谷已形成了自己不同于哥白尼的新体系，他在去世前都要求开普勒一定维护他的这一体系。于是，开普勒很幸运地得到了第谷20多年所观察与收集的非常精确的天文资料，大约于1605年，开普勒根据布拉赫的行星位置资料，沿用哥白尼的匀速圆周运动理论，通过4年的计算发现第谷观

① 〔波〕哥白尼：《天体运行论》，李启斌译，北京：科学出版社，1973年，第32页。

② 蒋道平、徐飞：《从哥白尼革命看科学精神的塑造——写在〈天体运行论〉发表470周年之际》，《科学学研究》2013年第9期。

测到的数据与计算有 8′ 的误差，开普勒坚信第谷的观察数据是正确的，但这一误差的产生说明运行形式有可能就是错误的，从而他对“完美”的匀速圆周运动产生了质疑，1609 年开普勒得出了第一定律和第二定律，又经过 10 年的大量计算，得出了第三定律，这三个定律分别被称为椭圆定律、面积定律和周期定律。这三大定律的提出给传统的天文学与物理学带来了极大的挑战。这里产生了一个问题，为什么行星运行的轨道不是匀速圆周的，而是椭圆的？这可以说是牛顿研究万有引力定律的始源。

严格地说，当时开普勒是基于前人的观察数据进行多年的计算而推导出来的行星运动三大定律，其中的椭圆定律实质是一种数学证明的三体运行状态，所以说行星以椭圆轨道运行是开普勒的一种假设，正因如此，也就有了正史之外的一种“野史”，不过可信度还是比较大的。在 1606 年，一颗大彗星掠过英国上空时，吓坏了正在征战中的哈罗德国王的撒克逊士兵，致使他们在征服者威廉的阵前败得一塌糊涂，从而认为这是不祥之兆。然而在时隔 76 年的 1682 年，同一颗彗星又一次光临英国上空，再次引起了整个欧洲的极大恐慌，下至奴隶，上至王公贵族，无不惊慌失措，大家都认为这是上帝对他们的惩罚，怀着一颗忐忑不安的心等待着上帝的裁断。但有一个著名的天文爱好者，一个富有的绅士哈雷却不以为然，他凭借自己多年的观察，觉得彗星的到来不是人们认为的那样，但自己既不是天文学家也不是物理学家，于是找到了当时已经蜚声科学界的牛顿，他认为牛顿是可以解决这个问题的。所以问牛顿，究竟是什么神秘的力量控制着这颗彗星的运动，让它时隔 76 年后又来到同一个地方。牛顿当即抛出他几年前研究的成果：万有引力定律！他告诉哈雷，所有行星都和他计算的结果相符，和他的预测一样沿既定椭圆轨道运行，所以他能计算出行星什么时候位于什么地方。当然，这时牛顿说的前几年就是指当时为了躲瘟疫在乡下研究的日子。所以，后来牛顿于 1687 年出版的《自然哲学的数学原理》是完全从万有引力定律的角度证明了行星运行时所受力的影响而成椭圆轨道。

如果说牛顿的万有引力定律是受开普勒等的影响，那么伽利略对牛顿的影响就是力学三定律。伽利略可以说是第一位从实验科学的角度向传统物理学观提出挑战的科学家。他著名的两个铁球同时落地实验，极大地挑战了“重的物体先落地，轻的物体后落地”的经验观点，同时也体现了敢于质疑的精神。这个实验大致是在 1589 年或 1590 年做的，但也存在很大的争论，因为除了他的助手维维亚尼所著的《伽利略传》外，历史上几乎没有任何记载，所以也被人们质疑是理想实验。虽然这一实验遭到质疑，但伽利略的斜面实验是真实而可靠的，他通过小球在不同的斜面的运动情况进行数学测算，实际上已经发现了惯性定律，只是没有表述出来，但他大胆地提出运动因力的改变而改变的观点是牛顿力学研究的基础。所以说伽利略的斜面小球滚动实验，其意义已经超越了其本身，其意义在于创新了一种方法，即基于实验的数学分析方法，标志着物理学的真正开端，也引发了其他学科的后期研究。

伽利略大致是在 1604 年进行的斜面实验，到 1687 年牛顿的《自然哲学的数学原理》出版，已过去了 80 多年。在这 80 多年中，也有许多的物理学家在研究着不同的物理学问题，但没有一个科学家可以做到牛顿的综合，正是这样的一次综合产生了牛顿的物理学革命，建立了经典的物理学大厦。

从上述的两个核心人物对牛顿的影响来看，开普勒与伽利略有对传统的批判，但牛顿的经典物理并没有建立在对前人的批判上，那么这场科学革命与哥白尼的天文学革命所表现出的科学精神是不一样的。

第三，爱因斯坦的狭义相对论原理。在爱因斯坦发现相对论之前的马赫对牛顿经典力学中的绝对时空、绝对质量等进行了批判，提出了相对性的概念，具体过程体现在其《力学及其发展的批判历史概论》一书中。① 在详细论述经典力学的基本观点和发展线索的基础上，马赫从逻辑经验主义哲学的角度出发，一方面充分肯定了牛顿的学术地位与物理学贡献，认为牛顿的《自然哲学的数学原理》表述得清晰、简洁、明快；另一方面则系统地批判了经典力学的基本概念和基本原理，对后来爱因斯坦相对论的提出产生了很大的影响。例如对牛顿绝对时间的批判，马赫认为绝对时间根据比较运动来量度，而与经验观察不联系，所以是“无用”的形而上学概念；对于绝对空间来说，他批判牛顿的旋转桶实验是理想实验，不能证明绝对空间的存在，而对于绝对运动来说，与绝对空间一样是纯粹的理想构造，而不是产生于经验，所以这与逻辑经验主义主张的观点是相悖的。特别是对于惯性系统来说，马赫反对把惯性看作物体固有的性质。

马赫阐述自己思想的时间，是在牛顿出版他的《自然哲学的数学原

---

① 〔奥〕马赫：《力学及其发展的批判历史概论》，李醒民译，北京：商务印书馆，2014 年。

理》接近 200 年后，从马赫对牛顿的绝对时间、绝对空间、绝对运动与绝对质量的批判中，很清晰地看到了相对论的思想，但马赫却并不认为他的思想是相对论的思想，甚至他还拒绝相对论思想，关于马赫与爱因斯坦的相对论之间的一些分析，费耶阿本德进行了详细的论述①，我们对此不做过多的分析，只是就爱因斯坦 1905 年提出狭义相对论思想而言，他并不是在批判前人的基础上形成的，也不是从实验中归纳得来的，而是基于一种假设，然后从假设推导出结论，所以爱因斯坦说，狭义相对论只有在特殊的和稳定的环境中才是有效的。可以这样说，爱因斯坦与马赫的思想有诸多接近之处。

这样一来，要说爱因斯坦提出的相对性原理有批判的话，也只能说是“间接”批判了牛顿的绝对时间、绝对空间等思想，但这又不具有合理性，因为事实上牛顿的经典力学是爱因斯坦相对论的特殊情形。总之，无论以什么样的方式出现，爱因斯坦的思想都是具有革命性的，这种革命性的思想带来了物理学的革命，而且自 20 世纪到现在主导了物理学的发展。从天文学革命到物理学革命，人类在物理学上发展最快、内容最广泛的是 20 世纪的物理学，特别是量子力学的发展激发了量子力学革命，直到今天仍是研究的主流。

对于科学精神与科学发现这一关系问题，需要从哲学的角度去分析科学精神到底与科学的发展、科学家的关系是怎么样的，要从哲学理性的角度认识这些关系。科学史哲学分析应该建立在什么样的基底上，才能真正分析科学精神对于科学发现或发明的意义，目前的多数主张是从科学精神的角度去反思一切科学史的“反常”现象，向前“追述”可以谈到“李约瑟难题”，认为中国古代就是因为缺乏科学精神，所以才没发生近代科学革命；现在中国在发展应用技术的同时也在大力发展基础科学，那么对于中国怎么赶超发达国家的科技水平，同样也要从科学精神去分析；两次西学东渐都没有引起中国自然科学的大发展，同样有些学者认为是中国缺乏科学精神之故；近几十年没有大的科学发现或科学发明，一些学者也将原因归于现代科学家对科学精神的缺乏。如果继续举下去的话，还有很多例子。正因如此，学界对科学精神内涵的归纳也越来越丰富，这一现象是否合理，需要从哲学角度去分析，这也是科学史哲学学术价值的体现。

① 〔美〕P. K. 费耶阿本德：《马赫的研究理论及其与爱因斯坦的关系》，孟庆时摘译，《哲学译丛》1984 年第 5 期。

第八章　科学史研究方法的哲学评估

科学史在有独立的学科建制后，经过百余年的发展形成了符合学科规范的研究方法，不同的主题、不同的研究方法推动了科学史向多元化方向发展。然而，科学的发展中仍存在一些争论，不同的研究立场、方法可能会形成不同的结论，那么从科学史哲学的角度讲，科学史所采用的方法是否合理就是能否形成可靠结论的关键，因此对科学史的研究方法进行历史的、逻辑的、哲学理性的合理性评估，就成为科学史哲学方法论研究的核心内容。

第一节　科学史方法及影响因素

对科学史的方法进行合理性评估的前提，是对科学史研究方法的具体内容与适用范围有一个基本的认识。从科学史的发展来看，经过百余年的学科建制化发展，科学史基本形成了多元化的、适合学科特色的研究方法，如文献考据法、比较法、计量分析法、文化簇（群）分析法、概念分析法、跨学科分析法、语境分析法与社会结构分析法、历史假设法等方法，这些方法极大地丰富了科学史的研究内容，并赋予不同的研究特色。

一、科学史方法概述

上述的科学史研究方法，在科学史的不同论著中会采用其中的几种方法，当然科学史的研究还有其他一些方法，这些是常规方法。鉴于本节的完整性，下面对上述部分方法作如下简评。

1. 文献考据法

文献考据法也可以称为文献分析法，科学史的历史属性决定了该方法的不可或缺性，因此成为科学史研究首要的方法，没有翔实的文献，科学史的研究难以合理地完成，而且得出的结论也不可靠。一般来讲，文献的收集有第一手、第二手资料的收集，第三手资料的可靠性则相对较差。第一手资料主要是指原始资料和实物资料，如口述史中的口述记录、权威部门的历史记载、出土实物、档案记录、手稿、日记等，第一手文献资料是直接的而非间接的，与此相对的间接资料就是第二手资料，第二手资料是经过别人加工后的文献，这个加工是指别人已分析过，存在分析是否合理的问题。如果是第三手资料则更是经过多次加工的文献资料，其可靠性则更差一些。从可靠性的角度讲，科学史研究要在最大程度上收集第一手资料，不同的研究主题收集资料的方式与渠道不同。例如，研究一位科学家，首先要收集的是关于科学家自己的论著；其次是他的日记（手稿）；再次是科学家的研究成果的实物（如果有的话）；最后是对科学家进行访谈，获取到的口述内容是非常好的第一手资料。还有一些资料是别人对他的评价，一定是最直接的评价而不是别人转载的或评述的，这也是第一手资料。在此基础上，还需要收集第二手文献，第二手文献是指后人根据第一手文献进行分析与研究后形成的成果。

从科学史研究的角度讲，文献考据是第一位的，也是最核心、最重要的，但仅有文献是不够的，还需要借助其他方法，针对不同的选题采取合适的方法解决不同的问题。

2. 比较法

比较法是一种泛称，科学史中的比较法主要是指跨地区（文化）比较法、跨学科比较法、研究内容的对比等，也有在时间上的纵向比较。这一方法在科学史的研究中运用得比较多，在很多学者的研究中常见。其优势：一是通过计量对比可以很明显地看出优劣或先进与落后；二是通过对比可以看出文化差异、思维差异等不同之处；三是通过对比可以更好地把握研究对象的“特有质”的相似性与差异性。科学史研究的比较方法，往往是建立在两个对象间的比较，如李约瑟在他的《中国科学技术史》中使用了大量的比较研究方法，把中国古代的科技成就与当时西方的科技成就去比等。比较方法可以因具体的研究对象而定，但前提预设是一种哲学观念的确定，一定是基于同一标准、同一类型，否则就没有可比性，还有文献资料一定是可靠的，这样得出的结论才能是可靠的。

3. 计量分析法

将自然科学的统计方法运用到科学史的研究中，形成了计量分析法，同时也形成了科学计量史学。成功使用计量分析法的第一位学者当属普赖斯，他通过对发表在杂志上的学术论文进行计量分析，出版了他的代表名著《小科学·大科学》，开创了科学史研究的新局面、新方法，特别是提出了著名的普赖斯定律，这一定律能够很好地说明知识的产出规律，表征科学知识的产出量在当代已不再以线性的方式发展，而是以几何级数在增长。

科学史的计量方法，主要包括对科学知识增长的计量、科学交流与传播的计量等内容，通过对一定时期内的论文、著作、研究报告等文献进行计量分析，可以说明科学发展以一种什么样的方式增长，其中存在的一个问题就是在论文主题确定、杂志级别、出版社级别等指标上没有一个明确的约定性，所以有学者质疑其结论的可靠性。但从社会科学的数学化方向看，其迈出了很重要的一步，现在仍有一些学者以这一方法进行研究。

4. 文化簇（群）分析法

文化簇（群）分析法是美国科学史家席文与英国剑桥大学劳埃德爵士合著的《道与名：古代中国和希腊的科学与医学》（*The Way and the Word: Science and Medicine in Early China and Greece*）一书中提出的研究方法，该书 2002 年由耶鲁大学出版社出版，通过对中国与希腊古代科学、医学运用文化簇（群）的分析方法，而是立足多文化因素角度对科学和医学进行考察，以知识产生的具体环境为立足点，分析科学与医学发展中体现的思想。席文在《科学史方法论讲演录》中以案例的形式对这一方法进行了进一步的分析，充分展现了对古代科学史研究的多维度文化视角，旨在与给定问题及该问题存在于其中的文化有关的所有维度（理念、社会关系、经济、宗教、政治、亲属关系等）进行探讨。[①]

5. 概念分析法

与自然科学的概念分析法有所差异，科学史研究中的概念分析法主要是由科学史家柯瓦雷提出的研究方法，其实质是科学概念分析法，通过分析具体的科学概念的历史演变来阐释科学的历史发展，这一方法在科学史的内史研究中占有主导地位，并由此形成了科学思想史的研究学派。概念分析法注重科学发展的内在逻辑，同时也关注科学家思想的形成与发展，特别是关注科学家的兴趣、爱好等因素对其研究的影响。

从科学史哲学的角度看，概念分析法有其独特的学术魅力，因为科学语言的发展建立在概念、定律、术语等演变之上，概念作为核心要素，通过对其演进的分析可以看出其内在的发展规律，所以，概念分析法成为科学思想史研究的主要方法。但过度地强调概念分析法，从哲学上讲存在不合理的地方，因为这样会忽视社会因素对科学发展的影响，所以概念分析法与社会史的分析法或其他一些方法结合在一起才较为合理。

---

① 〔美〕席文：《科学史方法论讲演录》，任安波译，北京：北京大学出版社，2011 年，第 11 页。

6. **跨学科分析法**

科学史研究的学科交叉性越来越明显，不仅仅表现在自身方法的不断优化与丰富，而且也表现为与其他学科的交叉。跨学科分析法没有固定的模式，只有根据不同的选题选择不同的研究方法。历史地看，较早采用跨学科方法研究科学史的当属马赫，马赫在《力学史评》这部物理学史上具有划时代意义的著作中运用了多种研究方法，其中就有社会学和心理学知识在其著作中的运用。从这层意义上讲，科学史可以借鉴常规科学的研究方法，只要有其运用的空间和角度就可以。比如，对于科学家群体的研究，当要讨论科学家创新的年龄高峰期时，就可以运用心理学对一个人成长阶段的创新年龄的统计结果，这也是将心理学的结论运用于具体研究中的可靠方法。

当然，跨学科研究方法存在合理性也就存在一定的缺陷，如果是定性的研究相对还好，如果是定量的研究就要考虑指标选取或哲学理性的前提预设等合理性问题。还有一个现象，是近年来考古学与科技史的交叉与融合成为一道亮丽的风景线，虽然在 20 世纪的七八十年代就有考古学与科技史的交叉，但相对来说彼此的界限还是比较明显的，但随着近年来科技考古的发展，考古学与科技史的界线越来越模糊，这也许预示着未来的某一天学科的细化会走向综合化。

7. **语境分析法**

后真相时代的科学史研究，对于语境的要求更加迫切，科学史的语境分析法是建立在对文献形成的不同的语境考察与判定上。具体来讲，科学事件发生后的记录是由语言写成的，有语言就有语境，这就是说当时的语言与后期的语言存在一定的差异，要把这个差异补回来就要借助当时的社会语境、文化语境、历史语境等要素，在理解这些语境的基础上把原记录的真实意愿表达出来。

语境与背景是有很大差别的，语境不能用背景去理解，但背景是理解语境的前提与基础，没有背景就失去了理解语境的基底。语境是防止造成语言歧义的重要保障，只有基于一定的语境才能对科学事件进行全方位的解读与诠释。从语境的分类来看，语境有历史语境、文化语境、社会语境、主体语境、客体语境等不同角度的语境，也有认知语境、解释语境、说明语境、发现语境、辩护语境等不同层次的语境，而且现在对语境的泛化也相当明显。因此，从哲学批判的角度来看，对于语境分析法的运用一定要在其相对合理的层面上进行，而且不能在语境泛化的基础上进行分析。

二、科学史方法确立的原则及影响因素

从哲学的角度看，分析事物可以从主体和客体两方面进行，对于科学史来说主体是指研究科学史的“学者”；而客体是其选择的“研究对象”。这就是说，当把研究对象当作一种客观存在时，主体的选择就非常重要，因为不同的研究者选取的方法不同、原则不同，得出的结论可能会不同，或得出不同的研究结果。

（一）史学方法原则

1. 客体：专题专法原则

从哲学二元论角度是可以对科学史研究进行主客体的划分的，但在具体的选题中却更多地表现为主客体的一致性。这是因为主体的知识结构、阅历、爱好、兴趣等理性与非理性因素决定了其可以选择什么的题目进行研究。在选择主题后，如何研究又回到了主体的设计中，因此更多的时候表现为主客体一元论。

一般来讲，客体原则决定了科学史研究的两种风格：“硬”科学史和“软”科学史，狭义地理解，“硬”科学史与科学的“还原”有关；“软”科学史则与文献的综合分析相关。具体来讲，“硬”科学史往往与传统技艺的复原相关。这可以通过一些例子进行说明，如研究中国古代冶金史时不免会遇到对传统工艺或技术在当下的“复原”问题；又如，研究造纸术、冶金术等传统科学技术，就需要设计相应的实验并凭据文献中的记录进行还原，在此基础上进行传统技艺与现代技艺的对比等方面的研究。那么与之相对的“软”科学史则更注重对文献的考证后形成结论，不一定需要实验或其他的验证手段。

所以，从客体原则出发，选择什么的主题做研究就会选择什么样的方法，这其实已经预设了对这一方法的合理性的哲学判断，只是一般不会考虑到这一点，因为选用的方法已有前人或相似的选题运用过，因而对其合理性不会有太多分析。只有当遇到一些问题时，才会返回来考察这一方法是否合理，从而体现哲学思辨的重要性，完成这一判断就需要结合主体性原则。

2. 主体：因人而异原则

科学史方法的主体原则建立在科学史家的立场、观点与思想等的综合评判基础上。从科学史研究内容的角度看，学科史研究往往很注重其内在

的发展逻辑，这也是柯瓦雷的概念分析法的魅力所在。但随着科学史研究的不断深入，发现科学发展的外部因素同样影响很大，于是科学社会史成为一批学者追求的对象，从而使科学史的研究方法更加多元化，形成主体原则与方法选取有机结合的局面。下面从影响方法选取的角度进行分析。

（二）方法选取的影响因素

科学史研究的目的，在萨顿看来一是哲学的，二是历史的。受当时自然哲学思想的影响，哲学在某种意义上讲就是科学的，这其实指明了科学史的研究去向，历史上有什么样的科学及其是怎么发展的。这两方面是上述客体原则与主体原则的具体展现，同时也说明了科学史研究的方法选取问题。具体来讲，影响科学史研究方法的选取主要是科学史家的不同旨趣导致的。

1. 科学史家的自身因素

历史地看，因人而异的原则是基于科学史的研究传统而确立的，起始态的科学史研究是基于科学家的学科史，这在科学史的历史一节中已做了较为详细的阐释，伴随职业科学史家的出现，科学史的研究呈现多元化的发展态势，因而科学史家的不同学科背景决定了科学史研究方法的选择。这就是说，科学史家的知识结构与科学史的研究内容有直接的关系。在20世纪的五六十年代以后，美国的一批职业科学史家出现，他们大多从本科开始接受科学史教育，但并不是科学家出身，这就决定了他们的研究风格以外史研究为主，这与传统的科学家撰写科学史有很大不同，这也正是20世纪七八十年代后出现的内史与外史之争的关键之所在，不过这也为科学史的多元化发展提供了土壤。这一研究转向反映了科学史家自身的一些因素对其研究的影响，其中主要包括研究兴趣、教育背景、知识结构、政治立场、经济基础、好奇心与史学共同体等方面。也正是因为有这些因素的存在，杜绝辉格式解释是非常困难的。

2. 科学史家的哲学基底

拉卡托斯曾讲过一句话，没有偏见的科学史是不存在的。这充分揭示了一个科学史研究中的哲学立场问题，库恩的科学史研究是建立在他的哲学立场上，柯瓦雷的研究也是如此，其他学者的研究同样如此，之所以出现这样的局面是因为任何学者的研究都或多或少地受到哲学对科学认知的影响，研究方法的选取同样有哲学前提的预设，就是说在确定研究对象后选取什么方法去研究蕴含一个方法的合理性问题。也许一些学者不承认这一点，但为什么选择这种一方法而不选择另种一方法本身就是一种哲学判断，而不是经验判断。“只不过这些哲学信念在有些史家那里呈显性、而在另外一些哲学家那里呈隐性状态。”[①]这就是说，科学史家有意或无意地对一个方法论有其哲学判断，其哲学基底决定了其研究方法的选择。

第二节　科学史口述方法的哲学分析

科学史研究方法的多元化，说明科学史已经从以纯事实搜集型研究风格和以时间为序的线性结构，转向从后现代社会及人文语境中汲取多元文化思想的立体解释，使科学史真正成为解释科学及其对人类生存与生活赋予文化价值的文本，从而回归科学史的文化价值本质，使科学史成为解读人类社会生活进步的真实写照，从而使科学史回归到科学性与人文性的统一。科学史的口述方法作为最大程度还原科学知识生产过程的重要方法，其核心是提取当时参与科学事件的“主体人”的记忆，体现了科学性、人文性与历史性的高度统一。

一、口述史方法的人文基础

纵观人类历史的发展，科学发展从来没有失去人文性的伴随。这一点，早在2400多年前，亚里士多德在《形而上学》一书中就有体现，他认为从事自然哲学研究的人应具备“好奇心”“闲暇”“自由”三个条件[②]，这三个条件无疑就是科学发展的特质与人文基础。自此，“自然哲学的研究”把当代称为“科学家”的“特殊主体”与“自然界”和“社会”有机地契合在了一起，把人类所面临的问题放在了与自然界相对应的问题域中去研究，使古希腊的自然哲学与道德研究走出了一条与其他地方截然不同的道路，为近代自然科学与社会科学的发展奠定了人文基础。因而，体现科学人文精神的这三个条件，与自然对象有机地结合在一起，形成了独特的“古希腊科学精神”，成为自然哲学家和道德哲学家的人文底蕴。诚然，这也说明了从事科学研究离不开“主体人”，科学从诞生那一刻起，就与人有着不可分割的密切关系，是人类独有的。[③]所以，在科学史之父萨顿看来“无论如何，我们作为人最注意的还是人们”，他认为自然总是存在而且无处不在，与自然隔离开来的单个的人是不存在的，所以我们研

① 文剑英：《科学史的重构及其方法选择的影响因素》，《科学技术与辩证法》2007年第2期。

② 〔古希腊〕亚里士多德：《形而上学》，李真译，上海：上海人民出版社，2005年，第15—20页。

③ 〔美〕乔治·萨顿：《科学的历史研究》，刘兵、陈恒六、仲维光编译，上海：上海交通大学出版社，2007年，第5页。

究自然，主要目的是为了人。[①]鉴于科学与人文的关系，那么研究科学史，从方法论上讲更应该体现科学性与人文性的统一，科学史要成为沟通科学与人文的桥梁，口述史方法则可完美实现这一目的。

萨顿在论及科学史时谈到四条指导思想，其中第二条指导思想就是“科学的人性”，在萨顿看来科学就是自然界在人的心灵中的反映。[②]他指出科学的结果是抽象的，并且倾向于越来越抽象，似乎看不到人性的地方。但这只是从科学的结果推导出的结论，而科学史是研究如何得到科学结果的，其发展历程是什么样的，更重要的是要研究科学的起源与发展，在这一历程中，萨顿认为我们会发现科学极富人性。所以，从科学发展的历史来看，科学是充满人性的，是由一个个迷人的科学故事组成的，并不是一幅幅无生命的、静态的冷画面。有的科学结果要经过几代人的探索，历经酸甜苦辣甚至付出生命，才可以获得。科学研究者将他们毕生的心血倾注进了科学，科学延续了科学研究者的“生命”，科学也因此获得了生命，获得了人性，口述方法可以赋予科学史生命。

比如，对于一个较大的技术工程项目，在其完成后对承担不同科研任务的科学家、工程师、技术专家等进行口述采访，可以真实地还原项目研究中蕴含的人性、理想、情感等非科学理性的因素对工程的作用和影响，这正是人性的具体表现。所以当萨顿在他的第四条指导思想中谈论科学“对宽容和仁爱的极度需要”时，就可以理解口述史方法在科学史研究中的意义了。尽管萨顿是在研究中世纪的科学史时注意到这件事的，但回顾整个科学史，科学性与人文性是统一的，萨顿正是真正理解了科学史，才能够体会到科学的人性、体会到科学需要宽容与仁爱。进一步来讲，萨顿指出，科学的人性是暗含的，需要受过科学教育的人本主义者来发掘。他认为，有素养的历史学家不仅赞赏科学成就本身，而且更多地赞赏它们是怎样变得具有人性的。[③]所以，科学史的研究内在地需要口述史方法，这也是其存在的合理性。

二、口述史方法：创新精英与大众史

科学史的合理重建的意义之一，在于以一种什么的方法实现科学事件

---

① 〔美〕乔治·萨顿：《科学史和新人文主义》，陈恒六、刘兵、仲维光译，上海：上海交通大学出版社，2007 年，第 7、25 页。

② 〔美〕乔治·萨顿：《科学的历史研究》，刘兵、陈恒六、仲维光编译，上海：上海交通大学出版社，2007 年，第 4 页。

③ 〔美〕乔治·萨顿：《科学的历史研究》，刘兵、陈恒六、仲维光编译，上海：上海交通大学出版社，2007 年，第 4—5、9—13 页。

的合理解释和说明。传统的科学史研究往往基于文献史料的考证与分析，从而以科学的主体与客体相统一的方式进行研究。所以，早期的学科史研究的目的是为科学寻找在社会中的地位，重视的是科学，而不是人。所以，我们知道早期的很多关于科学的研究，但它们的作者我们知之甚少。比如中国古代的《九章算术》《黄帝内经》等，西方也有一些著作，尽管对这些经典著作非常熟悉，但对作者几乎一无所知，不过这也不影响对著作本身的研究，只是对作者的相关分析不容易进行。当后期出现的经典著作有署名后，对这类作品的研究风格则发生了很大的变化，如《〈九章算术〉注》这样的研究则可将作者与其作品有机地联系在一起，从而对其解读更加合理、更符合历史与逻辑。由此，对于当代的科学史研究，不仅可以通过作者来研究其作品，更为重要的是可以通过口述方法更加真实地解读科学技术研究的过程，这就是口述史方法产生的历史背景。口述史方法不仅关注科学发展中的精英，而且关注大众对科学发展的作用，再结合社会、文化、经济等因素的全方位展开，由此形成了宏大的历史叙事，不仅要主张科学发展的精英作用，同时也要注重科学发展的中非精英作用（平民作用）；不仅注重科学发展的理性因素，也要注意科学发展中的非理性因素；不仅注重科学发展的历史、文化、政治、经济等语境。

因而，口述史方法引进科学的历史研究，开创了科学史家对科学研究主体的人文着墨阶段，即开始关注一般的科学人，即平民式历史。在这个阶段，历史学家开始将注意力从精英科学家扩大到更大的科学群体，这是对精英式科学史的重要补充。

科学史中这种精英、平民的区分来自历史学中历代史学家都要追问的一个问题：人类历史事件是取决于少数几个人还是取决于广大民众？对应于这两种理念存在有两种编史学派：精英学派与平民学派。精英学派侧重传记，在他们看来一套伟大人物或英雄传记的丛书基本上就是人类的历史了；而平民学派认为所挑选出来的某些人的传记绝不能代替人类的历史，它们充其量只不过是人类历史的一部分，而且还不是最重要的部分。那么究竟是传统的英雄或非传统的英雄还是那些无名的追随者创造了历史？很显然，如果没有军队，即使最伟大的将军也不可能赢得胜利，那么是将军成就了历史，还是军队造就了将军。不管人们如何辩论这件事情，一个事实是，从古到今，从西方到东方，英雄传记方法论是非常流行的。它有许多信奉者，产生了历史文献中的一些伟大篇章。①

和一般历史相比，在科学史领域中，似乎精英式的传记叙述与平民式的叙述冲突要小得多，因为人们一般认为科学史更多体现个人化的东西。比如伟大的发现一般都是由单独的个人做出的，而且往往是由意想不到的人在意想不到的地方做出的。然而，还有一个事实是，科学家在世界上不是孤立的，有一些研究往往表现为几个人的共同努力，比如牛顿与莱布尼茨对微积分的研究就是如此。

对此，萨顿指出，科学史并不只是伟大的科学家的历史。当人们仔细考察任何一个发现的起源时，就会发现它总是由许多较小的发现逐渐预备好的，考察得越深入，就越能发现更多的中间步骤。萨顿认为我们对科学进步的最初印象好似一幅画着巨大阶梯的图像，其中的每一个台阶对应着那些根本性发现中的一个，这样的发现几乎是突然地把人类提高到一个更高的水平。但随着我们继续进行分析，这种印象就会不知不觉地被消除了。一个大的台阶被分成几个较小的台阶，这些小台阶又被分成一些更小的台阶，直到最后这些台阶几乎完全消失，但它们又绝没有消失（图 8-1）。②

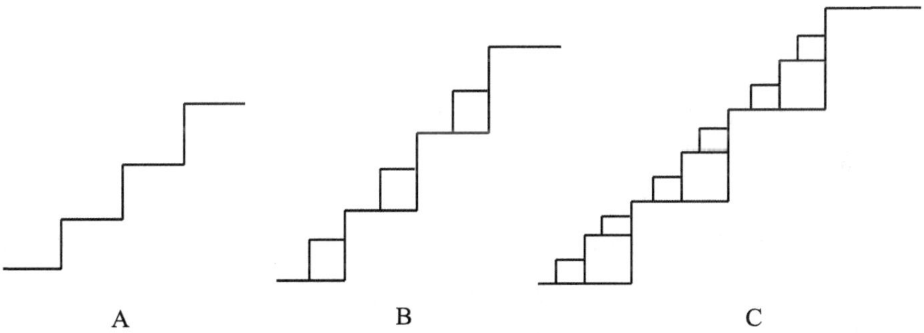

图 8-1　科学进步的最初印象（乔治·萨顿）

按照萨顿对科学进步最初印象的描述，我们会发现随着对科学历史研究的深入，科学史就从精英科学家历史扩大到平民科学家的历史，即从图 8-1 中 B 阶段扩张到 C 阶段，方法论就从传记、精英访谈扩张到大量的平民访谈，即口述史。萨顿指出，当我们的分析越详尽时，涉及的人就会越多，科学因此就会越富人情味。当科学的人情味越浓时，对科学的历

① 〔美〕乔治·萨顿：《科学史和新人文主义》，陈恒六、刘兵、仲维光译，上海：上海交通大学出版社，2007 年，第 7 页。

② 〔美〕乔治·萨顿：《科学史和新人文主义》，陈恒六、刘兵、仲维光译，上海：上海交通大学出版社，2007 年，第 21—23 页。

史研究就会变成人们能够设想的科学与人文主义的最好媒介。①这是非常重要的一件事，因为它可以再次适当地填补横亘在当代物理学家、史学家、哲学家这些所谓的人文学者与科学家之间的那道深深的沟壑。

需要强调的一点是，从哲学理性的角度看，这种由个别精英科学家访谈向大量平民科学家访谈——口述史范式的转变有两层含义：

（1）大量平民科学家的访谈——口述科学的历史可以作为相关精英科学家访谈或传记的重要补充；

（2）大量平民科学家的访谈——口述科学的历史放在一起可以较真实反映当代一些科学事件。

在这里需要特别提到的是中国传统手工工艺技术史研究。这是一类很独特的技术工艺史研究，一些技术传承不是记录在文献中，而是通过代代口传的方式在民间流传，这些代代口传的工艺技术往往就是中华民族的非物质文化遗产，亟须以口述史的形式记录下来，以实现对中国非物质文化遗产的保护。这样的历史文本更体现了技术工艺演进与人文语境的高度统一。

三、口述科学史：人文性的回归

科学史终归是历史，这是其本质特性之一，如何还原真实的历史语境是科学史追求的终极目标，离开人文性的科学史不符合历史的、逻辑的发展。因为科学是由“主体”创造或发现的，而科学史是由“另一类主体人”用语言写就的，失去人文性的语境就会失去科学的生动性，失去生动性就失去了历史的真实语境。那么，对于口述者本人来说，一是其本身就是科学活动的参与者，二是当他再次讲出来的时候，相当于是当时真实语境的再现，这就是科学的历史与人文语境回归。可以这样说，无论是科学的主体——科学精英的口述，还是科学的参与者——平民的口述，都是人文语境的回归，以此方式可以弥补文献记载的不足或者空缺，并能更全面地反映科学发展的真实情况。

从另一个角度来说，科学史写出来是给大众看的，其作用是让更多的人受到教育，平民是最大的受惠群体，而口述科学史正好是走了一条精英主义与平民主义相结合的道路。1922 年 4 月 29 日，任鸿隽在为南京的中国科学社春季演讲开坛所做的演讲“科学与近世文化”中，谈到了科学与

① 〔美〕乔治·萨顿：《科学史和新人文主义》，陈恒六、刘兵、仲维光译，上海：上海交通大学出版社，2007 年，第 45 页。

平民主义的关系，认为平民主义和科学是直接与间接都有关系。[①]刘钝在先破题而后立的情况下，对任鸿隽的科学与平民主义的观点进行过论述，最后得出“验之以当今大势，任先生所言依然不虚。……信哉是言”[②]。

历史地看，从科学史的角度讲，上述这种“平民主义和科学是直接与间接都有关系的”观点，是在同一个历史语境前提的基础上形成的，为的是论证科学对平民主义所产生的影响。而这种影响又是互相的，所以口述史恰恰是要反映平民主义思想对科学的发展所产生的影响，是同一语境的另一面，也可以理解为具有辩证性。平民主义思想的口述科学史主要是针对平民科学家而言，通过他们来记录真实的科学发展历程。显然，就科技发展来看，一个大型的研究项目，由首席科学家为核心的科研团队来完成，这样依据任务的不同或知识结构的不同，就会产生不同的科研人员，也即精英科学家、平民科学家和科研管理者。在一些方面，平民科学家也许比精英科学家对项目研究有更多的体会，因而从科学史的角度讲，他们的口述更能体现科学与人文的有机结合。

从口述史的简要历史来看，口述方法为科学史研究已做出过贡献。口述方法是一种相当古老的治史方法，在书写发明之前，人类最初的历史都是源于口述。我们可以追溯到公元前 5 世纪，古希腊历史学家希罗多德，他首次雇人为他收集波斯战争的口述资料，通过严格的口头考证来向目击者了解战争的情况。这种方法在各个民族一代一代传了下来。历史学家、人类学家简·范西纳特别强调了加纳人的一句谚语“古代的事情在耳中”。到 19 世纪晚期，在崇尚科学的情况下，这种传统的治史方法失宠了。人们对口述史产生了偏见，这种状况一直持续了 50 多年。其间加利福尼亚的胡博特在 1860 年左右曾雇用助手收集生活在美国西部各种人群的口述资料，这些资料现在保存在伯克利的加利福尼亚大学。

进入 20 世纪，一些历史学家开始回归口述史研究，并赋予其新的内涵。在联邦作家项目中，显现出了从管理者的民主推动到描述美国自己多元文化的一种转变。1939 年北卡罗来纳大学的库奇出版了《这就是我们的生活》一书，并指出这些大量的可读性强的、忠于现实的生活经历放在一起可以真实地展现社会的结构与运作。当我们讨论民主的时候，让人们

---

① 任鸿隽：《科学救国之梦——任鸿隽文存》，上海：上海科技教育出版社、上海科学技术出版社，2002 年，第 272、280 页。

② 刘钝：《科学与“平民主义”》，《科学中国人》2003 年第 10 期。

谈谈自己，似乎没有什么不合适的。①1938 年，哥伦比亚大学的历史学家阿兰在《历史入门》中谴责历史学研究缺乏生气与活力，并且鼓励研究者收集过去 60 年中那些参与政治、经济、文化活动的美国人的口述资料。②到了 20 世纪 40 年代，口述史逐渐在西方学界获得了一致性的认识，特别是对于历史研究更为重要。口述史方法逐渐被更多的领域所采用。1954 年伯克利的加利福尼亚大学成立了地方口述史办公室。1961 年美国国会档案馆也开始使用口述史方法从普通人那里收集资料。之后，在社会民主运动的推动下，口述史得到了迅猛发展。

女权运动也发现口述史非常适合一些研究机构进行专项研究。1976 年，拉德克利夫学院开始了黑人妇女口述史项目，他们访问了 72 位有杰出贡献的黑人女性。结果，口述史被证明是适合于展现女性生活经历的唯一工具。1977 年，格鲁克指出女性正创造着一个新的历史，我们向传统的历史概念发起挑战，什么是历史上最重要的，我们确信我们每天的生活就是历史。③历史学家也意识到口述史的潜力，特玛瑞和伦道夫・兰格巴赫在《阿莫斯克亚格：美国工厂中的生活与生活》（*Amoskeag: Life and Work in an American Factory-City*）中使用了大量的劳动者的口述史来描绘新汉普郡磨房村庄的生活。

历史地看，口述史主要是基于田野调查和对某些重点人物的专访，以口述的方式强调了原始资料的真实性，从而得出的历史结论更加可靠。因此，这一方法从产生以来直到现在都在普遍使用。科学史正是借鉴了历史研究中的口述史的方法，结合本身的特点实现了更加灵活的运用。

通过上述对口述史的历史回顾，我们发现口述史有一个很重要的特点，那就是平民化的特点。科学史必须从历史学的研究中汲取营养才能有更大的发展，科学史研究的口述法在汲取普遍口述史方法的基础上，结合自身特点，发展出口述科学史以下非常明显的特征。

第一，人文语境性。作为在后现代语境中成长起来的科学史研究领域，必然受到后现代思潮的影响，有些甚至是对传统的颠覆，其核心主旨是构建以口述者为中心去建构科学史，并有效消解文字记载的叙事霸权，

---

① Couch W T. *These Are Our Lives*. Chapel Hill: University of North Carolina Press, 1939:Ⅸ.

② Nevins A. *The Gateway to History*. NewYork: D.Appleton-Century,1938: 89.

③ Shernas G.What's so special about women? Women's oral history. *In* Dunaway D K, Baum W K. *Oral History: An Interdisciplinary Anthology*. Nashville: American Association for State and Local History, 1984: 221-237.

构建宏大叙事的社会历史关联，其基础是科学事件中组织者、主持者和参与者等当事人的口述。正是如此，我们可以看出，首先，当事人在科学事件正在进行中的语境，这是科学事件发生时的大语境，每个当事人都在这个语境中扮演了不同的角色；其次，在后期口述过程中，只有当事人再回到“当时当地”的语境中，实现语境再现，才能提取关于当时“真实的记忆”。基于这一点，口述科学史的语境性特征是不难理解的，在一个共同的语境中，人文性体现得更加深刻。

第二，史料选择性。科学史的口述方法与实证方法、文献法等一样，也有选择性，这也是由人文的能动性决定的。一件大的科学事件不是一两天就可以完成的，而是要几年甚至十几年，那么当事人对这一事件的记忆就不能把每天发生的事全回忆起来，只能就主要事件做一重点式的记忆，这就要进行选择，如怎样确立是重要的还是不重要的，哪些可以成为历史，等等。这样的选择有一个很重要的原则就是“焦点”原则，即当事人的口述要建立在对科学事件发生时的核心小事情的回忆，就像是我们照相时的对焦一样，这个焦点就是语境的核心内容，所以说选择性是非常重要的一个特征。

第三，历史真实性。口述科学史就是要强调科学事件的真实性、人文性。后现代有思潮认为文字与历史的书写是国家层面的事，其话语权被掌握文字的特殊群体占有。所以口述史就要打破文献史学的话语霸权，形成一种口述与文献对立的二元局面，从而达到消解原来以文献为中心的史学格局，形成真实的历史。口述科学史也是如此，它不仅要打破科技文献科学史的格局，而且要形成以文献为基础、以口述为中心的新格局，这样才能形成真实的科学史，最大限度地还原到历史语境中。当然，口述科学史也是有局限的，当代科学史可以采取这种方法，对于古代科技史则不然。

四、口述科学史的运用

口述史方法在科学史的应用中较为广泛，特别是从事当代科学史研究的，而且选题是研究某一类大型项目的，研究科学家思想的，研究传统手工艺保护与传承的人员更对口述史情有独钟。现从科学史哲学方法论的角度对其合理性做一简要分析。

第一，大型项目口述史研究的合理性。

对于一些当代的大型工程的史学研究，往往采取口述史研究的方法，通过采访当事人的做法还原当时的研究情景，并对后期的类似工程建设从项目设计到管理与完成等诸多环节进行研究。这固然有其合理性，因为其中涉及三方面的主要人员：一是科学家（或工程师），这是项目的核心人物，在项目的研究过程中是主要实施者，那么对这些人物的采访可以在最大限度上还原当时的真实情景；二是参与人员，即在科学家的带领下的具体实践者，他们在不同的部门承担着不同的责任和任务，那么对他们进行采访可以从另一个层面还原当时的情景；三是管理人员，一个大型项目的实施并不是仅仅依靠科学家就可以完成实施，还需要管理人员从各方面协调，比如设备的购买、调整与运行，以及相关制度的制订与实施等诸多方面，以使项目能顺利实施。从口述科学史的角度讲，至少要采访到这三方面的人物，通过他们的口述叙事在最大限度上还原当时的历史。

上述的方案设计固然是合理的。但是，从人的记忆力的角度讲，如果没有当时的记录文献，仅凭人的记忆的话难免会出现一些“失真”的情况；再者从上述不同层面人物的角度讲，不同的人从事的工作不一样，那么对工作的认知程度和理解程度也不一样，也许会出现一种情况：对同一件事件，上述三种人说出来的却不一样，那么怎样才能判断哪一种是真的？这便存在一个合理性问题。如果有关于这方面的记录，那么这一问题就好解决了。如果没有记录，那么解决这一问题的方式就需要根据项目的结果做逻辑判断，也可以通过不同人对同一事情的口述进行比对形成结论，不过这更需要哲学理性地归纳与分析。

第二，科学家的口述史研究的合理性。

当下，对于科学家进行口述史研究成为热点，特别是科学家采集工程更需要大量的人力、物力对不同的科学家进行采访，以留下珍贵的第一手材料为后期对一些科学研究项目挖掘其内涵提供丰富的内容。对于科学家的采访，同样有一个记忆力的问题，如果一位科学家把当时发生的个别事情记错了，那么可能导致的结果就是“以错传错”，这是很可怕也不应该出现的事情。但是，人的能力毕竟有限，科学家也有记错的时候，那么如果出现了这一点，怎样才能保证还原到当时的真实情景，这是值得思考的。

解决这一问题的唯一出路是找到相关人员，即科学家的同事、朋友或管理者等，可以对他们进行采访，走平民主义的道路，从他们的身上再找到一些新的线索与记载，然后进行对照或对比，这样有可能就真正还原了当时发生的事情。

第三，手工艺传承的口述史研究合理性。

在物质文化遗产与非物质文化遗产的传承与保护中，有一大批是传统手工艺的传承与保护，与传统科学技术一道，这也是科学史的选题之一。一些手工技术面临失传的危险，急切需要以口述史的方式保护下来，因为大多手工技艺没有文献记载，只是靠一代代的口传面授流传下来的，那么当有一代没有人继承时就有可能中断，而中断后再去复原则会非常难，甚至是不可能的。所以，以口述史的方式对他们进行采访，同时可以通过音视频的方式做数字化记录，这样就可以把近乎失传的技艺保护并传承下来，这是中国特色手工技艺传承的有效方式。

民族的就是世界的。传统手工艺保护还包括少数民族的一些内容，通过他们独特的手工艺可以反映他们不同时期的科技水平与生活水平，也是对少数民族不同时期技艺发展的真实写照，同时也体现中华民族一体发展的历史状况。

在此，需要指出的是其中蕴含的少数民族科技史，这是一个科学史研究的富矿，是体现中国特色科技史的有机组成部分，通过少数民族科技史研究可以展现他们在不同历史时期的科技水平、生活水平及科技组织对生活各方面的影响，特别是通过口述史的形式来掌握少数民族科技内容的访谈以及数字化音视频的录制，可以最大限度地保护与传承这些悠久的技术，更为重要的是通过技术的发展探究其中蕴含的科学内容。在一些少数民族科技史的研究中，已发现他们经过长期的社会实践，一些表面看是技术的使用，其实质蕴含对现代科学的运用，如某个少数民族的点火器，经过研究发现正是气体压缩后温度急剧上升从而实现人工点火，这样的取火装置，虽是一个小器材但表明他们对气体压缩后温度上升的实践认识，现在可以根据气体压缩后的状态方程计算出点火时的温度，古代没有发现这样的气体定律却已在使用这样的科学原理。那么，其他的少数民族科技史的研究中也有可能发现对现代科学原理运用的例子，这正是未来要努力研究的方面，也体现了平民主义科学史的研究。

综上，人们使用口述科学史主要是关注那些被主流所忽略的平民科学史。只有将精英历史与平民历史综合起来，才能更好地反映真实的历史。当代科学史更应如此，现行书写出来的科学史往往是一幅幅静态的历史画面，缺乏生动性与平民化，是就历史而写历史，就历史而研究历史，而没有成为一种科学文化史，忽视了科学史的人文价值。因此科学史呼唤一种人文科学史，需要构建立体的科学史解释，尤其是中国科学技术的发展历来与社会、主体人有着很大的关系。那么对当代中国科学史的研究，这种理论诉求更为迫切。尽管我国自20世纪90年代以来，《中国科技史杂志》特辟口述科技史专栏，一些学者也为口述科技史的研究做出了很多贡献[①]，但具体的实践还是不够。从我国对近现代科学史的研究来看，面对一些科学家或参与一些重大科技活动平民的年龄不断增大，我国的当代科技史亟待以口述的方法去完成。

这是中国当代科技史的当务之急，也是本节把这一方法单列出来进行分析的目的之所在。

① 2000年北京师范大学刘洁民主持了“中国科学家对未来中国公民科学素养的期望的调查”的项目，该项目主要使用的方法就是口述史。2002年在清华大学人文学院召开了一次以“近现代口述科技史研究的方法与存在的问题”为主题的学术研讨会，将口述史工作认定为中国近现代科技史研究中不可缺少的研究手段之一。2007年，《中国科技史杂志》编委会在河北涿州物探培训中心召开，目的是推进口述科技史研究的发展。2008年11月15—17日中国科学技术大学召开了第一届“中国当代科学口述历史学术研讨会”。

第九章　科学史的假设方法①

之所以将科学史的假设方法专列一章，就是因为对于科学史能否用假设的方法，学界是充满质疑的，甚至到了“避开”的程度，其实科学史的假设方法一直存在于不同的学术论著中。所以科学史能否进行假设研究是一个很重要的元理论问题，特别是对科学史研究方法的思考，只有从哲学上进行反思才能肯定其价值。传统的研究方法体系化是自 19 世纪以来形成的实证主义科学史研究，其主要依据是在孔德实证主义科学哲学对科学史的影响下形成的实证主义的科学史研究，其核心主旨是通过文献考证、历史考据与年代编纂等方法以线性方式将科学技术的发展历程展示出来。②在进入 20 世纪后半期之后，科学史受到社会学方法、历史主义方法等外史方法的冲击，科学史的研究方法逐步走向多元化，如共时与历时方法、语境分析方法，特别是将自然科学的一些方法引入科学史的研究中，极大地推动了科学史研究方法的多样化，如计量方法、统计方法等的运用。在诸多的方法出现之际，科学史的假设方法始终没有被学者系统地研究过，但科学史的研究中经常使用到该方法。所以本书单就此内容用一个章节的篇幅来对此问题做一个分析，因为科学史的假设是一个重要的问题，对此笔者提出一些思考，以引发学界更多的思考。

第一节　为什么需要假设方法

一般来说，从表面上理解科学史是不能假设的，因为人们认为历史是不能假设的。但这句话本身就没有确指，其隐含了至少两层含义：一是历史事实是不能假设的，二是不能用假设的方法研究历史。对于科学史来说，既具有历史属性，同时也具有科学属性，科学发展中的假设与假说方法的使用为科学发展注入了活力，被验证后就成为新的科学理论。那么对于科学的历史研究同样在不能得出确切结论前也可以进行假设，然后再根据文献进行推断，这也理应是可行的。事实上，科学史作为一类“特殊”

---

① 参见李树雪：《论科学史的假设研究》，《自然辩证法研究》2019 年第 11 期。本章在原文章的基础上提出了一些新的观点与想法。

② 李树雪：《论科学史的假设研究》，《自然辩证法研究》2019 年第 11 期。

的历史，它会极大地改变人类的文明历程，科学与文明在独特的历史时期是一种互构的存在，在某些时期对它们之间的联系也可以通过假设的方式进行研究。

一、问题的提出

科学史研究以科学事件为主，目的是尽可能最大限度地揭示当时当地科学事件发生的真实历程。但任何科学事件都是“事过境迁”的事情，由于史料的不足、记录不全等原因或将难以全方位地揭示科学技术发展的真实历程，于是在科学史的研究中不可避免地出现“前提假设”或“结论假设”。针对这一现象，卡尔·波普尔将试错方法引入科学史研究，从证伪主义科学哲学的角度认为科学史可以提出假设与猜测，再通过证伪验证结论。但波普尔没有过多地从科学哲学的角度对科学史进行研究，只是提了一种可行的思路。于是，作为波普尔学生的约瑟夫·阿伽西在继承这一思想的基础上，认为科学史通过假设研究可以得到不同的历史解释，然后经过检验假设而获得不同解释的更优化结论。[①]但同时阿伽西又指出，一些带有偏见的学者也可以通过设置一面“曲解的镜子”来进行假设，从而使真实的“事实”被曲解或被误解。[②]这正是造成科学史出现辉格式解释的主要原因。在阿伽西后来的论述中也曾提及科学史的假设方法是很创新的一种方法，也列举了一些学者研究牛顿科学成就时用到了假设方法，但非常遗憾的是，阿伽西没有系统、全面地论证与分析科学史研究为什么需要假设、怎样去假设、怎样验证假设等问题。国内外其他学者也没有就这些重要问题进行过研究，所以本部分基于阿伽西的观点，结合科学史研究的实际，从科学史的属性与多元文化批判理性角度，就这些问题做一分析和研究。

上述是一个方面，另一个方面的问题是面对科学发展史上的诸多假设或假说式的研究，如何从科学史的角度把当时科学家提出假设的思想挖掘出来，这是最重要的一块内容。在科学发展的历史上，有诸多科学假设，从假设的内涵来讲，假说就是一种假设式的理论，只是假说成为一种理论而假设是一种方式或路径，但它们内在地关联在一起，假说运用了假设的前提和条件而形成相关的理论，如星云假说中的康德假说、拉普拉斯假说与魏扎克假说等就是在没有确定结论前的假设性理论，等将来的某一天被

---

① 李树雪：《论科学史的假设研究》，《自然辩证法研究》2019 年第 11 期。

② Agassi J. *Towards an Historiography of Science*. The Hague: Mouton, 1963: 1.

一些实验或新的观察数据验证后就成了科学理论。那么科学史对这类型的研究有时也需要假设的方法进行研究，但如何进行假设性研究，这同样是一个问题。

科学史哲学的一个核心论题就是不仅像科学史学那样要对科学的内涵、特征、意义等进行分析，然后研究如何编史才能真正反映科学的这些内容，而且更要对科学史的研究内容、方法、理论等诸方面进行哲学理性分析和研究，这也是科学史哲学不同于科学史学的主要方面。那么，对于科学史为什么需要假设研究这样的一个重要问题，科学史哲学可以借鉴历史哲学的相关理论进行一些分析。因此，在下面的一些讨论中会有历史哲学的些许内容，主要是为科学史的假设方法的运用寻求理论的支撑与学术理据。

二、科学史研究为什么需要假设

事实上，科学史的研究不仅可以假设，而且现行的好多文本就存在假设，从某种意义上讲，假设研究本身就是创新性、创造性的一种表现，不仅有价值，而且也是一种方法、一个视角、一条路径。但为什么到目前为止，几乎没有一个学者敢于承认他的研究结果或结论是基于假设得出的，这是值得思考的一个问题。

第一，科学史的理论研究者虽然很注重科学史的方法论与认识论研究，但还是更关注科学史的实证与考据方法之基的拓宽，认为假设研究是不可靠的而不愿触及，这是一个误区。

国内的科学史理论研究者相对较少，无论是现在还是以前真正研究科学史理论的学者出版的专著更少。例如，刘兵的《克丽奥眼中的科学》，又名《科学史学初论》，后来又出版了增订版，这两个版本主体内容差不多，都是从科学史的历史、内外史、科学史解释等方面对科学史理论的一般问题进行了论述，很有代表性。笔者也曾结合多年的研究实践撰写了《广义语境中的科学史观》，对科学史观的历史演进、科学史观的语境化趋势等方面进行了论述。此外，还有一些专题会议的论文集，如《走向建设的科学史理论研究》是郭贵春在全国科学史理论学术研讨会基础上的论文集。

这些论著都没有对科学史的假设研究进行过专门的论述，但并不表明科学史的实践研究没有假设研究。为什么这些论著不提这一点？这是因为这类文章要不是宽泛的总体性论述，要不就是专题性阐述，而且都是基于对传统科学史研究的方法论或认识论的分析与整合。其核心是没有认识到科学史假设研究的应用性与创新性，所以没有对这方面的综合分析与认识。事实上，科学史的假设研究一直存在于科学史的研究中，特别是在得不到确定性结果时用“假设”（类似科学假说）的方法得到“暂时性”的结论，本身就是一种创新性研究的实践。从科学史的科学属性来分析，既然科学是可以假设的，那么科学史作为一门科学同样可以假设；从科学史的研究实践来看，尽管科学史离不开实证或者考据研究，但其结论有些的确是“暂时的”，要得到可靠的结论，还需要进一步“证伪”，以得出可靠的结论。所以诸多事实表明，对科学技术发展历程的考究由于受当时文献的限制，好多科学事件的结论是靠“推测”得出的，而并非建立在严格实证或考据基础上的，是一种 “结论假设”，只能等以后随着史料的不断发现再“修正”结论；而有些科学事件只有通过“前提假设”才有可能形成“看似可靠”的结论。

对于科学史假设方法需要提到的一部专著是，克拉夫的《科学史学导论》，他在书中的第七章以“假设的历史”为题进行了一些分析，主要从反事实的角度去分析历史的假设问题。[①]克拉夫的分析着重在如果历史不是这样的，那么会怎样或会如何发生这样的反事实推理或推断。这种思考固然没有问题，但笔者认为科学史的假设研究不能仅限于此，而应该基于科学史发展的整体性去看科学史的假设研究应该怎么设计、分析与推理。

况且，从科学史的研究传统来看，传统科学史一直存在假设研究，虽然大多学者没有在方法论中提及假设方法，但不等于其不存在。如果用心去考察科学史研究中著名的学术论著就可以发现一些研究或多或少地运用了假设方法。因此，应该首先从理论上对该方法进行肯定，再从科学史的研究实践进行分析，这便是对传统科学史研究的突破性创新。从历史哲学的角度来看，历史本身就是在一种理性批判的过程中发展的，因此出现了分析性的历史哲学和批判性的历史哲学。科学史观的发展就是从传统的朴素的科学史观到实证主义科学史观，再到历史主义科学史观等的不断理性的批判中越来越成熟，特别是科学史可以接受不同的科学哲学观点来丰富自身的理论，同时创新自身的研究风格，尽管一些科学史家不承认这一点，但事实是他们受哲学思想的影响都很大，或他们本身就有哲学思想。

第二，传统科学史研究严格实证的特点认定不能“假设”科学事件，

① 〔丹〕克拉夫：《科学史学导论》，任定成译，北京：北京大学出版社，2005 年，第 77—81 页。

从而会有意回避这一方法或角度，这是科学史方法论研究的逃避。

科学史是从学科史开始的，或从某一学科的某一研究领域的历史开始的，这是一个不争的事实，而且最初的学科史是由科学家来完成的，他们会依照文献记录、依编年史的方式来编写某一学科的历史，这一时期的科学史就是一种严格的考证史，是一种单线性的文献记录史，还上升不到对科学事件解释与说明的高度，所以说考证的科学史研究“认定”不存在假设，而且也没有必要去假设。不过对于一些历史年代很久，没有什么文献记载的事实，或许也存在一定的假设。所以，这其实存在一个问题：若某位科学家记录错误，那么后期的结论就是错误的。所以严格按照史料记载的科学史研究有时是不可信的，需要历史与逻辑的推断与论证。“科学史之父”萨顿在进行《科学史导论》的创作时，虽然前期一直以这种方式进行，但到后期明显感到力不从心，不得不加以“人文”的转向，形成新人文主义的科学史研究，或被称为“人性化”的科学史研究。这种人性更多地体现在科学、自然界和人类社会的内在统一性，所以科学史应该是一部全世界的、完整的综合史。其实萨顿提出这样的观点本身就是一种理想化的编撰方式，因为要实现这样的目标几乎是不可能也不现实的，所以直到今天也没有一部达到人文与科学综合的史学著作出现。

但萨顿的这一转变有其进步的一面，他试图从新人文主义的科学哲学去阐述科学史的研究价值，强调科学通史的重要性，由于他没有大胆突破传统的史学方法，没有从科学史的问题出发进行研究，仍是对孔德实证主义编史方法的承继，因此在这一框架内的科学史研究，注定不会成为对科学事件的理性重建，而是一种史料与文献的整合。因而，萨顿的《科学史导论》只能停留在 14 世纪，面对后期整个科学发展中无数多的历史文献，他无法再继续进行下去，而且这样的叙事方式使任何想继续他工作的人都望而却步了。①鉴于萨顿在科学史上的研究风格及其研究方法，精致的实证主义科学史研究是不会涉及“假设”方法的，一是担心失去科学史的考据权威或求真精神，二是史料的整理与综合就不需要假设，这是很容易理解的。与萨顿相类似的另一位科学史的内史大师柯瓦雷，他把“科学思想”狭义地理解为进步性的或能导致进步的“科学概念”和“信念”，强调概念演变、概念分析和内史风格的科学思想史。柯瓦雷同样是在揭示人类思想的统一性，在这点上与萨顿的思想完全一致，但角度和方法却有所不同。柯瓦雷的研究风格存在一定的历史假设，注定不可能也不会承认

① 吴国盛编：《科学思想史指南》，成都：四川教育出版社，1994 年。

科学史的研究中“存在”假设的方法，因为害怕失去科学史结论的权威性。所以说正是存在这样的权威性，科学史的学者才不会轻易地将自己的研究成果说成是一种假设的结果，更不敢说科学史的研究中应该使用假设方法来进行。特别是一些很知名的学者，绝不轻易地说出自己的结论是假设的结果。

第三，科学史的科学属性理应使科学史不同于一般历史，可以像科学研究一样提出假说或理性论断，不要担心失去考证而不敢承认科学史的假设性。

前文已述，萨顿认为科学史研究具有历史与科学的双重价值属性，一方面作为历史学科，科学史的研究要揭示科学的发展与文明的关系，科学史在人类发展的意义上来说就是文明史；另一方面，科学史必须揭示在一定时期内科学是什么，因此“要理解科学更为深层的含义”。[①]这就是说，科学史的研究可以不懂具体的科学内容，但要讲清楚其内容是什么，这也成为 20 世纪 50 年代后，职业科学史家把“科学技术”做黑箱处理而探讨科学发展的外部因素的合理性成分，科学的更深层的含义也许是在科学之外而不在科学之内，如哲学意义、社会价值与历史借鉴意义等。况且，科学史除了具有历史属性外，还具有科学属性，致使科学史家看来科学史内容是客观理性的，是不能随便推测或假想的，假设必须建立在一系列的事实与逻辑关系上，从而形成可靠的结论，这成了治史的基本原则，一般历史就是如此。然而，科学史不同于一般的历史，虽然科学史研究的也是过去的科学事件，但科学史要在历史解释中理解科学是什么，科学是如何与文明融合在一起的，科学的意义何在，从而可以“诉诸经验判断就可以具有或真或假的意义，这正构成了我们唯一的实在感”[②]。之所以具有“实在感”，是因为实现了或真或假的哲学与历史意义，这种“意义”导致在科学史研究领域的概念内涵的变化性，概念内涵的不断变化正是一种假设的结果。例如，对于原子的概念，在科学的发展中非常重要，但古希腊时期原子的概念是假设出来的，是自然哲学家理想化的一个概念，现代科学才对原子的概念注入全新的内涵。所以说科学是求真的，科学家在没有得到一个精确的规律性认知时，会提出一个精确性与普遍性的“假设”，通过不断剔除无关因素而得到最终的原理。那么这一过程是如何实现的，则是科学史研究的内容，为了更好地解释这一历程或描述简便，科学史家

① 〔美〕乔治·萨顿：《科学史和新人文主义》，陈恒六、刘兵、仲维光译，上海：上海交通大学出版社，2007 年，第 55 页。

② 〔美〕刘易斯：《对知识和评价的分析》，江传月等译，北京：社会科学文献出版社，2012 年，第 361 页。

会人为地构建一些科学史术语或概念，并从逻辑与历史的角度讨论与猜测当时所发生的事情，能够涵盖在不确定情况下的科学事件，这样的“术语”就有了权威性，但这个术语是一种解释假设。

这样的处理方式一旦约定俗成后，便不认为是一种科学史假设了，因为大家共同遵守这一约定。于是对这一段时期的研究就由传统的单纯描述转向为多元解释，不同的学者从不同的角度对科学革命进行了多元化研究，如科学革命概念就是上述的一种假设，在科学事件发生的“当时”并没有“革命”的概念，是科学史家后期为了获得更好的说明与解释而假设了这一概念，这正是阿伽西希望得到的最合理的说明。那么对于第一次科学革命，到底是从哥白尼的天文学革命到牛顿的物理学革命共同构成第一次科学革命，还是各自为一次科学革命，学界还是有争论的，但不论是哪一种认知，都是可以称为“科学革命”的事实。所以说，传统的“惯性思维”或“思维定式”一直左右着科学史的研究态势。如此就带来了一个问题：如果科学史的“大家”或公认的学者，不能勇于大胆突破传统，对一些现在还不能够形成固化结论的科学事件进行假设，挑战这种权威性的话，普通学者更不敢轻易说科学史是可以假设的。

第四，科学史家不会轻易将一个研究结论认为是假设的结果，即使是假设的也要以“确定”的方式表述结论，这个误区需要今后大胆突破。

科学史是由“现实”中的科学史家来研究的，在此之所以特别强调“现实”这个词，是因为科学史是历史，科学史家是站在“现在”的立场研究“过去”的事情。巴特菲尔德在《历史的辉格解释》一书中指出：科学史是历史研究的预设而不是历史研究的结论，是历史学家唯一能放心利用的一点点因果关系，也是历史学家唯一能够对过去与现在之间的关系做出评价的东西。①这为历史假设提供了辩护。从这一点可以看出，不仅历史学中存在假设，科学史作为一种特殊的历史研究，也一定存在这样的一种预设，并依靠这种预设对过去与现在做出评价。然而正是由于这种评价是建立在预设基础上的，其结论是否可靠就值得推敲了，这也似乎是巴特菲尔德在 1949 年写了一部辉格式解释的《近代科学的起源（1300—1800年）》的思想根源，甚至连他也没有意识到自己撰写了一部出色的辉格式历史。这位被后人评价为反辉格式解释的科学史家却写出了一部出色的辉格式解释的专著。②这一现象是值得研究的，因为作为一名在历史领域反

① 〔英〕巴特菲尔德：《历史的辉格解释》，张岳明、刘北成译，北京：商务印书馆，2012年，第 15 页。

② 刘兵：《历史的辉格解释与科学史》，《自然辩证法通讯》1991 年第 1 期。

对辉格史的历史学家进入到科学史领域后为什么会写出一部辉格式著作，但却成为了经典，这充分说明了对科学概念的理解有意或无意地会与当代的定义相关。

所以，巴特菲尔德由历史领域进入到科学史的研究，无论是历史理论著作还是科学史著作都堪称经典，但就是这样一位大师级的人物，在科学史的研究中同样使用了假设方法。虽然真实的历史是实在的，是不依人的意志转移的，但在研究过程中却由于史料的选择与丰富程度不同而存在一定程度上的“推测”与“假设”[①]，只是这种假设是建立在历史与逻辑的统一基底上的，尽管可能有辉格式解释，但至少为后期的研究提供了修正或进一步论证的方向与可能性。之所以在行文中不提是担心结论的可靠性或著者的权威性受到影响。所以说，一些学者不敢触及这一“敏感”问题，如果承认其结论是假设的，那么可能会失去一定的权威性而受到学界的质疑。这种权威也许是经验的，也许是知识的积累，但这种权威也说明了科学的主题与科学史的主题是完全不同的。

科学史研究的“假设”本身就是一个比较敏感的话题，涉及作为一名科学史家或从事科学史研究的学者的立场、观点、判断能力、知识储备、地位、权威等综合因素，对一个科学事件所下的结论，他们往往“不敢”以猜测、假说、设想等形式出现，特别是为了维护其权威性，即使真是“假定”的也会以一种“肯定”性的结论出现。换句话说，假如要去探讨科学在特定时期、特定地点和特殊人物的发生与发展时，会无意地将科学的发展是“连续的”这样一个前提进行预设，在这种假定下，会从社会、政治、经济、军事、文化等各个方面去寻求科学在这个时期的这个地点是兴起了还是衰落了。

对于科学是否是连续的问题，这又触及科学发展的模式问题。如果把科学假设为是连续发展的，那么对于某一学科来讲，应该是体系化的、逻辑化的一种发展方式，但事实上大多学科不是以一种循序渐进的、体系化的方式形成的，而是后人根据前人的成果进行了重新编写才形成了体系化的学科，特别是对于教材更是如此。那么，由此可以推断科学的发展是不连续的，是由不同的科学家针对不同的科学问题，逐步完成的，后期学者才将其体系化。对于科学来讲，还有一个最大的问题是目前的科学教材，特别是自然科学教材，对于当前最前沿的科学知识几乎不会涉及，学生了解的最新科学成果一般是自己课外学习或从老师的讲课中学到一点，但对

---

① 李树雪：《论科学史的假设研究》，《自然辩证法研究》2019 年第 11 期。

于是从哪一种原理或哪一门学科出发而研究成功的，却不甚了解，这对于创新是不利的。因此，有一个问题是当前的科学史研究，如何在最短的时间将最新的、最前沿的科学理论让学生学到，这是科学史如果进教材后最需要考虑的问题。当然，这是本书引申的一个后续话题，在此不做过多的讨论。

第二节　怎么进行假设研究

从科学史实践的角度讲，过去的科学史研究利用了假设的研究方法，那么今后的科学史研究同样会出现一些假设，这是合乎逻辑与历史发展的，一些科学史假设是作者自觉或不自觉地应用的，那么从理论上分析如何进行科学史的假设，便是一个非常重要的问题，值得深入研究。当然，科学史假设不能等同于科学假说，科学史的假设性结论可依靠历史语境、逻辑推断与史料分析等形成，对假设性结论验证只能通过后期获得的新史料、新发现来进行，这是与科学假说的不同之处。前文已述，对于科学史研究的假设，波普尔从证伪主义的角度出发提出了科学史研究的试错方法①，他的这一方法的出发点就是要对所研究命题的"假设"性进行证伪，把对科学的认知分析逻辑地运用到科学史的研究中，试图对科学史有一种新的指导意义，这也是科学哲学家对于科学史研究常用的思路。不过，波普尔没有对这种观点做过多的分析，而对他的学生阿伽西的科学史观影响却非常大，阿伽西认为没有假设和对"立论"观点的选择性，科学史研究是无法突破传统的，始终只能是陈述历史，而不是对科学事件的解释，科学史的研究就要对一个问题有多种答案。科学史的大概轮廓应该是对主要问题选择的历史，融合着众多试图回答这个问题的不同研究者的想法。②正是因为建立在不同的想法之上才会有了不同学者的不同解释继而产生科学史假设，这样才会形成更为合理的解释与说明。这就是说，科学史学者不仅要提出假设，后期更应该在一定程度上去验证自己的假设，如果自己不能验证也要给后人提供研究视野、视角或思路，让后人查阅文献资料或采取其他方法进行验证。基于这一逻辑认知，科学史的假设研究不仅要成为科学史的基本方法，而且也是创新思维的集中体现。

---

① 李树雪、袁紫玉：《阿伽西初期科学编史思想的形成语境、内涵与特征》，《科学技术哲学研究》2017 年第 1 期。

② Agassi J. *Towards an Historiography of Science*. The Hague: Mouton, 1963: 27.

一、树立科学史的批判理性原则

科学是从问题开始的，科学史更应该从对问题的质疑起步，没有对前人的质疑，科学史的研究就没有突破性的创新。阿伽西在波普尔的基础上形成的多元理性批判主义就是要对传统的科学史研究大胆提出假设与质疑，然后进行验证，这是创新的基本精神。试想当1945年王振铎提出司南复原方案，并制作“磁石勺”司南时，其他研究者一直未能实现此方案，加之一直没有出土的“磁石勺”，导致对唐以前是否可能发明磁性指向器存在长期争议。面对这个70多年都没有解决的争议问题，黄兴在前人研究的基础上，经过几个月的艰辛寻找，终于采集到与古文献记载磁性相近的磁石，经过打磨加工制成了具有良好指极性的磁石勺。认为磁石指向器的制作方法决定其不易辨别地磁偏角，不能以未发现地磁偏角否定天然磁石指向器的发明。唐以前发明磁石指向器的可能性是存在的，磁石勺是最佳方案。[①]由此，解决了一个70多年来的争论问题。

黄兴对于天然磁石指向器的复原研究，有力地回应了前辈学者的假设性结论，通过科学理性与实验验证推翻了以前的结论，其意义是不言而喻的。这个例子以复原的方式验证了古代一项发明的可能性，这是科学史研究方面非常重要的一步。科学史上类似这样的事件还有很多，这充分说明科学需要理性，科学史更需要理性的批判精神，这一点正如阿伽西所指出的，“通常一个较为成熟的答案对于已知问题来说是更好的解决方法，因此当陈旧的解决方法和途径没有被有效批判的时，新观点不会产生。要实现这一主旨，人们必须首先从一些批判性的途径入手才能更好地解决问题”[②]。所以，科学史的研究如果没有批判性的思维就会对科学事实在形成结论时产生“传承”思想，认为传统的就是合理的[③]，或者说权威者的观点就是正确的，就是一种合理解释，这样就会失去科学史研究的本真，科学史的研究理应大胆地提出不同的观点，特别是对于存在争论的问题，更要以一种求真的态度提出假设性结论，以便于创新观点的产生。所以，对于一些有争议性的论题或事件，只有大胆地去批判、质疑，形成理性的假设，才会有更创新性的结论产生。但光靠质疑是不够的，还必须建立在一定的历史语境前提下。

---

① 黄兴：《天然磁石勺“司南”实证研究》，《自然科学史研究》2017年第3期。

② Agassi J. *Towards an Historiography of Science*. The Hague: Mouton, 1963: 55.

③ 转引自李树雪：《论科学史的假设研究》，《自然辩证法研究》2019年第11期。

二、确立科学史假设的语境原则

语境的分析方法引入科学史研究是一项突破性进展，所以这一语境原则可以说是科学史假设的重要原则。科恩在科学史的研究中运用了语境论的原理与分析方法，取得了很大的进步。但对于语境的使用并不能随意而用，应该建立在语言学的层面上，从语义、语形与语用的层面上使用才是真正使用，否则就与背景混为一谈。语境分析是建立在文献基底上的语言学分析，因此从语境分析的角度和科学史研究实践来讲是不能随便假设的，否则就是一种“臆断”而不是推测，要进行假设就必须建立在语境基底上，要通过语义与语用达到对事件本身意义的束缚，而不能随便进行意义的延伸。科学史毕竟是历史，历史就是“事过境迁”的事实，具有不可还原性与不可重复性，对其的解释只能通过所记录的文献资料来进行。这样一来，对史料进行解读时，就会产生“一百个人看哈姆雷特就有一百个哈姆雷特”的观点，但出现众多的观点不是坏事，不同观点之间的交流就是创新的表现。之所以这样就是因为不同的学者对同一事件的认识是基于自己的立场、观点、阅历与经验等诸多主观因素所形成的，而没有一个统一的标准。库恩的“范式”理论与“不可通约性”的观点正是建立在他对亚里士多德物理学研究的语境基底上的，当时他作为一名物理学博士进入到物理学史的研究中，是从当时当地的语境出发的，如果没有他处于“亚里士多德时期”的物理学发展的思考，有可能不会产生历史主义，也就没有了范式理论。

所以说，语境原则也是科学史假设的第一原则。科学史上所形成的多数结论都是基于一定的历史语境形成的，脱离当时当地的语境就是一种辉格式解释，这样建立的假设也是不合理的。当然，要避免科学史的辉格式解释也许很难做到，这不仅是对科学史学者自身的要求，也是对科学史研究风格的要求，要实现对辉格式解释的消解，只有将语境作为一个对话的平台才有可能实现，同时还需要科学的逻辑推断。

三、具备科学史假设的逻辑推断

对于科学史的文献记载来讲，任何文献都不是对科学事件的全部记载，只是一种局部记录，否则就不需要做科学史研究了。这如同一项技术的研发，在整个研发的过程中会有一些实验的记录或以日记形式的描述，但有一点是不能记载的：当时设计者的思想，也即现在称为科学思想史的主要内容[①]，除非设计者在其日记或手稿中对此有记录。那么，对于当时一名科研工作者，为什么要进行这样的研究，其思想的出发点与立足点是什么等问题，这是很难把握和体会的，需要从最后的结果中去假设、去推测，这也建构了科学思想史研究的部分内容。这正如上述所举的牛顿写作《自然哲学的数学原理》一书的出发点，除非牛顿自己写出了目的，否则就是对其思想的“一种假设分析”，是为了证明天体运行的规律性，还是朋友“刺激”作用的结果，这只能靠逻辑与理性推断了。

这种逻辑推断是建立在理性基底上的。什么是理性基底？理性基底就是探讨主客体之间内在的统一性，可以通过一定的具体方法实现这种统一性。这些方法可以是归纳的方法，通过一定的史料进行抽象概括形成“假设的结论”，如科学革命的研究；还可以通过演绎的方法，从一个既定的科学原理出发分析特殊史料得到一种个别性的假设，如科学史的分期原则；也可以通过计量的方法，通过一定时期内的量的统计得到假设的结论，如对科学史风格转向的研究；也可以进行类比性的研究，从一类科学事件去推断另一类相似的事件，如从数学危机类比物理学革命。诸如这些具体的研究方法都是科学史逻辑推断的理性基石，只要是合理的即可。所以，这种逻辑的推断就是一种合理的假设式结论。

四、基于科学史假设的史料分析

史料分析是科学史假设研究的史料原则，离开对史料的综合分析就无法进行科学史研究，没有对史料的全面分析不能随意做出一种假设。现在的科学史研究与科技考古结合得非常紧密，这是很值得发扬的一面。以前通过对史料的分析得到对某一时期科学技术水平的判断，可能随着新出土文物或文献而产生新的结论，所以以前所下的结论就是一种假设，不管当时的学者承认与否。所以从某种意义上来说，科学史的假设研究一直伴随科学史的成长与发展。

这一点我们可以从对“李约瑟难题”的研究中做一定的反思。众所周知，李约瑟的研究是建立在对中国传统经典文献解读的基础上，做了一个大胆的假设：他认为中国古代的传统文化中蕴含产生现代科学技术的种子，但却没有发生近代科学革命，因此他产生了非常大的“诧异”，觉得中国如此深厚的科学技术传统在现代不应该落后于西方的科学技术，李约瑟很难理解这一点。其实，这是李约瑟站在科学与文明的双重标准来看中

① 李树雪：《论科学史的假设研究》，《自然辩证法研究》2019 年第 11 期。

国古代的科学技术，他没有真正地理解到他的假设在哲学推断上存在一定的不合理性，中国古代的思维认知是基于一种纯自然的或自组织方式进行的，是天人合一的，人与自然紧密地联系在一起，无论是地动仪的设计还是水车等诸多设计都是在与自然的磨合过程中的直接性的工具性设计，并不是一种基于科学理论的设计性研究，虽然中国古代没有出现物理学理论或化学理论，但并不是没有“科学”，中国古代科技是一种广义的科学，只是没有出现近代的实验科学而已，但中国古代并不是没有实验，如炼丹术就是在做实验，而且做了 2000 多年，只是后来没有演变为现代意义上的化学。不过，这也许正是有些学者认为李约瑟的中国古代科学技术史研究存在辉格式解释的倾向，那么要突破这样的解释框架，就需要对中国古代科学技术的发展用一种新的解读方式来完成。由于中国古代不同时期的不同特征，诸多地方需要用创新的假设来完成。这正是中国古代科技史假设研究的重中之重。

对于中国古代科学技术史研究，从假设的角度出发，可以假设中国古代技术中存在现代意义上的科学，只是在当时的情境下或者说在当时的经验技术条件下不可能对其中蕴含的科学理论表达出来。现在对一些古代建筑的研究中发现了诸多的科学运用，比较成功的是古代戏台的建造技术中蕴含的物理学声学原理，可以说把物理学的声学效应淋漓尽致地表达出来了。例如，山西省万荣县的后土祠，这是一个非常著名的皇家祠堂，后土祠有一个“品”字形戏台，三个戏台呈“品”字形，是全国唯一一个这样的戏台。过去在传统的节日、庙会时人们会唱戏，“品”字形戏台可以同时唱三台戏而互不干涉，这从扩声的角度讲是非常难实现的，如果没有对声学原理的全面掌握很难设计出来。戏台从台口的山墙到层顶扩声等进行了非常巧妙的设计，致使一个戏台唱出的声音对另一个戏台没有影响。我们知道，中国古代没有现代的音响设备，唱戏时全靠演员嗓子发出的声音传递信息，那么怎样才能利用建筑结构进行扩声就成为工匠思考的重要内容。今天我们利用仪器对其进行测量后发现了其中蕴含的物理声学原理，那如果回到当时的条件下如何做到这一点的，这是科学史研究的内容。从方法论角度讲，当初假设古代技术中有科学的观点已通过现代手段的实测得到了验证。

第三节 假设研究的创新性

事实上，科学的发生与发展在某种意义上说并不像现行教材一样，是体系化的、梯次化、以连续的方式进行的，好多今天看来是荒谬的理论却是当时引发科学革命的新理论，只是在今天看来已成为“旧理论”，所以在对这些“旧理论”进行归纳、整理后形成的事实堆积就会成为新史实发现的障碍，对假设的怀疑使科学史研究没有新的突破。[①]要打破这一点，理应把假设研究作为某些时候科学史研究必不可少的方法去处理，无论是从前提假设还是从结论假设，都是科学史研究创新的表现，应该从科学史学角度予以认可。

一、科学史研究的前提假设

科学史研究的假设是建立在合理逻辑判断上的创新预设，与一般意义上的假设有所不同，其主要是指在文献考证不是太全面或不太翔实的情况下，基本已可以通过逻辑的、历史的角度得出某种结论，但还不是太确定，所以只能形成推断性的结论，留待以后通过适当的方式进行验证。在这种情况下，这种结论只能通过推测与假定的方式进行，而不能全部通过文献的考证，因而还不能成为最终的结论。这里的核心词是“推测”与“假定”，是建立在不确定基础上的一种暂时论断，其目的就是寻找规律或原因，或更加有说服力的证据，形成可以在今后的研究中进行修正的暂时结论。对于一般历史来说，类似这样的论断有很多，科学史不同于一般的历史，但又不能寓于历史学之上。所以科学史同样需要做出这样的暂时性论断，在这方面最为重要的就是前提预设。在这一点上，李约瑟在谈及中国古代科学技术对世界的贡献与作用时，这样写道：

> 我在此所采取的基本假定是：在对自然现象的探索中，所有的人是潜在地平等的，近代科学的世界主义由所有人都能理解的统一语言表达，古代和中世纪的科学（尽管具有明显的民族印记）与同样的自然世界有关并因此被包容在同样的世界性的自然哲学之中，（科学）在人类中成长并将与人类社会的组织与综合的巨大发展同步地成长，直到所有的人类如同百川归海一样被包括在世界合作联邦中这一天的到来。[②]

这一段写于 1976 年的话，表明了李约瑟在开始中国科技史研究之初

① 李树雪、袁紫玉：《阿伽西初期科学编史思想的形成语境、内涵与特征》，《科学技术哲学研究》2017 年第 1 期。

② 刘钝：《李约瑟的世界和世界的李约瑟》，《自然科学史研究》2002 年第 2 期。

的思想，从中也可以看出李约瑟从事中国古代科学技术史研究是在假设的前提下开始的。[①]这句话距今已近 50 年，当时全球的科学史外史研究正在兴起，如果站在今天的角度看，李约瑟以这样的处理方式进入科学史领域是非常明智的。所以，在李约瑟的科学史语境中，科学的发展不仅在起始阶段假设自然人的平等性，而且未来也是百川归海式的，最终都融入一个大同世界中，这也正说明了科学无国界的学术态度。另外，他的这种假设也肯定了人性的内在统一性，人与社会、自然的统一性，也正是李约瑟有这样的胸怀才将中国的科学与文明紧密联系在一起，在中华民族的文明乃至世界的文明语境下形成了独具特色的中国古代科学技术史研究。所以，没有对前提假设，就没有了“李约瑟特色”的中国古代科学技术史研究。但中国与古希腊不同，中国古代的自然与人为一体的研究与古希腊的二元论研究有很大的区别，这也是导致科学技术发展的不同道路的原因，对此，李约瑟也有自己独到的见解，只是后来形成“李约瑟难题”后，不同的学者对此有不同的看法和观点。

如果说李约瑟是站在全球文明的语境下作的科学史假设，那么“假设”在科学史的研究中就是“必需”的。前已提到的科学革命就使用了前提预设的方法，就拿哥白尼革命来说，在哥白尼生活的前后，并没有天文学革命的说法，所有的文献都没有表明当时发生了一场革命，即使是牛顿革命也没有在当时的所有记载中以“革命”的字眼出现。但后人在研究这段科学发展的历程时，称其为天文学革命，与其他革命一道，进而发展为科学革命，这个科学革命就是一种前提预设，之所以做出这样的预设就是为了更好地理解当时当地发生的科学事件及其意义。“科学革命”一词出现的时间是在 18 世纪以后，这样一种科学史假设可以很好地理解当时的天文学革命，以及后来的物理学革命和化学革命等。由此可以想见，当时第一使用这个学术术语时，进行科学史解释就是一个创新的角度和方法，没有这样的创新思维就没有后期科学合理的解释。

这只是对于理解这段时期的科学发展做出的创新假设，引入一般科学史研究，仍然存在。比如，我们常说的意大利文艺复兴时期，这一时间段就是一种时间预设，因为在这一段时期内，各门学科都取得了突飞猛进的发展，学界为了简便而使用了这一高度概况的时间术语。至于到底是从 13 世纪末算起到 16 世纪结束还是从 14 世纪算起到 17 世纪结束，这不是最重要的，没有必要纠结时间起点与结点，因为一门学科或多门学科的

① 李树雪：《论科学史的假设研究》，《自然辩证法研究》2019 年第 11 期。

“兴起点”是不可能很准确的。所以，这种前提预设本身在当时就是一种创新，较为合理地解释了那段科学史，而且从哲学意义上讲也是很有价值的。

二、科学史的结论性假设

科学史的结论性假设是建立在科学合理性基底上的理性预设。对于一些确定的事件或者说纪年式的科学通史是无须假设的。例如，对于哥白尼1543年出版了《天体运行论》一书，这是对科学史事实的陈述，或称为通史的编史方式，只强调时间、人物、地点和事件，这种已经确认的事件没必要进行假设式研究。需要假设的是其背后的意义，如牛顿出版了《自然哲学的数学原理》，那么牛顿为什么写这本书？他当时的思想是什么？是什么动力促动他写了这本书？出版后的物理学意义与哲学意义是什么？所有这一系列的问题，是到了科学史的解释层次才能说明的问题。那么，不同的学者根据自己掌握的不同史料，从不同的角度开始解读，就会出现不同的版本。但从科学史实在来说，答案只能有一个，就是牛顿当时到底是为什么写作了这本书，但牛顿没有记录自己当时的心态，那么后人只能依逻辑与历史的理性去推断。[①]回到牛顿来看，可以考证的是当时牛顿为了研究炼金术，他所管理的炉子就没熄过火，但为了写《自然哲学的数学原理》却在1683年后熄了火，这充分说明牛顿对这本书的重视，为了写书可以暂不研究炼金术。所以，为什么会有不同的说法便不难理解了，在没有全盘掌握史料的前提下得出的结论只能是“结论性假设”。从解释学层次来看，牛顿作为一个虔诚的教徒，写《自然哲学的数学原理》的目的，也许就是为了找寻上帝是如何构建世界的真相，这一点很好理解；但另一种说法是哈雷对牛顿的多次鼓励与支持，没有哈雷的支持，书稿也不会写更不会出版；还有一种说法是来自一场1684年由英国著名建筑师雷恩·克里斯托弗所设的赌局。[②]这三种观点都是建立在对史料分析的基底上得出的结论，哪种结论更可靠就需要科学的合理性去进行理性的分析，进而提出假设性的结论。

作为一名物理学家，牛顿对物理学的研究完全是凭借自己的兴趣，况且早在1666年时他对这么多问题已有了自己独立的思考，所以后人将这一年定为牛顿年，那么在20年后他将自己早已思考好的问题以数学的方

---

① 李树雪：《论科学史的假设研究》，《自然辩证法研究》2019年第11期。

② 李树雪：《论科学史的假设研究》，《自然辩证法研究》2019年第11期。

式写出来，是很合乎情理的。所以，对于牛顿来说，不可能也不会为了一时的利益而去从事研究，因此为了克里斯托弗的40先令的赌金而马上开始研究在逻辑上站不住的。另两种观点则需要进行史料与对牛顿内心世界进行深入的研究才有可能得出可靠的结论，在这个结论得出之前的都是假设结论。

综上，无论是前提假设还是结论假设，都是一种方法，是一种视角，更是一种分析工具，可以激发学界更大的研究兴趣与更多的分析角度，是一种创新性的表现，并非无理的推测或假定，而是建立在一定的经验判断与大量史料或史料分析基础上做出的"暂时性"假设，也是为了更高层次的研究做的准备。①但是，科学史的假设不能随意形成，有其必然的逻辑与科学判断，有其一定的方法原则，有其独特的理性分析，否则就会陷入历史的虚无主义与臆想。

第四节　科学史假设研究的意义

承认科学史的假设研究，并不是认可一种无根据的"臆想"，而是在推断"不可能"中的可能性，以激发批判、创新性的修正性结论出现，使研究得出的结论更趋于合理性而更可靠。依这样的逻辑判断，科学史假设研究具有积极的史学意义与现实意义。

一、科学史假设研究的学术意义

第一，有利于克服科学史研究中的某些武断性的说法。

前文已述，科学史的研究对象是一个个独立的科学事件，尤其是当前的科学史研究已逐步从传统的通史研究转向以专题的形式对某一科学事件的解释学研究，而且这种解释转向是向着科学解释史的方向发展，但在处理具体问题时会面对史料的不足或某些研究史料的缺失，在不得不研究的情况下，又不能再以一种"历史的权威性"来评判结论的正确与否，更需要打破传统的"一元论"观点，或专家的"一言堂"结论，应该提倡多元论与多元解释，敢于挑战权威性，最终从多元化的答案中找出一个合理的方案做出最优解释。这是因为科学史的研究长期处于一种辉格式的解释当中，无论以哪一种编史方法总是难以克服科学史的这一局面，即使是柯瓦雷这样的科学史家，从事"牛顿研究"时也会忽视牛顿的炼金术内容，造

① 李树雪：《论科学史的假设研究》，《自然辩证法研究》2019年第11期。

成对牛顿研究的不全面[①]，这在科学史学界影响也是不小的，因为作为一名出色的科学史家，柯瓦雷却对牛顿的炼金术研究“节略”了，这是一种遗憾。而对于巴特菲尔德的“近代科学的起源”研究，同样存在这样的问题，即使对近代科学分析得再合理，总有一些材料是遗漏的，那么也会出现个别问题。事实上，这样的处理实质是研究过程中的“武断”作风造成的，就是在对史料的选择时，人为地去掉了自己认为“不是”科学的历史材料，从而造成研究的局部性，这种人物研究的局面需要在未来的研究中去逐步改变。比如，对待牛顿的炼金术研究，可以假设一下如果牛顿从没有进行过炼金术研究，他的自然科学研究会不会更加深入？或者说他的物理学研究、天文学研究会不会取得更大的成就？另外，由于科学发展的独特性与创造性，一些科学事件是个人行为而很少有史料记载，只能凭借零星的记载去推断当时科学技术发展的情形或水平，如中国古代的一些天文现象记载就不可能是一种系统的记录，而是不同的朝代有不同的记载，后人的研究如果没有建立在历史与逻辑的假设上是无法研究的。

第二，有利于反思科学史的不合理性。

科学史的假设研究得出的结论实质上是在史料不完善的情况下得出的暂时结论，需要后期的学者进行验证或考证，更重要的是为后期的重新探讨和研究提供一个可能的方向或角度。[②]因此特别需要后期的研究者纠正过往研究中的“不足”“失误”“缺憾”等，这也是纠正传统研究错误的可取之处，应该大胆认可并提倡，这是其一；其二，基于假设方法对科学事件的大胆创新，正是对传统科学史研究进行反思与再认识的一种有效方式。现在的科学史理论界一直在探讨科学史的合理性重建问题，不同的学者为此给出了一些方案，但总体来讲还没有一种方案是公认为可行的，这种局面就为科学史的方法论与认识论研究提供了空间。大量研究表明，科学史的研究经历了三次大转变，这三次转向分别是内史向外史的转变、外史向综合史的转变和综合史向解释史的转变，这就是说，目前科学史的研究正在向解释学的方向发展。之所以发生这样的认知转向，就是因为传统的科学史研究已经表现出诸多不合理现象，出现了科学史研究的困境，需要一种全新的史学风格来应对未来的发展。正是在这一转变过程中，可以发现以前的诸多结论其实都是“假设”，而并非真正的结论，所以需要以一种批判的理性精神去反思传统的科学史，科学史的假设方法应该是与其

---

① 李树雪：《论科学史的假设研究》，《自然辩证法研究》2019 年第 11 期。

② 李树雪：《论科学史的假设研究》，《自然辩证法研究》2019 年第 11 期。

他方法并行的“科学方法”才具有合理性，这也为科学史的假设研究提供了理论依据。

第三，有利于反思科学发展的主客体关系，重建科学与人文的理性关系。

科学史的研究虽从表面上看是研究科学事件，但任何科学都是“特殊的人物”从事的特殊活动，科学的客体是一种存在，无论你发现与否它都是一种存在，科学主体的外在表现就是认知能力的表现，人类可以认识客体——科学对象，它们之间永远是认知与被认知的关系。那么研究科学的客体是如何被认知的就应该建立在研究主体之上，所以科学史的研究应以“人”为本，这也正是现在流行的“口述史”方法的核心所在，口述史体现了人本主义的思想，这一方法具有一定的“科学性”。但口述史方法对于研究古代科学却是无能为力的，因为绝不可能对古代人物进行采访。虽说口述史方法导致科学史的研究从传统的“精英史”向“大众史”的转变，以往关注的是科学的特殊人物，现在转向大众后，特殊人物的作用与大众的作用到底是怎样的，需要重新解读，但科学的主体依然是“特殊人物”，这是不容置疑的。这对于未来科学的发展有非常重要的现实意义。

历史地看，科学技术无疑推动了人类文明的进步，对人类文明的表征唯科学最可见，因为科学可以以看得见的形式让人有所感知，这是不可否认的。人类对世界的认识，从哲学观念的理解到确定性的数理逻辑与实验验证，实现了人文哲学到自然科学的大跨度，人类为找到确定性的关系而欢呼。但是，横断科学的出现，如混沌理论、耗散结构理论等，又把人们的视线拉向另一个方向，即不确定性的发展，这需要重新反思科学发展的模式、方向与内容等。对此，诺贝尔获得者普里高津给出了答案，正如他在《确定性的终结：时间、混沌与新自然法则》中文版序中所言，“本书所阐述的结果把现代科学拉近中国哲学”[①]。这一思想无疑向我们释放了一个信号：发展到今天的科学应该反思科学发展的合理性与方向等问题，这就为科学史的研究提供了新的选择性。因为科学史研究是沟通科学与人文的一座桥梁，从科学史的假设出发探讨科学发展的另类模式，即可持续的、绿色的与人类和谐发展的模式，这就需要重新考虑科学技术的发展与人文关怀的关系，科学技术不能随意性地发展，要与人类在和谐有序共生共进的态势中发展，中华优秀传统文化的主张正是如此，也与马克思主义的哲学主张一致，这是未来科学史研究的指导思想。

---

① 〔比〕伊利亚·普利高津：《确定性的终结：时间、混沌与新自然法则》，湛敏译，上海：上海科技教育出版社，1998 年，第 1 页。

二、几点延伸的思考

科学史能否用假设方法来研究，涉及科学史研究的认识论和方法论问题是不是科学史的元理论问题，通过上述分析应该已经很清楚了，只是其归根到底是一种价值假设论，也即科学史的假设研究是为科学史的学术价值服务的，是科学史学者从现实出发对科学事件的结论性重构，这种重构并不是对全部科学史的重构，而只是在特殊情况下采用的一种方法，其本身就是对科学史方法论研究的一种有机补充。其一方面要对一些存在质疑的问题进行唤起研究，学界应该承认，更应该以这样的方式去进行创新研究；另一方面要在史料与文献资料相对不足的情况下做出理性假设[①]，等待后期的研究的突破性进展或出现新史料后的重新断定。

第一，科学史研究需要将假设方法作为基本的研究方法，不应刻意回避，更不应该不认可，必须突破传统的认知观点，这才是科学史研究求实的态度。[②]

尽管科学史的研究从开始的不定型，到现在的体系化，但主要的研究方法还是基于考证或史据分析，其结论应该是可靠的，但科学史的研究要探索科学事件的多种价值可能性，通过科学史的假设可以追问科学事件的新的历史意义与现实意义。之所以这样讲，是因为尽管科学发展与人类文明有机地联系在一起，但并不是所有的文明都会产生现代意义上的科学。从世界古文明来讲，四大文明古国都没有产生近代科学革命，这使人不得不思考是科学推动文明还是文明驱动科学？萨顿一直强调科学史是唯一能够说明人类进步的历史，就是说在他看来，科学的发展是人类文明史的中心，人文的发展与科学的进步是紧密相关的。这样的格局更为科学史的假设研究提供了广阔的舞台，是对传统研究的创新突破。[③]

可进行假设的是，人类的科学进步是通过技术进步推动社会发展而实现的。历史地看，人类的每一次大的技术进步往往改变了研究科学的手段进而推动了科学向更高更深层次的发展。比如，望远镜的发明与改进使人们对天体运行的观察比用肉眼观察强无数倍，从而对不同时期的天文学发展产生了重大影响而产生了新的理论。类似地，显微镜的发明使人类对生物研究由宏观走向微观，从而对生理学发展产生了极大的影响。类似的例子非常多，说明科学的进步是通过技术的发明与改进实现的。这一结论就

---

① 李树雪：《论科学史的假设研究》，《自然辩证法研究》2019 年第 11 期。

② 李树雪：《论科学史的假设研究》，《自然辩证法研究》2019 年第 11 期。

③ 李树雪：《论科学史的假设研究》，《自然辩证法研究》2019 年第 11 期。

是一种基于历史的假设，还可以做进一步的验证与考证。

第二，科学史的假设不是随意的，更不能是无端的臆想，需要建立在一定的原则上才能形成像科学假说一样有待于进一步验证或考证的理性假设。①

科学史是一部质疑与批判的历史，我们承认可以在科学史的研究领域中形成各种形式的假设，但这些假设不能导致对原有的科学史认知的信任危机。这就是说，尽管科学史的假设是一项创新研究，但不能夸大假设的作用而淡化其他一些方法，从而对科学事件进行任意假设。所以，无论是对科学发展中特殊人物的假设，还是对科学事件或科学革命的假设，都不能凭主观的臆断，而是要做出符合历史的、逻辑的理性假设，对有别于科学史实然状态的各种各样的想象性假设与推论，都是不可接受与危险的。②从某种意义上讲，科学史的假设研究可以比作科学的假说研究，可以从逻辑与历史相统一的角度提出一种假设，形成一个相对可靠的结论，然后再以史料、文献或实验还原的方式进行验证。

第三，科学史假设研究是一种分析方法，也是一种视角，更是一个论证过程，是在一种特殊情况下的理性与逻辑选择。③

当然，科学史的假设研究可以类似科学假说，但又不完全等同于科学假说，其固然需要后期的“证伪”，即等出现新的史料或新的发现后进行观点或结论的修正，但这个证伪过程需要历史与逻辑的统一，在没有得到确切证据时的证明是无力的。这是“还原”科学事实很重要的一种方法与视角，这种还原有史学意义，但探究其当时当地的科学认知与创新语境意义更为重要，这是科学史假设的必要性与现实性之所在。

综上，科学史的假设问题类似于历史的假设问题，但又不同于历史假设，这是由于科学史的独特性造成的，科学史研究的是一类非常特殊的历史，是由特殊人物完成的科学知识的历史，他注定不是普通的历史。所以不能用一般历史的研究方法去研究科学史，但科学史的方法论研究应该从历史哲学中汲取一些合理性的观点与理论。尽管一些历史学者认为历史不能假设，特别是从培根到拉德克利夫-布朗的许多方法论者都反对推测的历史，这些归纳主义者要么要求史学家只记录事实，要么要求他们论证他们的猜测。他们提出的较“宽容”的要求是历史学家应该试着检

① 李树雪：《论科学史的假设研究》，《自然辩证法研究》2019 年第 11 期。

② 李树雪：《论科学史的假设研究》，《自然辩证法研究》2019 年第 11 期。

③ 李树雪：《论科学史的假设研究》，《自然辩证法研究》2019 年第 11 期。

验自己的假设。[①]显然这段话深刻表明历史哲学已将假设问题摆在了史学面前，国内外也有一些学者在进行这方面的研究，只是国内科学史界由于缺乏历史哲学对科学史理论的影响而忽略史学理论的共性，这方面的史学文献不太多，加之本书研究的重点不在这一方面，因此本章没列这些文献，但从这一点出发，映射到科学史的一些理论研究是很有启发的，今后的科学史理论研究理应及时从历史哲学中汲取营养，结合自身的研究实践取得突破性进展。这也是本章的希冀之所在。

① 李树雪：《论科学史的假设研究》，《自然辩证法研究》2019年第11期。

第十章　科学史哲学的实践运用

科学史哲学，从学科属性讲属于理论研究，那么从研究实践的角度来看，只有对科学史研究实践具有指导意义才能体现其学术价值与理论指导的重要性。所以，只有通过对一些科学史研究中的现实问题进行哲学分析，或许才能真正体现科学史哲学的运用价值，否则就是无用的理论。科学史研究需要从哲学层面思考的问题很多，几乎是科学史的方方面面都可以进行一些哲学上的思考，特别是面对智能化时代的到来和社会的加速演进，对知识的演变规律与特征探讨会超越传统的实证研究，新的科学争论与大科学背景会不断出现与强化。因此，本章单独列此作一分析以体现科学史哲学的应用性，而没有以案例的形式分散在理论分析中。只是鉴于篇幅不能全方位地展开研究，而是对以下两个典型问题做哲学分析：一个是科学争论，因为科学在发展中的争论无时无处不在；另一个是结合当下大科学的发展背景，面对中国未来的科学发展如何理解中华优秀传统文化的科学价值。

第一节　科学争论的哲学分析

科学争论为什么值得研究？这是因为科学争论产生于新旧科学理论的交替中，是创新科学思想、体现科学创造力的历史实在，而且往往与重大科学事件紧密地联系在一起。因此，研究科学争论的产生、发展与影响成为科学史甚至科学哲学不可或缺的内容，对某一科学争论研究得是否合理，或如何去研究就成为科学史哲学在应用层面考虑的重要内容。例如，默顿通过科学社会学对科学发现优先权的分析[①]，对大型对撞机建立与否争论焦点的研究[②]，还有更为持久的“地心说”与“日心说”的争论，以及地质学理论的多种学说间的争论等，都对科学的发展产生了很大的影响。可以说科学争论的内容有大有小，形式多种多样，有科学家间的争论

---

① 贾鹤鹏、闫隽：《科学争论的社会建构——对比三种研究路线》，《科学与社会》2015年第1期。

② 詹琰、张议文：《争议性科学事件中科学家间争论焦点研究》，《北京航空航天大学学报（社会科学版）》2023年第2期。

也有科学共同体间的争论，那么要从科学史哲学的角度来分析，着重是从哲学理性的角度分析其共性，为其合理性研究指出有效路径。

一、科学争论发生的溯源分析

从哲学理性讲，科学本不应存在不一致的争论，科学从基础研究到结论形成应该是一个可靠、稳妥、内在的逻辑过程，但现实中由于人的认知受时代的限制，只能由浅入深地认识事物，在这一过程中不同的学者从不同的角度可能对同一问题产生了不同的认知，从而产生争论。所以，可以把科学争论当作一个或大或小的科学事件，通过建构科学事实对科学争论进行分析，其中溯源是最重要的一步。

第一，科学理论形成的不明确性。

科学理论并非一下子形成的，往往前期理论有很大的不明确性，或前期结论是基于一种假设或哲学分析而得出的，那么顺理成章地就会产生科学争论。比如，宇宙是怎样形成的？各有各的理论，从宇宙的演化到天体运行方式与规律，不同的学者给出了不同的答案，最终趋于宇宙大爆炸理论，这个理论相对来说合理些，不过这个理论仍存在争论。宇宙是怎样起源的，这是一个非常大的问题，先是从哲学的角度进行一些理性的探讨，属于理念式的分析，随着对天体运行的观察，特别是哈勃通过长期的观察后发现一些星球正远离地球而去，于是一些天文学家通过模型方式建立了现在的宇宙大爆炸理论。此外，还有火宇宙理论，其也在说明和研究宇宙形成的方式和机制。特别是恒稳状态学说（steady state theory），自提出以来一直对宇宙大爆炸理论进行挑战与质疑，认为宇宙就没有起源，那么自然就不用讨论宇宙的起源与发展问题。关于宇宙的理论还有一些，总之不同的学者提出不同的模型与学说试图对宇宙的认知提出合理的分析方案。那么，哪一种是合理的，或较为合理的？因为各种结论都是一种理论或模型建构，所以就产生了争论。

这只是举了一个关于宇宙学说的例子，从科学发展的角度看，类似这样的例子数为胜数，几乎在各门自然科学中都存在。例如，化学史上的燃素说与氧化说的争论，这个争论持续很短，最终是氧化说胜了；生物学关于遗传方面的争论就很多了，如关于获得性遗传理论的争论就历时很长。自然科学中的争论存在，社会科学中的争论同样存在，如对于一种经济现象的解释会出现不同的经济学家给出不同的理论主张。那么，在科学争论过程中形成的一系列的学术主张，需要以一种判决性的理论或实验进行最终的评判，因此在化学上曾出现判决性实验，这是解决争论的一种评价标准。但是，一些判决性评价在当时可能认为某一种理论更为合理，从而人们接受这种理论，可经过一段时间后发现还有更合适的理论比原来的理论更科学，于是人们便会接受另一种理论。这一点正如地心说与日心说间的争论，现在认为都不正确，但当时日心说相对比较合理，于是经过百余年的争论日心说在当时成为科学，现在当然已不是科学理论了。这就是说，在争论过程中，对科学理论的形成的评价，也有一个进步的过程，评价的过程就是说明理由以证明其合理性，只有大家一致认可，这个理论才相对比较成熟、合理，这就是科学的合理性问题。再过一段时间，也许几年，也许十几年，也许几百年，可能这个理论又被推翻了。

第二，科学革命的解释诉求。

科学革命是为了解释特殊时段科学的发展而预设的，对其溯源就是为了更好地解释科学理论的形成过程。库恩对于科学革命的研究引领了科学革命的基本走向，他通过科学共同体阐释科学争论，认为不同的学说或学派都代表着一名科学家或一个科学共同体的学术观点，它们之间之所以形成争论，就是因为新的理论没有出现，旧的理论已经产生了危机，旧的科学理论就是一种或多种源，争论过后会产生一种新的学科，这就是一场革命。有些时候会发生所谓的危机，具体学科来讲，如物理学危机、化学危机、数学危机等，出现新的问题时怎么解决，不能够把不同的几种思想汇集到一起来解决问题，而是要有专攻。波普尔说："科学是从问题开始的。"为了解决这个问题，就会产生许多学说，这相当于典型的学说汇集，汇集后产生新的思想，新的思想和旧的思想的对立与修正就是一场革命。所以，劳丹认为"必须特别注意影响当时科学争论的各种因素"①。劳丹在这里强调"因素"影响是完全合理的，因为科学争论在发生与发展的过程中，会受到各种因素的影响，如对于天文学的一些理论的争论，可能就与观察、仪器、测量、计算等因素的影响相关，因此就要对这些因素进行分析从而达到溯源的过程。例如，在天文学史上，当哥白尼提出日心说之后还有一个第谷体系，虽然在当时这两种理论没有被记载产生过争论，但它们之间隐含着争论，第谷通过自己的观察是不认可哥白尼学说的，只是他没有明确地向哥白尼提出挑战，但他在去世前一再告诫开普勒一定要捍卫他的体系，而不要相信哥白尼的体系，这两种体系之所以存在争论就是因为观察、计算等因素的影响。

---

① 〔美〕劳丹：《进步及其问题》（第 2 版），刘新民译，北京：华夏出版社，1999 年，第 128 页。

第三，非科学家的认知理解。

科学争论主要在自然科学家或科学共同体之间进行，但在一定程度上会引向非科学家的外围分析，就是说一些非科学家对这些争论的看法与观点也存在一定的合理性。这里的非科学家主要是指哲学家或哲学学者，他们面对科学争论会从另外一些角度提出一些不同的思想和观点，尤其是对同一现象的不同解释，这是由科学上升到哲学的逻辑通道，表征了哲学参与自然科学争论的认知理解。例如，对于科学发展模式的争论，自然科学家的建构往往是基于科学的内在逻辑去设计，而在 SSK 的视域中，则更注重科学发展中外部因素对科学的影响。于是，有的学者提出 SSK 的强纲领，有学者提出 SSK 的弱纲领，这些理论互相评论，各自提出合理性并指出对方的弊端，看谁的理论、思想更为成熟、合理，更符合逻辑、更符合历史，从而为科学发展提供了另一种解释方案。不过，真正有生命力的科学应当是一项不断探索的事业，科学家并非纯粹理性化的研究机器。他们也有自负、贪婪、好斗、嫉妒和追名逐利的时候；他们也会像普通人那样灰心盲从，感情用事。①

事实上，科学家在人性上与普通人是一样的，只是他们在科学研究上与常人表现得不一样。那么从人性的角度讲，对于科学争论的分析与研究就要回到人文性的一面，科学家首先是正常的人，他们经过自己的倾心研究也希望自己提出的科学理论得到认可，而且会最大程度地去为自己的理论进行辩解。所以赫尔曼将科学家还原为普通人的认知，从而成为认识科学争论的人性基底，不能把科学家预设为与普通人不一样的人，这样的话无形将科学家归为“另一类人”，从而人为地割裂了科学家与普通人的关系，失去了科学家的七情六欲，对科学家的研究远离了真实的存在。因而常人觉得出现科学争论不可理解，因为大家把科学家定义为理性的人，是与常人不一样的人，所以只要回归到“真实的人”就可以理解科学争论的内涵。

也正因如此，才给非科学家的哲学家留下了思考的空间，哲学家的思考往往会结合人性而形成一些新理论，当出现科学争论时哲学家的立足点与出发点往往与科学家或常人不同，他们会以一种理性的判断去衡量科学理论中的人的因素、社会的因素及文化的因素等，从而以另一种方式提出解决科学争论的方案，进而为科学争论拓宽认识论的思路。

---

① 〔美〕赫尔曼：《真实地带：十大科学争论》，赵乐静译，上海：上海科学技术出版社，2000 年。

二、科学争论的认识论分析

对科学争论进行溯源是为了更好、更全面地认知科学事实的真相，可以说科学争论是科学发展的历史必然，没有科学争论就没有科学的发展，没有科学争论就没有科学危机，因而没有科学争论就没有了科学革命。所以，科学争论存在于科学史解释中，其内涵是多元的。

1. 科学争论的多元性

科学争论的多元性，可以从科学争论的内容多样性进行认识，就是说科学争论伴随科学发展。前面已提到科学争论存在于不同的学科中，特别是自然科学的争论要明显多于社会科学，这或许与人们对自然现象的观察或认知多于社会科学有关。历史地看，科学发展是有地域性的，绝不可能做到全世界一个步伐，即使到现在，科学的发展也不会全球同步，虽然讲“科学无国界”，但发展不平衡是一种自然现象，尤其是面对大科学出现，更需要将不同的学科组合在一起，那么如果在某一方面缺乏一定的人才则团队的整体发展都会受到影响。科学争论的多元性主要体现在以下两个方面。

第一，科学争论的内容多元化。

这一点很好理解，因为科学争论出现在不同的学科的不同发展阶段，当物理学中存在争论的同时，化学学科也在某些方面的研究出现一些争论，这是非常正常的现象，在某种意义上说，正是这些争论推动了科学的发展，如果没有争论的话或许人类在某些问题上的错误认识会一直维持下去。

第二，科学争论参与人员的多元化。

面对一个科学争论，参与者会从不同的角度来提出自己的见解和观点来解决和平息这场争论，那么这些参与者也许是同一学科的，也可能是其他学科的。而且现在的大科学时代下更是参与者可以基于自己的学科背景解决其他学科的问题。另外，面对科学争论，不同地域的学者在讲述他们的观点时会站在不同的立场与观点上，这是造成文化多样性的主要原因。正是这种文化的多样性，才形成了对同一争论的不同解读与分析，建构了不同的知识形态，哪一种知识理论是合理的或不合理的？这又回归到评价体系或判决性理论中，或许经过若干年才有可能解决。

需要指出的是，有些科学争论可能是“非科学”争论，这就是说争论的两个理论后来都被证明是错误的，如“地心说”与“日心说”，尽管当时这两种理论进行了百余年的争论，而且有一批人为捍卫日心说而受到不公正的对待，但后来连日心说也被证明是错误的。这就是两种错误的“科学理论”在进行争论，虽然当时日心说胜利了，但也是错误的理论代替了错误的理论。

2. **科学争论的实在性**

从语境分析的观点来看，任何的科学争论都是基于一定语境展开的，“科学史研究所能面对的‘历史实在’，实际上是一种‘语境实在’”①。这是语境实在论的一些主张，语境实在主要是基于科学史文本与科学事件的历史语境构造的，或者说离开一定的语境，历史实在将不再存在。因为真实的科学事件在确定以后就变为了科学事实，科学事实是用语言来建构的，不同的语言会有不同的语境，语言在翻译时还会出现不同的语境理解，因为翻译者体会不到写作者当时的语境。这样问题就会出现：科学争论时的语境是什么？如果能把当时发生科学革命时的语境理清了，那么一些问题就可以很好地说明了，即描述性语境，把过去怎么发生的写清楚，功能性语境则是解释当时科学争论起到了什么样的作用，形成了什么样的影响和意义。这样就可以把当时的科学争论换作一种语境实在去理解②，这种后现代的语境关联是为科学争论指明了一条认识和研究的路径。

从语境论的角度看科学争论是一种解读的方式，从科学事实建构的角度讲，科学争论完全可以当作一个科学事件依据哲学理性去建构一个科学事实，这个事实的建构要从人物、源起、发展过程与哲学意义或历史意义去进行，通过科学事实的建构就可以看出科学争论的实在性，从而把科学争论还原为一个科学发展的历史事件，类似通过建构科学革命的概念去认识那段特殊的历史一样，这也是一种很合乎历史与逻辑的处理方式。

3. **科学争论的时效性**

每一次科学争论都在科学内部与外部造成一些影响，尤其是科学内部，会对科学内在的逻辑关系进行一次变革，特别是在科学革命发生后，科学家或科学共同体达成了一定的共识后，科学史对此的解释与说明也将趋于一致，从而对人们的观念产生影响，这就是科学争论的时效性。

从认识论的角度讲，一些有争论的科学理论，在争论的过程中，会存在两派、三派甚至更多派别，这些不同的派别的观点是不相同的，这样就会呈现五彩缤纷的多元化局面，这一局面会导致科学内部观点的多元化，这些多元化的观点最终会形成一个统一的观点，这个观点就是科学的合理

---

① 赵乐静、郭贵春：《科学争论与科学史研究》，《科学技术与辩证法》2002 年第 4 期。

② 郭贵春：《后现代科学哲学》，长沙：湖南教育出版社，1998 年，第 65 页。

性思想，会在一定时期内处于一种平衡态，这样在争论的过程中就为科学史的研究提供了广阔的舞台。科学史的研究在面对科学争论这一领域时，伴随科学史发展的哲学思想，如实证主义、证伪主义、历史主义、社会建构主义、后现代主义等，这些思想会通过案例对科学争论的分析与研究进行一些哲学理性的渗透。或许正是这些思想在某些特殊情况下的调和作用，会使一些学派在一定的语境下做出让步，以达成一种和解，在一些问题的结论上走向一致。

三、科学争论的分析方法

对于因科学争论产生的任何问题，都有一定的方法去解决，这可以从科学史哲学方法论中寻找分析路径。科学史哲学对科学争论的分析，主要是判断用什么样的方法来研究科学争论是相对合理的。

1. 语境分析法

语境论的观点认为，在科学的发展过程有两种语境非常重要，一是发现的语境，二是辩护的语境。对于发现的语境，每出现一个新的科学理论，都必须面对挑剔的眼光和严苛的质疑，从而出现一些争论，这是发现语境；产生争论后会有一个交锋的过程，可以激发出更多的观点进行论辩，这一论辩的过程无疑促进了人类社会科技的发展，多数科学争论或早或迟都能达成共识，这就是辩护的语境。这两种语境可以交叉在一起，对科学争论的分析和理解有很大的作用。

所以，语境分析法为科学发展过程中产生的争论提供了很好的理解与解决方案。①语境分析就是要立足于当时科学争论产生的语境，结合逻辑理性进行研究。这是因为科学争论无论是过去的还是现在的，都是基于一定的语境产生的，离开具体的语境，科学理论的适用性就不存在了。科学争论的第一个语境是问题语境，就是说在当时遇到了科学问题，而且这一问题是公开化的，大家都知道的问题，只是不同的学者解决这一问题的方法不同，构成了同一问题的不同语境；此外，解决科学问题的路径不同。在对同一问题解决的过程中，不同的学者具有不同的背景、知识结构、逻辑思维等，所以对同一问题提供的答案不一样，存在哪一个更合理的问题。语境分析方法就是要基于这些问题的根本不同，对其不同语境进行逻辑与理性分析，以当时当地的语境来分析产生争论的具体内容，是否符合真理或规律，以此作为评判的标准，从而解决科学争论。

① 郭贵春、张旭：《科学争论的语境论解释》，《科学技术哲学研究》2015年第4期。

对于语境分析科学争论，还出现了约克学派的马尔凯的言谈分析法，主要是研究科学争论时的观点交流与争论时的语境依赖性，马尔凯的主张是科学家的“利益会随社会背景的变化而变化”①。这一观点充分说明了科学争论解决或达成一致时的语境变化，是随着科学家或共同体的折中而变化的，这也是科学争论结束的语境终结。对于这一点，无论是强调科学家在科研活动中因利益冲突引发的争论，还是科学争论本身在不同学说间的折中处理，都会随认识的变化而发生变化。对于科学争论的折中处理的经典案例应是物理学中的波粒二象性，这是对光具有粒子性还是波动性进行了几百年的争论，从牛顿对粒子性的赞同到爱因斯坦的物理学认知，其间有诸多学者通过实验验证、理论归纳、数学计算进行论证，最终是粒子性与波动性都没有胜利，而是做了折中处理，因为光的波粒二象性是最具合理性的。这一案例说明了科学争论时的观点交流的语境依赖性，在新的语境下才能得到了一个完美的结论。

2. 考据分析法

实证主义的主张就是以考据与验证的方式去解决科学争论，这是最为基础的、最核心的、最原始的、最有可靠性的、相对权威的一种方法。科学争论的考据分析方法是建立在翔实的文献资料基底上的，经过历史的、逻辑的理性分析对科学争论进行判断，从而得出可靠的结论。对于自然科学争论来说，可以先追溯争论的来源，然后再进行考据分析。经过一系列理性分析后，哪一个对世界的描述是最合理的，或最接近真理的，那么这一方就是争论的胜利方。而对于社会科学争论来说，是不能通过实验验证的，但可以经过实践检验和后期判断，或者说引向社会科学的外围，通过更多的不同行业的综合评判最终确定哪一方的理论是合理的。

所以说，考据分析法在解决科学争论问题时，对于不同内容的科学争论会选择不同的方法去进行分析，而且可以通过分析一定时期内科学界占统治地位的科学学说来解决争论。这一点无论是社会科学还是自然科学都可以在没有得到确定性时，可以采取折中的办法去处理，可以先假设一个相对合理的结论，经过历史的实践后最终做出评判。比如，对于光的粒子性与波动性的争论，这两种理论各自针对不同的光现象提出了不同的理论，而且各自都有解释现象的长处，开始难以达成一致的共识，但随着人们对科学的理解和认识，在经过相当长的争论后，出现了新的证据和理论

---

①〔英〕迈克尔·马尔凯：《科学与知识社会学》，林聚任等译，北京：东方出版社，2001年，第93页。

依据，于是折中为光的波粒二象性。所以，可以这样说，不同的科学争论结局是不一样的，科学史的研究最关心的应该是争论背后的哲学意义与现实意义。

3. 知识论分析法

科学争论的目的其实是讨论不同理论中的某一理论的合理性，从而产生正确的科学知识，对此的哲学分析建构了知识论。因此，知识论主要探讨知识的本质、起源和范围，有些学者认为知识论和认识论几乎是等价的，认为它们是同一个概念，也有学者认为它们其实是存在一些密切联系的两个不同概念。还有学者认为是同本体论的、等价的。其实探讨知识的本源本身就属于本体论的范畴，这几种观点不管是哪一种都存在一定的合理性。从价值论出发，其关注的是主体需要与客体满足程度的关系问题，那么将价值论的观点引入科学史的研究中，进而分析科学争论，就是说要将科学争论的内容作为客体，不同学者的观点作为主体，经过一定时期的争论后，观察客体所承载的科学知识能否满足主体的需要。

因此，从这主客体两方面出发，对于科学争论进行分析和解释，一方面就是看科学争论中涉及的知识是怎么产生的，其是否存在合理性；另一方面就是看其价值，能满足主体的什么需要或社会需求。当代的物理学发展可以说经常存在争论，如现在还处于争论中的弦理论。弦理论作为20世纪中后期发展出来的一个新的物理理论，从提出至今已经历时约50年，在弦理论发展的过程中，曾经造成科学界的轰动，但也因为一些学者的不理解而失落，其间存在着激烈的争论。有些学者认为，由弦理论引起的科学大争论一度超过了当年的相对论与量子理论之争。为什么会出现这样的争论，若从知识论的角度看，就是理论知识的来源问题，有的学者认为对弦理论的探索和研究，应该在哲学或宗教中进行，或者是在数学领域进行，而不应该属于物理学的领域。但支持者却不这样认为，他们认为未来主宰物理学界的是弦理论及超弦理论。这两方的代表人物是爱因斯坦奖获得者爱德华·威滕和诺贝尔物理学奖获得者谢尔登·格拉肖，前者是支持者。这两方的观点到目前为止还没有一个定论，之所以这样是因为不确定性，没有经过实验或验证的结论性理论出现。

从知识论的角度出发去研究科学争论，需要指出的一个研究视角是SSK的分析方法。SSK是在以默顿为代表的传统科学社会学基础上，加上知识的生产过程而形成的，其不仅对科学史产生了很大的影响，而且更加丰富了社会学的研究，至今影响仍很大。SSK以爱丁堡学派的巴恩斯和布鲁尔为代表，他们基于相对主义观点，把科学知识看作是由社会建构的，主张相对主义知识观，而且受库恩的科学发展模式影响，认为默顿传统关注的是知识的社会建构而对知识的认识论涉及少，所以他们把科学知识作为一种社会现象进行研究，将社会学的视角和方法也用以研究科学知识本身。

从 SSK 的学术主张出发去看待科学争论，他们认为科学争论的是否结束是科学共同体相互协商的结果，即通过一段时间的争论后不得不进行商讨，最终以一方或多方认同而形成一个结论，与知识是否符合自然存在没有多大的关系，因此科学知识就是社会建构的。这种社会建构的知识产品就是竞争后的结果，科学争论是理解科学家与自然界关系的重要中介，研究科学争论能使共同体之外的人们更好地把握科学知识构造的社会过程。①从这一点出发，就可以看出，SSK 的分析方法的关注重点是知识构造的社会过程，具体到科学知识内在的逻辑关系与社会因素的影响都不是他们关注的内容，只是从社会建构的角度通过对科学争论后的协商最终形成结论。

虽然 SSK 对分析科学争论列举了好多案例进行分析，但没有一种统一的研究范式，这使其权威性受到了质疑，就是说这样的分析是否经得起科学史的考验，这是值得考虑的事情。

综上所述，本节只是粗线条地对科学争论如何分析与研究做了一些探讨。从科学史的角度讲，科学争论是一块值得从各方面展开研究的学术领域，特别是不仅要对其从哲学的角度进行分析，还需要从历史的角度进行探讨，这也正好是科学史哲学针对科学史的具体问题而展开分析的一个案例。当然，科学史哲学，从其属性来说不仅仅是对科学史的指导，如从这一点来说科学哲学或科学史学就可以实现；而且要以科学史为对象，对科学史进行全面的哲学思考，在科学史的哲学化部分已做了大量的分析，在此只是结合具体的案例简要再提一下。

第二节　中国传统文化与科技思想的哲学审视

中华优秀传统文化对于当代世界科技发展的启示作用，会随着科学的发展而越来越明显。诺贝尔奖项涵盖了科学发展的前沿领域，通过对获得者进行分析，发现他们中好多人的成果都与人类生产、生活改进相关，是自然与人和谐思想的体现。中国自古以来一直主张人与自然的和谐发展，

---

① 赵乐静、郭贵春：《科学争论与科学史研究》，《科学技术与辩证法》2002 年第 4 期。

这表明未来世界的科技发展要实现人与自然的和谐共存要向中国古代的智慧学习。国外的学者已有这样的认识，那么作为一名中国的学者更应该返回到中国古典的哲学思想文化中，汲取有益的成分为中国的未来发展做力所能及的贡献。因此，在当下非常关注中华优秀传统文化的语境下，从科学史哲学的角度出发，探讨中国传统文化与科技思想的关系，是一个全新的视域。通过分析中华优秀传统文化对科技创新思维的启示，或者说中国古代科学传统中蕴含的哲学思想对未来科技发展范式的影响，具有很重要的时代价值。

之所以提中国古代哲学思想的当代价值，是因为现在已出现了人类不能把控的事情。自从“阿尔法狗”（AlphaGo）以“大师”的名义完胜围棋世界级高手之后，AI 进入人类的视野，其获胜原理是机器的“深度学习”。互联网技术与计算机技术的飞速发展，使这一深度学习内化为机器自主学习，造成 GAI 以突飞猛进的速度向前发展，如 ChatGPT4.0、AI 绘画、机器写新闻稿、汽车自动驾驶等诸多领域的 AI 出现，使劳动异化导致“人的异化”，从而使得人机关系变得扑朔迷离，人是机器的主宰者还是未来会变成机器的奴隶，已不能简单地从哲学理性的角度去探讨，而是要建立在对 AI 技术发展程度的判断上，这不得不引起霍金等人发出警示：未来的 AI 是否会成为全球霸主而威胁到人类的生存与发展。人类要想继续生存下去，必须向中国古代的自组织体系、天人合一的和谐思想汲取经验和智慧。况且科学史的研究表明，沿着 17 世纪确定下来的模式发展的现代科学，在为人类的文明演进做出贡献的同时，又不得不面对生存环境的恶化、高技术难以预测和评估及科学与人文失衡的现状，这也是科学技术面临的三大挑战。[①]由此，现代观念中科学的社会运用、价值理性已受到了后现代理论的质疑，从而引发对未来科学发展模式的理性思考。人类进入 21 世纪以来，科学的全球化、社会化和社会的科学化，科学的交叉性、复杂性和综合性，以及科技与社会的密切结合与相互作用，科学技术促进世界和平、促进人与自然的协调发展等，这些 21 世纪科技发展的趋势和方向[②]，足以说明科学发展的新范式即将出现。从中国古代人与自然的和谐相处到现在“再探讨”人与自然的关系问题，不仅是自然辩证法研究的当代主题，也是中国传统文化研究的当代内涵。中国科学家在全球范围内的崛起，充分体现了中华优秀传统文化的当代价值，笔者曾

---

① 董光璧：《科学面临三大挑战》，《自然辩证法研究》1994 年第 11 期。

② 王渝生：《当代科技发展的态势与前瞻》，《求是》2015 年第 20 期。

指导研究生对获国际大奖的华人化学家群体做过一些分析，通过对华人化学家崛起的整体分析后，可以看出“化学新范式”已现端倪，而且这种新范式与中国传统文化有很大的相容性，或说是中西文化对撞与交流的结果。[①]这些特征在其他一些学科的科学家身上也有所体现，由化学新范式或可推断科学的新范式业已出现，并将可能取代传统的科学范式。

一、思维特征的认识论分析

在现代科学概念出现以前，无论东方还是西方，人类对自然世界的认知都没有分科之说，而是“先哲”以一种“哲学”的方式去做统一思考，古希腊称其为自然哲学，古代中国称其为不同的“家”，如名家、道家、墨家等诸子百家，因为古代中国不仅有对“天”的思考，也有对“地”的探究，还有对“人”的分析，从而较早地产生了代数学、天学、地学、农学、中医学等学科。中国古代将“天、地、人”当作一个整体，有机地统一在一起，因此产生的各学科间具有普遍联系，而并不是单一的发展，几乎到16世纪中叶中国古代都是以这种方式进行各门自然科学的探究，取得了令世人惊叹的技术成就，只是在科学理论建构上欠缺，但中国古代一个非常鲜明的特征就是技术中蕴含科学原理，现在通过古代建筑、古代乐器、古代桥梁等物质文化遗产已经证明了这一点。所以，不能说中国古代没有科学，因为科学蕴藏在中国古代的技术设计中，现在要做的事情是通过一定的重新建构把这些科学知识展示出来。

虽然这些科学知识在古代没有展示出来，但并没有影响中国古代的发展，这才产生了近代科学革命没有发生在中国的遗憾。而受古希腊文明影响的西方科学，自亚里士多德公元前4世纪创立的三段论逻辑体系和公元前3世纪欧几里得几何学的公理化体系建立以后，经历漫长的中世纪，直到意大利文艺复兴以后，依托实验科学的方法与手段，17世纪中叶以后的近代科学发展为当代的科学技术。所以说，现当代科学技术的发展是沿着古希腊的公理化与逻辑相结合的体系发展而来的，科学的研究领域经历了由自然哲学、道德哲学时期，最终分化为自然科学、社会科学、人文科学的发展历程。

随后的事实是，伴随人类对自然与人类社会认识的不断发展，科学的分工越来越细，在同一学科领域还存在二级、三级学科，人们认为越是具体的学科越是可以解决具体的问题，这也说明了科学是从问题开始的，科

① 加亚杰：《获奖华人化学家崛起现象的归因分析》，山西大学硕士学位论文，2018年。

学就是要解决具体的问题。但是，在20世纪的前期，却出现了物理主义、还原主义等一些哲学思想，主张高级问题可以还原到某一低级问题去解决，如现代还原主义主张用物理、化学作用和自然选择就足以解释一切生命现象，这就是说只要有物理学、化学和自然学就不再需要其他学科了。这样一来，似乎分工很细的学科又向“统一”科学“逼近”。然而，整体主义却对还原主义持反对态度，认为对世界的认识要整体地、系统地去看，而不能是某一个局部就可以解决的问题。特别是伴随复杂性科学的出现对整体主义与还原主义的冲击都很大，致使他们在某些思想上出现了融合。因为在复杂系统中，组分的性质是通过与其他组分的关系而表现出来的，这就是说一种组分间是有关系的，这种关系也许是因果关系，也许是逻辑关系，也许是部分与整体的关系，当我们具体改变某个组分时，往往不可避免地会改变了整体性质，从而影响了整体性，这与中国古代 “牵一动百”的哲理思想高度一致。后来各种哲学思潮出现，致使对科学技术的理解不再像过去那么明显，而是缤彩纷呈，特别是后现代哲学的一些主张更将对科学与技术的认知推向了极端。那么面对这种局面，传统科学的线性关系遭到了后现代科学复杂性关系的破坏，有些甚至是颠覆性的，人们对科学认知的巨大变化，即由过去的盲目崇拜到现在的理性认知，研究内容、方式与手段也在不断进行修正。特别是跨学科领域的研究在近十几年得到了长足的发展，尤其是化学、物理学、生物学、数学间的互相交叉渗透，这与中国传统文化的思想高度契合。

在此，先举几个华人化学家的例子。作为一名年轻的化学家，1972年出生于江苏省如皋市的庄小威，很具有代表性，她是美国国家科学院院士，哈佛大学化学与化学生物、物理学双聘教授。庄小威的研究横跨化学、生物与物理三个学科，她充分发挥了交叉学科的优势，她把荧光光谱和显微分析技术应用于单个分子，在分子层面解决了一些重大问题。她的这种跨越式联系与中国古代普遍联系的观点非常相似。这种跨学科的化学家不仅在国外的华人化学家中是这样的，在国内也是如此，中国化学会青年化学奖的国家杰青陈鹏，发展了蛋白质活体标记和操控的化学方法，并开展了这些新技术手段在生物体系中的应用。他研发了“激酶分子开关”技术，跨越传统化学和生物学的界限，创造出对激酶一个个打开的新方法，同样体现了化学与生物学的交叉。这些都是科学研究中交叉学科互相渗透、互相启发研究的生动案例。历史地看，人类在早期对世界的认识，不论是称为博物学传统，还是自然哲学传统，或中国古代的格物致知，当时也没有具体的学科划分，都是基于哲学理念或依据对某些事物的观察提出相关的理论，而在当今的学科细化后却又主张学科间的交叉融合，这是不是学科回归自然认知的一种学术范式，这正是中国古代特有的一种认知特征，即统一性认知、相互联系的因果认知。

不过，需要指出的是，在学科的相互交叉与融合上，国外的一些科学早期也有体现，国际上的一些“大家”几乎都是学科交叉借鉴产生的。例如，恩斯特·马赫，他曾先后被聘为数学、物理学与哲学教授，学界公认他为数学家、物理学家、心理学家、哲学家与科学史家。正是他的这种博学多才，让其具有了深邃的哲理思想，为爱因斯坦相对论的提出提供了思想基础，尽管其本人并不这样认为虽然他把牛顿的绝对时空观批判后用相对时空观来替代，但他坚称自己是一个实证主义者，而不是相对主义者。在自然科学与哲学的发展道路上，类似这样的人物还有很多。那么从这里就可以看出，正是这种跨学科的整体思考，才产生了重要的哲学思想，这正好与中国传统文化中的“整体思维”的特征高度吻合，也是中国传统文化中有机论自然观中的生成论的真实体现。

那么，现代意义上的学科交叉与整合一体的研究范式，不正好是中国古代人与自然、世界统一的认知模式吗？就连萨顿在后期的科学史研究中也提到要注重东方的古代科学史，这实际上说明萨顿已经注意到了中国古代科学史的特别之处，只是限于当时的文献获取难度，他没有从事这方面的更多研究，后来李约瑟解决了这个问题。所以，从科学史的研究中也可以发现，未来世界大同式的科学发展模式必须向中国古代优秀传统文化汲取智慧，这一点已在一些诺贝尔奖获得者的思想中体现了。

况且，我们与自然相分离的二元论是现代精神难以接受的。从普里高津的观点中不难读出，中国哲学主张的人与自然的有机统一具有很深的哲理。其实不仅仅是普里高津这样认为，其他一些自然科学家也有同样的认知，特别是人类进入微观研究领域后，对生命的认识、对物质运动的认识与宏观领域完全不同。量子纠缠的叠加态与日常见到的一般情形完全不同，经由自然科学上升到观念或哲学，则会与以往的科学哲学思想产生不同的观念，正如波普尔与其他一些科学哲学家也曾指出：“人类正处于一个转折点上，正处于一种新理性的开端。”①这种新理性引发对科学技术发展模式的新思考，其表现是多方面的：在农业生态方面，主张绿色和谐、

① 〔比〕伊利亚·普利高津：《确定性的终结：时间、混沌与新自然法则》，湛敏译，上海：上海科技教育出版社，1998年，第5页。

高效、有机、安全优质，不能再以破坏土地和环境为代价，提倡食品结构合理；能源与资源研究主张多元化、低碳化、不破坏自然资源；制造业与全球化、智能化和绿色化紧密地联系地一起；科学基础研究寻求突破性的原始创新与理论创新。当然还有其他方面的研究，但从中不难看出，面向未来的研究领域是综合性与跨学科的，而且主张与自然的和谐发展，这一点是很重要的。

所以说，对未来科学的发展范式是一种新的探讨，是在人类总结人与自然关系、人与人关系两千多年后进行的理性思考，是面对人类生存与发展的挑战后的理性思考，是有意或无意、自觉与不自觉地受中国传统文化思维影响的结果。特别是近 400 年来的科学技术发展范式，带来的诸多问题迫使科学界、哲学界意识到人类要想在未来生存得更好，就得重新审视以前的发展模式，规避对人类生存与发展不利的一面，形成一种新的科技观。中国传统文化中的有机论生成观与西方的机械论自然观有很鲜明的对照，生成论主张物质间的产生、消灭与转化，是一种基于整体性的思维，完全可以解释学科间的相互联系、相互转化、正负物质的泯灭等现象，因而这是中国传统文化的遗惠得以重视与反思的具体写照。

二、中国传统文化的方法论特征

正因为有了实验方法，才有了近代实验科学的发展，导致近代科学革命的发生。实验方法、公理化方法与逻辑推理使科学的发展从概念的建立到公理的设立、定理的确立等，形成了一套完整的归纳—演绎—推理的逻辑体系，这一体系对于基础科学研究是完备的。这也是从近代到当代的科学范式。中国古代尽管取得了令世人瞩目的技术成就，但没有形成这样的公理化体系，没有发生所谓的近代科学革命，在此不对科学革命做任何评论，从单纯科技发展的结果来看：西方传统的科技发展到现在出现了与自然极不协调的境况，影响着人类在 21 世纪如何生存与发展的问题，而在中国传统文化关照下的古代科技发展了 1800 多年，取得了辉煌的科技成就却没有影响到人类的生存，说明中国古代的科技发明往往在思维方式与研究方式上是与人类的和谐发展是一致的。这不得不引起当代科技界与哲学界等的深入思考。

这种思考是理性的、历史的和逻辑的，更重要的是方式与方法上的思考，感召一种新的科技模式引领未来的发展。特别是，从科学的思维方法角度看，在当代科学的发展中，复杂性探索、整体论、综合方法、非线性研究受到了重视，科学领域的交叉融合使科学体系从以前的平衡态走向了非平衡态，科学传统面临全面的困惑和挑战。由自然哲学到自然科学，在一段时期内达到了平衡，这一平衡基于一种实验验证与数理逻辑的范式发展了 400 多年。但在进入 20 世纪八九十年代以后，大科学的发展模式越来越明显，大科学原始创新机制的运行越来越科学化，一些突破性的成果就是大科学运行的结果，这充分证明了科学新范式的出现，这种范式以一种越超传统方式的新模式形成新的学术领域，并形成了新的成果。对此，中国古语很形象地称之为“他山之石，可以攻玉”，这一系列的方法其实质就是中国传统文化中的比类推理与互补的方法论特征。

事实上，这一点从华人化学家的研究中就可以证明。这些有成就的化学家虽然是在一个研究方向上取得了较大的成绩，但都是利用了交叉学科的优势，采用了比类推理与学科间互补的方法，只是他们在具体的工作中没有意识到这种思维的存在，这种逻辑推理也是整体性思维的体现，或说一些研究者有意或无意地运用了中国古代的传统文化思想，只是有可能没有意识到。他们在研究科学问题时运用了一种“问题的各部分统一起来看”的思维，这种思维就是整体性的具体表现，从问题的某一部分可以比类推理到另一个问题，就可以实现优势互补。

基于什么样的思维就会产生什么样的研究方法。一些华人化学家会自觉或不自觉地受到家庭或其他中国人的影响，用中国传统文化的思维方式去思考问题，特别是用这种比类的整体思维模式产生比类推理的方法。因此，中国古代哲学文化给现代科学带来的这种比类推理的方法，可以运用到自然科学的其他学科，比如生物学、计算机科学等。现代 AI 的发展，如研制出的机器狗完全就是由一种仿生的类比推理思维形成的，其跳跃的方式、奔跑的方式等与真狗几近一致。

其实从化学的研究方法来看，无论是西方的炼金术还是中国古代的炼丹术，一开始都是一种定性研究，西方是按照古代希腊的一套范式在发展，到 18 世纪的化学革命出现后才走向了定量分析，而且定量的方法遵循了物质不灭定律与能量守恒定律，主要探讨物质间的相互转化关系。到现代化学，特别是量子化学出现以后，化学的研究已不再局限于这样的实验，学科间的交叉与融合，一些化学实验可以在计算机模拟中进行。从而使化学方法得到了极大的丰富，实现了逻辑推理与比类推理等方法并行。

那么从中国传统文化的角度看，化学模式出现这样的转变，从表面上看是不同学科间的互相借鉴而产生的，而实质上同样是中西文化碰撞与交流的结果。中国传统文化中的比类推理方法与天人合一的世界观有机地统一在一起，用现代的语言讲，不同的学科间存在着普遍联系，从整体性的思考出发，事物虽然有不同的特征，但可以内在地联系在一起。李约瑟早在《中国科学技术史》第二卷的序言中就已指出，中国传统文化存在着"内在而未诞生的、最充分意义上的科学"①，遗憾的是对此他没有做出进一步的论述。显然这种"内在的最充分意义上的科学"李约瑟已经"悟"到了，只是还没有从无形的思想变成有形的文字。或许李约瑟指出的这种认识，就是本书在前面论述中已经提到的"技术中蕴含的科学"，笔者曾在山西的一些传统手工艺保护的调研中发现，他们的一些简单计算就是精确数学计算的简便形式，只是鉴于一些特殊原因没有上升到数学层面。不过，对此的口述研究也正好是平民主义科学史的有力注解，对这种思想的进一步挖掘，建立与未来科学新范式相适应的理论，正是从事科学史研究者应该充分挖掘的内涵。

三、中国传统文化的知识论特征

对于以"实验"与"逻辑推理"为特征的近代科学发展模式，从表面上看是一种确定性的"实验室"认知，但事实上科学发展到今天却出现了诸多不确定的概率事件，这是一方面；另一方面，科学理论的研究过程中有好多是靠直觉或假说进行的，而并不是严格的实验求证，而且越来越远离"实验室经验"。这种特征在化学研究中有诸多体现。

从狭义上理解，西方化学的发展道路是从炼金术基础上发展起来的，以严格的实验室研究为特征，但后现代的化学模式，如计算机化学的出现却造就了化学的另一路径。计算机化学是集计算机、数学与化学一身的新分支，简单理解就是以前在实验室进行的化学实验可以通过计算机模拟来进行，这一研究范式可以从理论上探讨研究的可能性，如在理论上不可行的话，则就不需要进行化学实验了，从而大大降低了化学研究的成本。这一新模式充分说明化学研究已由传统的只实验不计算，逐步演变为先计算再实验。当然这种计算是基于数学的渗透，利用了计算机的模型化处理，达到化学的数学化或计算化，今后将会是集成多种关键软件的虚拟现实化学实验室概念。这种虚拟实验室大多是建立在"假说"或"猜想"的基础上，然后再进行理论或实验室验证。

① 董光璧：《中国科学现代化的难点和前瞻》，《科技导报》1998 年第 9 期。

当代呈现的这一态势，事实上在化学发展史上也可以看到这一特征。当初对苯环结构的发现，就是凯库勒在假想基础上的结果，体现了他的“直觉与悟性”。苯是在1825年由英国科学家法拉第首先发现的，但人们一直对其结构不清楚，好多化学家都致力于对其结构的研究而没有一个合理的解释。对于凯库勒“悟出”苯分子的环状结构的经过，据他自己说这来自一个梦。那时他在比利时的根特大学任教，一天夜晚，他在书房做了一个梦，梦中出现了旋转的碳原子长链，像蛇一样盘绕，忽见蛇咬住了自己的尾巴，并旋转不停，形成了一个“封闭的环”，这时他突然清醒过来，将6个碳原子连起来形成一个闭环，提出苯环结构的“假说”，后来得到了学界的一致认可，而成为化学史上的一个趣谈。化学史上类似这样的例子还有很多，如中国著名的化学家江元生，在1974年，他“觉察”出在简单分子轨道理论体系中，存在“看图识字”的规则，在这种直觉思维的影响下，经过大量计算，借助分子的连接性结构式与物理量的关联性，他以图形推理形式发展了图论方法，实现了用图形规则将简单分子轨道理论的基本内容概括为“三条定理”的形式，含义直观，应用简便，开创了我国化学图论研究的新局面，在国内外产生了深远的影响。

事实上，化学或其他一些自然科学的理论研究需要这样的“直觉与悟性”，在对一些自然现象的解释中也需要这种认知方式，只是在以前的研究中，一谈到科学总是与理性思维联系在一起，而对于感性思维中的直觉谈之较少。但在实际的研究过程中，直觉与悟性紧密联系在一起。简单地理解悟性就是指对事物的感知力、思考力和洞察力，这三种“力”是在直觉的基础上所感悟的，这种思想在中国传统文化中可以说是到处体现。例如，对于习武之人，师父总要弟子做到“身心合一”，那么对于自然科学研究来说怎样才能做到身心合一，就要靠“悟性”；对于孔子的一些言论，更是要在悟中才能达到真正的理解，这也是“三人行，必有我师焉”多重解读的基础。又如，世界著名的基础生物学家颜宁，现为中国科学院院士，她多年的研究经验使她逐渐相信导师的判断，即经验积累和严密分析所形成的“科学直觉”，这种直觉在某种意义上说，也是一种“悟”的结果。

对于从事科学的研究者来说，没有“直觉与悟性”的研究，就不可能提出假说或猜想。这一点不仅是传统科学研究模式的特征，更是未来科学模式的特征。换句话说，中国古代文化已经为人类的科学发展模式指明了道路，只是现在的一些科学家并不承认这一点，或找不到其哲学依据，现在中国传统文化就为其提供了理据。事实上，随着科学界对人类世界认识的不断加深，人们发现对于一些无法认知的现象或事实，只能以假说或猜想的形式存在，而且这种现象无论过去还是现在都将存在，如对地球科学的认识在不同时期就出现了不同的理论和假说：托勒密地心说、哥白尼日心说、宇宙大爆炸理论、板块学说、大陆漂移说等。其他自然科学类似的例子可以说举不胜举。

所以说，现当代科学的发展模式，尽管不是在中国的土壤中发生与发展的，但其研究方法、思维特征与认知方式却体现了中华优秀传统文化的思想。我们知道，现行的科学发展模式是在意大利文艺复兴以后出现的，是建立在欧式几何为代表的数学与逻辑演绎基础上的。而对于未来的科学发展模式，还是不是以数学与逻辑推理为基础的模式是值得考虑的，特别是伴随中华优秀传统文化的复兴，“将来的数学，应该是走中国古代数学道路，而不是国际道路，这是一条总的趋势”，之所以这样说是因为“《九章》所蕴含的思想影响，必将日益显著，在下一世纪中凌驾于《原本》思想体系之上，不仅不无可能，甚至说是殆成定局，本人认为也绝非过甚妄测之辞”。[①]数学的发展是这样的，当数学范式改变了之后，数学对生物学、物理学、化学等的作用也随之改变。那么，未来科学的发展范式是什么样的，一定与中华优秀传统文化的思维有关，因此将马克思主义与中华优秀传统文化相结合，以一种全新的方式来研究中国古代科学史从而揭示中国哲学理思想，以启迪未来科学的发展，是一项很有现实意义的研究。

马克思对数学很重视，不仅演算数学题目而且还研究了数学史，认为科学的数学化标志着该学科完善的程度。马克思的观点是站在科学史角度的认知，因为自牛顿实现自然哲学的数学化以降，数学在自然科学与社会科学中的运用越来越广泛，突出地强调了数学在自然科学中的地位与作用，这完全证明了马克思思想的正确性。那么，当数学的基础作用发生转换时，科学的模式必将发生转换。传统地看，如以前对生物种群的研究，在数学引入前往往是基于一种自然选择与淘汰的定性推测，在生物数学产生以后，就可以在统计数学的基础上建立模型，对一个种群的数量发生与生存状态可以做科学的预测，这便是数学引入生物学的成功。那么，如果有一种新的数学手段出现后，可能会比统计概率学更为科学，未来生物学

① 郭书春汇校：《汇校〈九章算术〉》（增补版），沈阳：辽宁教育出版社，2004年，第36页。

的发展肯定会更大程度地接受新数学思维的作用与影响。

四、中国传统文化的塑形作用

传统的化学研究模式是基于实验传统，通过定量的分析发展的，这条路线从某种意义上说是拉瓦锡提出“氧化说”时用的研究方法，在质量守恒的前提下，通过化学反应定量的分析获得令人满意的结果。后期化学的发展，借鉴物理学与数学知识形成了物理化学、结构化学等；通过数学在化学中的应用出现了统计热力学研究等化学的研究模式，特别是量子化学的出现使化学从宏观走向了微观，但不论是哪一种化学，几乎都与其他学科一样，是在西方构成论指导下的发展模式。

从华人化学家或国际上的一些化学家的研究中可以看出，现代的化学研究已不仅仅只关注化学实验前后质量与能量的变化，而是借鉴更多的学科手段与技术并运用到化学学科中，依现代技术生成另一种物质，尤其是材料化学的研究或计算机化学更是如此。所以说，现代化学范式是一种生成或转变的结果，这与中国古代生成论的有机自然观不谋而合。虽然本书没有穷尽国内外化学家的研究，但从化学发展的尖端技术来看，化学新范式已经出现，而且是一种与传统范式并行的发展态势，将来就会取代现行范式。所以，可以肯定地说，化学发展的模式已从过去人们认为的瓶瓶罐罐做实验的模式，逐步发展出一种新模式。

这种化学新范式的特征，主要体现以下几方面。

第一，系统自组织化的基础特征。

传统的化学范式是在以质量或能量守恒的前提下进行研究的，通过实验以验证或说明人们所看到的现象，实验前后各元素是一样的，所以说化学就是研究物质间的相互转化，在物质不灭定律的约定下，化学就是探讨从一种物质形态如何向另一物质形态转变的原理。未来化学的研究将彻底颠覆这一基础性特征，不能就化学而研究化学，而应该进行跨学科的研究，把化学方法应用于其他领域，实现多学科间的方法或思维的互补。因此，化学会具有双面性，一方面是自组织的化学体系，有其内在发展的逻辑结构，是基于量的发展；另一方面是作为方法论的化学方法，会应用到不同的学科领域，这是化学的延伸发展，是产生交叉科学的重要领域。

化学如此，自然科学中的其他学科也如此，自进入大科学时代以来，传统的自然科学发展模式必然受到挑战，新的范式一定是多学科的融合交叉式的创新，这与中华优秀传统文化中的自组织、整体思想有高度的一致性。普里高津的《确定性的终结：时间、混沌与新自然法则》一书正是对这一确定性的颠覆，他的不可逆进化把人类目前观察到的所有领域，无论是物理的、化学的，还是生物的、生态的，社会的，将人与自然、人与人间的系统以一种“系统开放”的态势联系起来，这样的联系正是中国传统文化中的“自组织系统”的现代科学验证。这为未来科学发展的新范式提供了理据，也为“科学与人文”的有机联系提供了桥梁与纽带。

第二，模型化理论建构的认识论特征。

化学的模型化结构一直是化学研究的重要方法，从道尔顿的原子结构模型开始，化学模型化几乎没有从化学视域中消失。事实是，古希腊提出的原子概念，其本身就是一种模型方法的应用，因为古希腊没有显微镜，不可能观察到原子，只能以哲学理性思维来推理物质的原子组成。到近代以来，模型化方法仍在使用，而且成为化学或其他科学假说的主要构成。特别是现在计算机在化学中的应用，形成的计算机化学，可以将过去在实验中完成的实验改为在计算机中进行，这种计算机化学很大程度上是一种模型化的设计。

从化学延伸到其他学科，无论是自然科学还是社会科学，这一模型方法也成为人类认识自然的主要特征。比如上文提到的生物数学自 20 世纪 80 年代成型以来，数学模型就成为生物数学研究的主要方法，从模型中就可以推断生物界的发生与发展态势，如生物学中发展很快的分子生物学，伴随分子生物工程的实践，涉及数学、计算机、化学、物理学等诸多学科，未来的自然科学中生物学也许会占据半壁江山。此外，对于社会科学来说，大数据语境下的社会科学研究，现在也在用数学模型方法，将无形的或定性的事件转化为一些模型，从而实现从无形到有形，达到人类可掌控的状态。物理学的研究更是如此，物理学本身就与数字的发展密切相关，没有数学上的重大突破物理学也难以产生重大突破，物理学中的模型化依靠数学的发展与进步。诸如此类，还有很多例子可举，在此不做过多的讨论。

其实，模型化的研究方法事实上是中国古代科学研究中采用的方法，中国古代的浑天说、盖天说，数学中的《九章算术》等是标准的模型化理论结构，而且好多模型已达到了很精确的地步，这是中国传统文化思想在科学上应用的真实写照。特别是《九章算术》，吴文俊认为其蕴含深刻的机理，我们现在还没有完全研究。所以说，现在的模型化设计，早在中国古代就已被广泛采用了，这正好印证了中国传统文化的巨大创造力。最令人想不到的是，“中庸之道”是中国传统文化的重要内涵，中国科学院的唐稚松从计算机本身的逻辑设计出发，采用“中庸之道”的思维方式将时序逻辑形式化理论与最新软件技术结合起来，国际信息处理联合会（The International Federation for Information Processing，IFIP）在1983年的巴黎大会上，第一次将状态转换的控制机制引入到逻辑系统之中，提出了世界上第一个可执行时序逻辑语言XYZ/E，开创了可执行时序逻辑研究，在同时代处于世界领先地位，由此而受到国际学界的高度赞扬。后期有学者总结其思想来源时就提及中庸思想，这一事实充分说明中国古代思想的伟大，更启发未来的科学新范式要向中国传统文化汲取营养的认识论思想。

第三，比类推理辩证的方法论特征。

从华人化学家在化学研究中采用的方法看，他们自觉或不自觉地利用中国传统文化中的比类推理、辩证的思维模式。他们综合地运用物理学、数学、生物学及计算机等方法，而且在具体的应用中辩证地处理各种关系，这可以说是中国古代整体思维的现代体现，虽然实验方法还在应用，但那是一种基本的技术手段了。前文已述，未来的化学问题可以先尝试用计算机化学解决，通过计算机可以把化学中的一些“键的关系”模拟出来，把物质间的转化进行比类模拟。之所以可以这样认知，是因为化学本身体现了普遍联系的关系，化学键的简单连接方式是中国古代思维中的“天道崇简”与“连贯关系”的整体观念的外在表现。中国古代哲学思想中的“天道崇简”，其实质就是事物发展的简单性原则，这里的“连贯关系”实质是古代思想中的普遍联系的关系，即事物间的互相联系的因果关系。也许在未来的化学研究中，依靠学科间的比类推理与辩证互补思想，才能实现科学寻求的以最简单的方式来解释人类面临的各种问题的目的。得出这一认识是建立在现代科学认知的基础上的，但中国古代以一句“天道崇简”就把这一原则很清楚地表达出来了，这也构成了中国传统文化中的核心特征，即对人、对自然与对世界的认识趋向于简单化。

事实上，中国古代数学的发展是以“算”与“术”的简单性原则“规矩”了中国古代科技，一直到近代中国的科技都领先世界其他国家，中国古代科技发展的模式就是基于这一算术基础，不同于古希腊引发的近现代科学模式。所以说，从天、地、人的角度，一切规律遵循简单性原则，世上万物的研究方法都是在寻求简单化，而且事实上这种简单化也得到了验证：世界的物质形态有很多，但也只是由为数不多的几种化学元素组成的，形态复杂但构成简单；生物学中尽管物种有千万种，但均可进行纲、科等归类研究，体现物种多样亲缘简单的原则；物理学上的运动状态很多，但牛顿力学定律很简单地描述了其规律；当初天文学上的地心说被日心说代替，也是由复杂向简单发展。可以这样说，天道崇简，正是科学家研究的方法论基底，尽管不同的科学有不同的内涵，但都趋向于这一方法发展。

第四，人与自然和谐的价值理性特征。

毫无疑问科学的发展是为了推动人类文明的进步，但当科学的价值理性与人类的生存相悖时，传统的科学发展模式必定遭到质疑，这种质疑是多方面的，其实质是科学的合理性受到了价值理性的拷问。从化学的发展便可以看出，化肥的大量使用，使土地的性质发生了改变，原来肥沃的土地被盐碱化，农药的使用对人类造成了很大的危害，所以传统化学的发展模式已使人类在反思：不能再以这种方式发展了，要发展绿色化学、环境友好化学，所以化学新范式是以“人与自然”和谐的方式发展。化学新范式体现了“人与自然和谐”的价值理性特征，这正是中国传统文化中“和”文化的体现。

未来科学的发展会越来越关注价值理性的选择，这也是科学发展到当代格局必然要做出的思考。传统科学模式在很大程度上没有注重人与自然关系的和谐发展，尤其是化肥、农药的使用，工厂的无限制排放造成的大气污染等给人类的生存与发展带来了很大的问题，怎样解决这些问题：走人与自然合一的道路。科学怎样体现其理性价值，是未来科学发展必须思考的问题，而这一切也许从中国传统文化的遗惠中可以得到答案。

历史地看，近几十年对世界认知的几种理论无不与中国古代的哲学思想相吻合，即从物质论到信息论、从构成论到生成论和从公理论到模型论，均与中国科学传统特征的契合，昭示的是中国科学传统的未来意义。① 中国传统科学特征正是中华优秀传统文化的有形表现，这也正说明中华优秀传统文化对未来科学发展新范式有很大的启示作用，我们理应从中华优秀传统文化的思想中为科学新范式做出全新的规划。

在如何构建这一科学范式转变的思想体系中，业已出现了诺贝尔奖得主在内的文化精英“回归到孔子思想”的呼吁，也出现了一些科学家及科学哲学家对中国传统文化的探索。所以说在寻求思想观念的路径中，中国传统文化遗惠，作为一种世界稀有的资源被一些学者关注，其之所以必须被尊重，是因为它是创造新文明的必要条件之一。在当代科学范式的历史转折中，中国古代的整体辩证思维、比类逻辑推理、模型化理论结构，以

① 董光璧：《中国科学传统及其世界意义》，《中国科学院院刊》2015 年第 5 期。

及“天人合一”“天道崇简”等思想会重新获得生命力，影响未来科学的发展，实现人与自然、人与人之间的和谐相处。

这些思想并不是一种推测，是在对一些华人化学家在世界上的崛起这一现象的分析论证中逐步形成的，虽然是从分析化学家的角度得出的，但也代表了科学发展的共性。通过对化学家的研究领域、思维方式、研究方法等所做的定性和定性分析，可以明显看出，一种新的化学范式已经出现，这与传统的化学研究有一定的差异，它在研究领域上注重学科的交叉与融合，体现了有机的生成论自然观；在思维方式上体现了辩证、整体的思维特征；在方法上比类推理特征非常明显。尤其是中庸之道、天人合一、顺其自然等思想，不仅体现了科学发展的价值理性选择，而且在科学研究方法与逻辑思维上避免了绝对化与极端化。化学新范式如此，科学的新范式也应如此，而且现在已处于传统范式与新范式并行的阶段，在未来的发展中，新范式会逐步替代传统范式。所有这些，正是萨顿提倡的“科学人文性”的具体体现，也是未来科学发展模式的思想根基。

在此，需要指出的是上述进行的一些分析，为科学新范式做了中华优秀传统文化角度的理思，不过还有待做进一步的深入思考与细化研究，这也是科学史哲学理应考虑的问题。中国具有灿烂而悠久的古代科技文明，无论四大发明还是其他一些发明，无不证明当时的中国科技是处于世界前沿的。况且从另一个角度讲，中国古代的多种技术中蕴含丰富的科学内容，是“工匠”的经验传统与“理性”的技术机理的有机结合的典范，只是没有以近现代科学的方式把其中的“科学原理”总结出来。因此，我们在研究四大发明等技术的发生、发展及影响的同时，更为重要的是把其中渗透的科学原理总结出来，把其中的原生环境提炼出来，另一个层面也可以把科技运行的社会机制阐释清楚。因此，作为一名科学技术史工作者，要积极响应我国创新驱动发展战略的实施，要从中国传统科技文化的遗惠中寻求未来科学发展范式的思想与哲学文化基础，运用马克思主义与中华优秀传统文化相结合的新方法、新路径去重建中国古代科学史研究，实现中华优秀传统文化的创造性转化与创新性发展，通过探讨新的科学创新模式，点亮未来科学发展的明灯。

第十一章　科学史学科建设的哲学思考

之所以要研究科学史哲学，从“研以致用”的角度讲，就是通过分析传统科学史学的理论与实践，为未来科学史研究探寻一个全新的进路，特别是要基于中国特色重建中国古代科学史研究，要把中国古代科学思想、技术思想与哲学思想、文化思想有机地结合起来，全方位地用一种新科学史观指导研究，把马克思主义关于科学与历史的思想观念运用到古代科学史的重构中，如何运用马克思主义理论指导中国科学技术史的研究，这是一个重中之重的问题。历史地看，中国的科学史学科建设并不是来自学科内部而是外部，从全国各个科技史博士点角度看，一直是“各具特色”的学科风格，或者说各博士点还是依托自身学校的学科优势打造自身的学术高地。那么，是不是可以一直以这样的方式发展下去，这不仅需要从科学史学科内进行定位分析，还需要从哲学层面进行剖析，要为形成中国特色的科学史研究而积极探索。[①]

第一节　科学史的建制化历程

在此，首先对科学技术史学科的建制化历程做简要分析。广义地讲，科学史研究虽然有着久远的历史，但它发展成为一门独立的学科却是进入20世纪以后的事情，科学史研究的规范化与建制化历程并不长，自“科学史之父”萨顿20世纪30年代实现科学史建制化以来，到目前也就接近百年的历史。公认的科学史在美国实现建制化，是以建立科学史学会、萨顿创办的*ISIS*杂志于1926年成为会刊、萨顿在哈佛大学成立科学史系、哈佛大学设置科学史的教授席位等为主要标志，宣告科学史学科的建制化发展，成为科学史学科建制化、学科化完成的标志。中国的科学史建制化始于20世纪50年代后期，最早在自然科学史研究所，后于20世纪80年代在一些高校相继设立科学史学位点。如果把科学史职业化作为科学史规范化的标志，那么通俗地讲就是随着科学史学位点的增加，“正规军”也越来越多。从研究队伍讲也不再是科学家在做学科史研究了，特别是国家

① 潜伟：《建设中国特色的科学技术史学科体系》，《科学文化评论》2019年第2期。

对此也很重视，更是有一批职业人以科学史为职业。

一、学科建制化的历程

从学理上讲，一个学科走向成熟有四个主要的标志：一是有学科的学术话语、学科体系；二是有学科的期刊，即学术交流阵地；三是有学会或研究会；四是有一大批研究学者。从现在的角度看可以再加上第五点，即有学术研究机构，还要通过定期或不定期的学术会议探讨学科内部的发展与学术问题，以提升学科发展的整体水平。

历史地看，萨顿尊实证主义哲学家孔德为科学史之父，因为孔德为科学史的发展做出了很大的贡献。例如，1832 年孔德向当时法国的教育大臣提交的报告，建议在大学中设立科学史的教授席位，讲授科学通史课，使大学生对自然科学的发展有一个了解和认识。法国政府在他提交报告 60 年后的 1892 年才采纳了这一建议，法兰西学院设立了科学史教授席位，聘任拉斐特为科学史教授，这是世界上第一个科学史教授，这时孔德已去世 35 年。拉斐特是孔德遗稿的保管人，不过他是一个哲学家，而不是科学史家。

在法兰西学院设立了科学史教授席位之后，英国学者也在积极推进科学史建制化，并努力推动综合科学史的研究，其中最有代表性的人物是惠威尔，他于 1837 年出版了《归纳科学史》，这是世界上第一部综合性的科学史著作，对科学史的学术贡献很大，该书将不同的学科史集中在一起，并探讨了科学的共性问题。

法国在科学史学科建设方面的重要人物是坦纳里，他同样是受孔德实证哲学思想的影响开始研究科学史的，其科学史论著相对不多，但他在 20 世纪初非常有影响力。特别是他于 1900 年组织举办了第一届国际历史科学会议，旨在推动科学史与历史学的联合。

德国的学科建制化方面的情况有 1901 年的 “医学史与自然科学史协会”及 1902 年《医学史通报》的创刊等。①可以说，欧洲为科学史的发展做的工作，都可以载入科学史发展的学科建设史。

萨顿到美国后，从一开始的科学史授课到后期的科学史建制化发展，萨顿都做出了很大的贡献。他虽然不能说是科学史学科建制化的第一个人，但他实现了科学史的学科建制化，被称为“科学史之父”。从某种意义上说，萨顿是将科学史建成一门独立的、组织化了的学科。萨顿同样受

① 刘兵：《科学史的兴起与发展》，《哈尔滨师专学报（社会科学版）》1996 年第 2 期。

孔德实证主义科学史的影响，而且把实证主义发挥到了极致，正因这一点也受到后期学者的质疑与批判。萨顿创办 *ISIS* 的目的是试图将科学家、哲学家、社会学家等与科学史相关的人士聚集在一个平台上，这样便于对科学的研究从不同的角度进行。另外，1924 年萨顿推动成立了美国科学史学会，随后将 *ISIS* 带入美国科学史学会，直到今天 *ISIS* 仍是世界上最权威的科学史杂志。萨顿还有一项贡献是 1929 年组织召开了第一届国际科学史大会，该会议每两年举行一次，特别是前文已提到的 1931 年的第二届国际科学史会议，赫森的演讲成为科学外史形成的标志。1936 年哈佛大学建立科学史系并开始招收博士研究生，1940 年萨顿被任命为科学史教授。

萨顿被任命为科学史教授，说明科学史在美国的大学中得到了认可，这也使哈佛大学的科学史成为国际科学史研究的重镇，到现在仍有科学史界的重量级人物出现，如夏平。当时，萨顿认为人类进步的力量是科学，那么科学史就是文明史，科学是累积实证的知识等学术观点，有力地维护了科学家的学术地位与社会地位，这也是他长期以来为科学的社会地位辩护的结果。自萨顿开创性的工作之后，科学史的建制化发展走向了正轨，其主要标志是成立了相应的院（系）或研究机构，并且有独立的研究团队。例如，英国、美国、法国、德国等国家的一些大学成立了科学史系或研究机构。当然，在科学史学科建制化发展的历程中，还有其他一些科学史家的作用和影响也很大，如柯瓦雷、库恩等学者从不同的角度对科学史的学科建设做出了贡献，在此由于篇幅的关系不展开分析。

二、中国科学史学科的建制

上述西方科学史的建制化历程是以学科内在逻辑演进的方式进行的，这与中国的进程完全不同，中国是一种外在的建制化发展。据席泽宗回忆，中国的科学史的“建制化”是在国家的主导下进行的，在很大程度上，它出自政府指令并得到政府的支持。[①]其主要标志如下。

第一，1954 年成立了中国自然科学史研究委员会（隶属中国科学院）。

第二，1957 年成立了中国自然科学史研究室（当时隶属中国科学院哲学社会科学部）。

中国科学史研究的总体目标在很大程度上规定了科学史研究的任务和

① 席泽宗：《中国科学院自然科学史研究所 40 年》，《自然科学史研究》1997 年第 2 期。

性质，也即中国的科学史要做什么研究，其目的是什么。在此背景下，科学史研究所关注的焦点是中国古代科学技术史，而且其中有许多研究工作是以“为国争光”或“总结祖国科学遗产，总结群众和生产革新者的先进经验，丰富世界科学宝库”为目的的。[①]这样的学科定位本身就不是来自学科的内在化历程，而是一种现实需要。所以，当时的科学史研究一是在研究中国古代科技有什么，二是中国与其他国家的科技交流情况。

历史地看，当时国家已经意识到科学技术史研究的重要性，需要总结我国古代科学技术的发生与发展，特别是四大发明的全球影响等。另外也许与李约瑟有关，他 1937 年进入中国古代科学技术史的研究领域以后，1942—1946 年在中国进行了大量的考察与资料收集，并与当时国内的知名学者进行了交流。竺可桢等一些学者与科技史有很深的渊源关系，与李约瑟的交流较多，自然对李约瑟的构想较清楚。1954 年李约瑟出版了第一本关于中国科技史的专著——《中国科学技术史导论》，这是中国科学技术史系列研究的第一卷，自然会加快中国的科学技术史的建设步伐，促成中国科学史学科的建制化尽快实现。

所以，在基本完成建制化后，为了挖掘中国古代科学技术，在没有确定科学标准的情况下，只能参照现在科学的标准与定义，研究中国古代的科学技术问题，具体是在中国古代科学技术有什么这个层面上展开。在当时的研究中，科学史家大量运用了历史考证的方法，列举了好多早于西方同时代科学技术的例证，将四大发明延伸到更多的发明，从而对中国古代的科学技术进行了充分的挖掘。在进入 20 世纪 80 年代以后，对“李约瑟难题”的思考类文章出现，更加激发了国内的科技史研究。同时，国内一些学者也对李约瑟的中国科学技术史进行了系统的分析研究，从治史原则、方法及科学与文明等方面进行了研究。

李约瑟的中国科技史研究及国内相当多的学者的研究给我们当下的启示是，对于中国古代科学技术的发展要从中国古代的哲学文化的角度去理解和解读，而不能像西方科学史一样，从内在的逻辑体系出发去建构，其研读路径只能是外史性的，这也正是李约瑟的成功之处。如果依靠现代的科学定义去解读与研究中国古代的科学技术，只能走向辉格式解释，这是完全不可取的。因为中国古代科学技术有其独特的生成与生长语境，这与来自古希腊自然哲学思想的西方科学截然不同，中国古代科学技术是以经验技术与官方结合的形式成长起来的，工匠在设计技术方式上与世界上其他地方不同，体现了中国的文明与文化思想的影响。所以，这种方式与当

① 席泽宗：《中国科学院自然科学史研究所 40 年》，《自然科学史研究》1997 年第 2 期。

时的社会需要有非常大的关系，无论是天文学还是医学，完全根植于中国的文明背景中。从自然科学的角度来讲，从古代发展到现在，中国的医学是在我们自己的本土上发展起来的，而且中医的理论和西医的模式完全建立在不同的理论背景下。而且治疗方式也不同，中医讲究“治未病”，还有“三分药，七分养”的说法，说的就是药只占治好病的三成，另外是靠各种调节，其中包括饮食、精神状况等的调整。所以，中国的科学技术史学科建设只有强调与世界其他地方的不同，才更能体现中国特色。

中国科学史的建制化发展在 20 世纪 80 年代以后取得了很大的进步。截至 2024 年年底全国博士点共 14 个，其中高校中占 13 个，全国硕士点只有不到 30 个，对于中国 2000 多所大学来说，科学史的学位点还有更大的发展空间。国内的主要博士点有（排名不分先后）：北京科技大学、北京大学（原北京医科大学，医学史）、清华大学、中国科学院大学、上海交通大学、南京农业大学、中国科技大学、中国科学院自然科学史研究所、山西大学、西北大学、内蒙古师范大学、景德镇陶瓷学院、南京信息工程大学、东华大学等。从这些博士点可以看出，中国科学技术史的研究偏重技术史的研究，另外，各学位点基本按专科史设置，不同专科史缺乏沟通的机制，跨专科史的学科点之间围绕学科点的建设进行的交流活动少。面对新时代的要求，需要重新从科学文化解释学的角度进行构建才能满足现实需要。

在科学史研究机构建设方面，中国科学史研究机构大多在高校，以科学史研究院（所）、研究中心等相对独立的研究机构进行研究，其团队成员也较为合理，尤其是近年来的博士率非常高。

1980 年 10 月，中国科学技术史学会成立，这是科技史工作者自愿组织起来的依法登记的全国性、学术性群众团体，每两年举行一次学术年会，其会员主要来自高等院校和科研机构的研究者及在读的研究生等。学会下设 30 个分科史专业委员会和 2 个研究分会，这些分会的研究活动极大地丰富了中国的科学史研究。中国科学技术史学会的成立与发展标志着中国科学技术史学科建设的建制化发展的新阶段，为科学史的学科发展做了大量的工作。

第二节　中国科学史学科的再建制化

面对 21 世纪的中国科技史研究，存在中国科学史学科的再建制化问题，袁江洋与刘钝已于2000年进行过专门的讨论[①]，面对当时科学史的研究现状，他们分析得很到位，但在经历了20多年的发展之后，面对新的时代要求，在建制化方面更要以现实的社会需要为引领做好研究工作，特别是面对新时代中国特色的社会主义建设，中国的科学技术史研究需要重新反思传统研究的得失，以主动适应新时代对科学史的现实需要。

一、新时代的科学史学科再建制化

中国科学史学科的再建制化，是在以往发展格局上的重新布局，以推动科学史研究的理论与实践创新，同时更为重要的是对科学史未来发展的学科规划，即对哪些是重点工作，哪些是重要工作，哪些是急需工作等进行一个全方位的思考。

第一，科学史的学科再建制化不是来自学科外部，而是内部。

面向未来的科学史研究，一定是能解决现实需要的科学史研究，而不仅仅是“为学术而学术”的理论研究，应该具有指向性与应用性，否则就会失去生命力，没有生命力的学科难以在学术中立足。因此，中国科学史的再建制化，要更加突显科学史研究的独特性，要通过科学史的研究深刻揭示科学发展历程所蕴含的科学精神、科学创新与科学家精神等方面的内容。

所以，科学史的学科建制一定是科学内部的事情，虽然会受到一些外部因素的影响，但要从科学史的内涵出发探讨如何才能真正反映科学史的本真，并为社会发展做贡献，服务于地方社会经济的发展，要使科学史的研究“有所为有所不为”，而不是对一些历史事实的简单陈列或意义的阐述。

第二，科学史学科的再建制化更重要的是平台建设。

科学史学科的团队建设是很重要的一个环节，没有一个好的团队就形不成一个好的平台，没有好的平台就难以在学科建设与发展中发挥作用。所以，面向未来的科学史学科建设重点是学术团队建设，没有一个强有力的学科团队，没有一个好的创新平台，没有一个坚强的学术阵地，就不可能产出一流的成果。团队建设要依托创新平台建设，创新平台建设要与相关的研究机构共建，比如可以与考古学相结合，形成考古与科学史创新平

① 袁江洋、刘钝：《科学史在中国的再建制化问题之探讨（上）》，《自然辩证法研究》2000年第2期；袁江洋、刘钝：《科学史在中国的再建制化问题之探讨（下）》，《自然辩证法研究》2000年第2期。

台，把考古的内容与科学史的研究紧密结合起来，可以产出创新性成果。或者说，可以与相关的专业结合起来，比如从事地方科技史研究的学者对山西壁画中的颜料成分进行分析，则可与化学专业的相关实验室进行联合，可以在某些研究上取得突破性成果。这就是说，创新平台建设可以运用科学共同体的范式，联合不同的学科、专业、研究机构形成不同的创新平台，同时也可以强化团队建设，这是未来科学史学科建设的重要内容。

第三，需要选择中国科学史学科的研究走向，构建新时代的科学史观。

面向未来的中国科学史研究，应该逐步从单纯的实证与考据的研究中解脱出来，形成一种解释学研究，正如本书在第一章论述的观点，要从哲学的高度重新反思和认识中国的科学史研究，构建新时代科学史观，为丰富和繁荣中国哲学社会科学贡献学科力量。

历史地看，科学史的研究在理论上一直伴随哲学思考，科学史观就是对科学史实践的理论总结，不同的科学史观会形成不同的科学史实践研究。前文已述，科学史的内外史研究就是不同的科学史观分析的结果。面对未来的中国科学史研究要从马克思主义理论中汲取养分，形成马克思主义科学史。赫森、贝尔纳、李约瑟、克劳瑟等都是运用马克思主义的理论和观点去研究科学史，取得了很大的成功，他们的研究成果产生了世界级影响。赫森运用马克思主义理论对牛顿原理的分析研究在 1931 年时就引起了科学史界的高度重视，成为马克思主义科学编史纲领的第一次成功运用；李约瑟的中国科学技术史研究彻底打破了西方中心论，让世界认识了中国古代优秀的科学技术文化；贝尔纳的“历史上的科学”研究运用马克思主义理论研究科学在历史上所起的作用及未来应该起什么样的作用，成为科学史的经典。还有其他一些学者运用马克思主义理论研究自然科学与自然科学史都取得了成功，充分说明了马克思主义理论运用于科学史研究的巨大创新力，那么深入分析、归纳与总结马克思主义科学史观，建构新的科学史观用以指导科学史的研究，形成马克思主义科学史，这是中国特色科学史的有力举措。

二、中国科学史研究的重要领域

从科学史哲学的角度来考虑，中国未来的科学史学科建设要由单一走向综合性的解释学研究，各个博士点在保持传统科学史优势的基础上，进行理论与实证研究的扩展，寓学以致用、学术服务、理论创新于一体，为社会现实需要服务。

第一，中国传统科技文化的解释学研究。

这部分研究可以说是目前各个研究机构的主要研究内容，大多是基于古代科技文献考证式的研究，有部分涉及科学史的解释学研究，但还有进一步研究的空间，如传统学科史的数学史中对《九章算术》的研究成为一大批学者研究的主题，国外也有学者也从事了这方面的研究。那么，在将来的某一天，当我们对于中国在古代数学方面还有多少内容可以挖掘这样的问题无法回答时，说明我们的研究就应该换“频道”了，这就需要转向对中国古代科学的解释学研究，走向“科学解释史”。这就是说，通过古代科技史的研究，旨在揭示古代科技与社会、文化与经济等要素间的关系，意即要把古代科技史的研究当作一个“信息文化”的载体，延伸到社会文化层次的解释学研究，从科技的发展去看当时社会水平与生产力。值得自豪的是，对于中国古代科技的具体内容经过几十年的研究，基本考证得清楚了，今后的研究工作应该在先前工作的基础上，一是做好还原研究，二是做好解释研究。

比如，从山西古代的墓葬壁画、寺庙壁画等壁画中可以去判断当时社会的文化、经济发展水平是关于壁画的社会文化研究，而宋代壁画到现在已有 1000 多年，为什么这些壁画不褪色，它着色的原理是什么，这就到了还原和解释层面的研究。为什么壁画颜色不变或变得很少，看当时的配料如何配比，类似这样的研究，在国内的科学史点很多，如何达到解释层面是应该追求的目标，如山西应县木塔，建造于 1000 多年前，古代人通过什么样的方法判断木料好坏，由什么样的工匠设计打造。从中国古代科技推测那时的科技发展水平，过去没有大型机械设备，有些建筑是怎么完成的，这些都值得深入研究。特别是面对纯手工技术的研究，传统科技在文献记载方面较少，那么不仅要挖掘古代科技文献，而且还需要历史地、逻辑地推断才能得出结论。

随着物质文化遗产与非物质文化遗产研究的不断深入，科技考古与文化遗产保护这项研究在科学史界保持了非常强的定力，如广西民族大学、北京科技大学、山西大学等科学技术史研究机构都对此进行了大量的研究，取得了一批成果。这是科学史研究的一个重要领域，这个领域的研究可以运用科学史的理论去分析如何解决文化遗产保护方面的问题，这也是一个与考古学交叉的研究领域，可以把科学史与考古学有机地结合在一起，形成科技考古学或考古科技史，因此这也是一个未来的生长点。

第二，科技政策史研究。

科技政策史研究属于科学史的应用研究，是一块很重要的内容，科学政策服务正是科学史未来应用研究的重中之重，承担着服务地方经济政策的使命。这块研究主要是基于近现代科学的建制化历程，探讨什么样的土壤适合科技的成长，着重分析面向中国未来的科技发展，如何从科研体制在政策上、社会环境上营造一个利于科技发展的科研氛围。这便要求从事科学史研究的学者从科技政策史中总结经验，以史为鉴为未来的科技政策制定提供智慧源泉。

从科学史的角度看科技政策史的研究，这是当下及未来科学史研究的一块重要内容，更为重要的是在研究的过程中要紧密结合对特定时期科技政策制定的解读与解释研究，在解释性的研究中阐释当时科技政策史的利弊。比如，科技政策中的科技评价指标体系，这一部分对于科技工作者的影响很大，因为一个不合理的科技评价体系就会影响到科研工作者的积极性发挥，同时也会影响到科研成果的产出。那么，怎样才能合理地进行评价？这不仅仅来自科研内部，而且还得参照当时的社会总体收入情况等其他一些指标。

第三，中外科技交流史启发式研究。

科技交流是推动科技水平整体提高的必由之路。从科学史的发展来看，正是由于出现了科学交流才会产生科学争论，有了科学争论才刺激了科学新思想的产生。那么，从这一逻辑出发，科技交流可以促进科技思想的交流，激发新思想。因此，从中外科技交流与传播中汲取经验，重在探讨什么样的环境有利于科技的发展。或许由于技术保密等原因，在技术公开之前有些技术是不能交流的，但其科研体制是可以进行交流的，体制创新也具有启发意义。从国家发展的角度来讲，创新发展，特别是自主创新需要一个什么样的制度与机制，这也是在比较研究的过程中，可以吸取的一些政策经验。

第四，科学史理论的突破性研究。

科学史哲学的形成与发展是伴随科学史研究的不断深入而发展的，科学史哲学研究的深度与广度与科学史的实践研究休戚相关，科学史哲学应该像科学哲学从科学中分离出来一样，从科学史中分离出来，保持其学术自主性，这样才能对科学史在不同阶段的研究进行哲学层面上的反思。科学史哲学不仅要研究科学史的实践，同时也要对科学史理论进行一些反思，以推动科学史理论的深入发展。

第五，科学-文化史观建构研究。

当代科学史的研究呈现一个非常明显的特征，即将科学与文化紧密结合在一起进行研究，要立足社会研究科学-文化的历史发展，这就是科学-文化的研究路径，这就需要建构科学-文化史观，这是一种全新的科学史观。前文已谈到一方水土养一方人，这充分说明文化的重要性，但科学史的研究不能陷入文化决定论中，应该基于一种中间的道路，从科学与文化共生发展中寻找最佳结合点。萨顿认为，人类的科学知识是推动文明演进的唯一动力，在今天的科学史研究中，因科学革命而带来的观念性变革也证明了科学是推动人类文明进步的动力，科学史的研究要总结在不同阶段科学与文化是如何共生并推动人类文明进步的。

第六，科学家思想与科学理性研究。

科学精神是科学史与科学哲学都会涉及的一个话题，科学精神是在科学活动中通过科学家或科学共同体的理想、信念、品格、精神等各方面进行哲学式的总结归纳而形成的，可以说不同时代的科学精神是不同的，或者说内涵是不同的。那么，未来科学史的研究可以围绕科学家的动机、兴趣、直觉、精神等诸多方面进行一系列的研究，这种解释学的研究会对科研创新、人才机制等有启迪作用。

上述六个方面只是在现有各科学史研究机构的研究基础上的一种提升式研究，通过这种提升式的研究，可以形成一个可共同探讨的科学史平台，在这个平台上可以对科学史的一系列问题进行语境评析，而且可以邀请科学史学术圈外的不同学者参与。因为科学史学的研究与教学不能关起门来，仅仅将视线局限于科学史圈内的事情，尽管研究历史是对过去发生事情的分析，但其可以对未来的科学发展起到启发作用，特别是还要关注一系列文化、经济等的发展与科学互动的影响。

三、中国科学史学科建设的战略思考

历史地讲，中国古代的思想构成人类面向未来发展的重要理论，那么面对未来的科学史研究，该如何做到“有所为和有所不为”，这不仅仅是科学史学科内部思考的问题，也是哲学层面思考的一个命题。科学史的研究不能是一成不变的，而要通过学科建设的调整来主动适应社会现实需要，这才具有生命力。因此，面对新时代中国特色科学史的现实要求，要形成具有中国特色的学术话语、研究范式，尽快构建中国特色科学史的学科体系、学术体系、话语体系。为此，中国科学史的学科建设在逻辑上应该注重以下几方面的战略性思考。

第一，在组织管理上，成立中国科学史联合会。

中国科学技术史学会成立于 1980 年，现已形成了以学科史为主的专业委员会和传统工艺研究分会，这些组织为中国的科学技术史发展做出了很大的贡献，但这些学会的年会或研讨会基本局限于科学技术史的小圈子内。所以成立中国科学史研究联合会的目的，旨在将从事科学哲学的、科学社会学的、科学学的、科学政策管理的等一些学者加入进来，共同总结中国传统科学史研究的经验，从不同侧面引申科学史研究。形成届次化的年会制度进行学术研讨，团结全国科学史学界同仁共同规划中国科学史的中长期发展，以推动中国科学史的研究进展，构建中国科学史学科的话语体系。

中国科学史联合会作为一个联合相关学科学者的联合会，不同于中国科学技术史学会，其主要集中与“科学”有关的诸学科，特别是对于科学学这一学科的联合研究，要从各方面对科学的发生与发展进行综合研究，而不能将科学与技术混为一体去研究，特别是对于基础科学发展，如何引领其向更高、更深的领域研究，从政策、文化、历史、哲学、经济学、社会学等学科的联合上建设一个全新的组织机构，把中国的科学史研究推向一个新高度，而不是走西方传统的科学史路径。

第二，在学科发展方向上，要打破科学史与社会科学的界限，推动学科融合和科技创新。

科学史是科学性与人文性的桥梁，新时代的科学史要主动从历史上的科学革命对社会机制的影响入手，去阐述科学发展与社会发展的内在关联，以凸显科学史的学科意义与价值。当今的自然科学与社会科学的交叉融合已经显示了巨大的创新力，只有学科间的融合才能解决重大的理论与实践问题。科学史有着异常宽阔的研究领域和多元的研究形态，最容易将自然科学与社会科学结合起来进行研究，而且与人类文明的演进结合最紧。所以今后的科学史研究要充分认识到科学史的这种天然优势，主动融合其他一些学科，不仅在内容研究上，也要在研究方法上取得新突破。

因此，在学科发展方向上，要打破传统的科学史一级学科建制的界限，可以与其他自然科学与社会科学进行多方位融合式发展，形成交叉研究的学术新增长点，国家现在也很重视学科的交叉融合式发展，那么，科学史更应该借此机会全面推动自身的发展与建设。

第三，在学科发展原则上，坚持以史鉴今、研以致用、服务社会的原则。

科学史是一个既具有历史性又兼科学性、哲学性的一个文理交叉的学科，虽是理学一级学科，但更大地表现为人文性，这种人文性内含科学政策与社会服务等诸多内容。学术研究是对时代的回应，新时代中国科学史研究要主动围绕党和国家的工作大局，通过一些重大的理论和实践意义的研究，为实现中华民族伟大复兴的中国梦贡献学科力量。特别是面对中国传统文化的创新性发展与创造性转化的实现路径中，通过中国古代科学史的研究，有机地将中国古代文化与哲学、中国古代文明与科学融合在一起，研以致用，从古代智慧中汲取力量，为新时代社会发展服务。

科学史的研究不能是一种“为学术而学术”的研究，要把科学史建设为一个应用性很强的学科，在条件较成熟的学科点可以率先成立应用科学史研究，要把“研以致用”当作一个基本原则去规划学科发展。从历史哲学的角度看，科学史也应该成为一个国家或地区制定科技政策的有力支持者、理据提供者、思想出新者，而不是仅仅对科学史事件说明的研究。

第四，在学科理论研究上，要构建科学史研究的新纲领，即马克思主义科学史观。

回顾中国科学史研究的历史，不难发现虽然致力于科学史研究的学者有多种类型，但没有形成一个共同的范式，各自守护着自己的一片天地，其研究目的、意义、旨趣、方法，以及对科学史的研究对象与学科性质等认识，有一致的地方，但也因为研究内容的不同而有所不同，除一些研究机构已开始进行科学史的一些解释式研究外，大多数学者的研究呈考证式的科技史研究。虽然从最早的老一辈科学史家算起，中国的科学史研究已近百年，但在学术规范、学科建设方面始终没有一个共同的纲领。所以，这种各自为政的格局不利于科学史的大发展，因而一直处于“小学科”的发展态势。未来的科学史学科建设应该考虑确定一个共同的、新的编史学纲领，上述提到的科学-文化史观也是马克思主义科学史学纲领的一个方面。形成马克思主义科学史观以全面规划科学史发展的诸方面，为形成科学史的中国特色凝聚力量。对于马克思主义科学史观、马克思主义科学史学的研究，是笔者未来研究的重要工作。

第五，在学科内容构建上，要形成中国特色科学史研究。

中国的科学史研究需要在未来的规划中形成自己的特色，因为中国古代科学生长于中国传统文化中，这与近代以来西方科学的发展模式截然不同，因此不能用科学的近现代标准去解读中国古代科学，中国的古代科学史研究只有从科学社会史的角度进行研究才会取得突破性成就，所以要注重中外学术交流和对话，与国外学者开展合作研究，取科学社会史研究的成功经验。前文已述，中国的科学史研究要从“碎片化”的研究态势，通过加强彼此间的联系，逐渐走向整体化的研究风格，以形成整体合力。那么，未来的科学史研究，要在传承、弘扬中国优秀科学史研究传统的基础上，进行合理取舍，努力构建具有鲜明中国特色、中国风格、中国气派的科学史学科体系、学术体系与话语体系，以形成科学史研究的中国学派，既要注重老中青三代人的传承，又要注重对青年学者的选拔和培养，鼓励有思想的青年人脱颖而出。

在学科内容的建构上，特别要把中国古代科学史研究作为一个“文化信息”载体，从中理解中国古代科学思想、哲学思想、文化思想对自然认识的方式、角度。更为重要的是对于中国古代各种技术的解读，通过这种解读把技术中蕴含的现代科学原理分析出来，从而无论是研究物质文化遗产保护还是具体的文物保护都可以从科学原理出发去加以保护与修复。现代科学的发展使学科不断细化，这些学科是理论化的知识，其中的一些知识在中国古代的诸多技术层面已被掌握，说明中国古代技术中蕴含丰富的科学。例如建筑技术中的力学运用（桥梁建筑、古木构建筑）、声学运用（戏台扩声、古建筑大厅声学）、电学运用（古建筑避雷）等，还有壁画中的颜料配比的化学原理运用，壁画底面涉及材料学的相关原理等，还有好多类似的方面需要从科学史的角度进行研究。

在学科内容的建构上，要加大对近现代中国科学发展的研究，可把关于技术的部分区别进行研究，要深刻认识科学与技术的区别与联系，未来的中国科学史研究需要回归到科学史领域与技术史领域的分领域研究，这才符合科学技术发展的规律。从人类社会发展的角度看，从石器技术开始，技术的发展要远远领先于科学，这是一个不争的事实，而科学的出现是很晚的事情，把科学史与技术史分开研究是有合理性的，混在一起研究往往会把科学史与技术史的各自特征抹杀掉，所以从科学与技术本身发展的特点来看，确实需要分开进行研究。

总之，面对新时代的新要求，中国的科学史研究，既存在机遇，也面临巨大的挑战，只有努力加强科学史的学科建设，与时俱进，不断调整发展方向，主动适应社会现实需要，才能有自己真正的用武之地。

结 束 语

正如历史的哲学化一样，科学史的哲学化是学科走向成熟的逻辑必然。从哲学的角度对科学史理论研究中最核心的若干元理论问题及科学史实践进行反思，其本身就具有了哲学意义，这是科学史哲学形成的必要前提。本书集中对一些理论与实践问题做了哲学分析，基于传统哲学的本体论、认识论与方法论的角度构建的逻辑结构，在内容安排上既有理论研究，也有实证的案例分析，在以后的课题设计和研究中还可以加一些案例，以充实科学史哲学的应用层面。本书各章是相辅相成的整体，鉴于篇幅没有分本体论篇、认识论篇与方法论篇等进行，今后可进一步分篇研究。全书最后服务于中国科学史的学科建设。

回顾拙著的研究，如果再一次发问为什么要进行科学史的哲学研究时，笔者可以理直气壮地说：如果没有对科学史理论问题的哲学思考，科学史学科是不规范的，科学史研究是不成熟的，科学史的研究只会在一个固定的圈子中难以创新。

之所以这样说，是因为 21 世纪已过去了 1/5，人类进入 21 世纪后的 20 多年，科学技术的发展速度远远超过人类历史的任何时候，当初我们认为 20 世纪的相对论、分子生物学、生命科学等学科取得了一些巨大的发现与科学成就，随着 21 世纪一二十年代后的 AI 的发展，显然未来科学的发展势头更猛烈，更难以预测。当然，科学史的研究并不是一帆风顺的，或者说并不是一成不变的，而是虽然形成了独立的、自主的学科，但科学史的研究风格、特征却在不同的时期发生了很大的变化，这种格局变化说明了科学史研究的多样化，也说明了科学史合理性重建的重要性，尽管拉卡托斯和夏平等学者从不同的角度提出了科学史的重构，但可以说，到目前为止科学史的合理性重建问题还没有真正解决，马克思主义科学史研究是解决这一问题的有效路径，这是未来科学史理论研究的一个重要方向。

寻求一个统一的范式，并不是要所有从事科学史研究的学者都用一种模式去研究，而是从理论上建构一种范式可以使科学与文化、社会、经济、哲学、政治等得到合理的解释，于是解释学进入科学史的研究视域，将科学作为文化的组成部分，作为一种亚文化的存在形式，可以有效地说明科学在不同文化语境中的不同形态，这样就能有效地回答为什么不同的时代有不同的科学表现形式，同时也可以分析科学发展中的理性精神，是一个非常有效的路径尝试。所以，综观本书的研究，主要形成了以下几个结论性的思考，这些思考也将引起更多的理论与实践研究，有些则是科学史未来的引导性课题。

一、五点哲学思考

第一，科学史的研究要重铸新的逻辑起点，强调社会与文化视角，特别是技术对科学发现的推动作用，并倡导建立全新的科学史观，以引领未来科学史的研究。

通过对传统科学史的哲学分析，面对未来的科学史研究，需要从战略高度重新规划，理性分析逻辑起点，而非自发或自觉的研究。对科学史进行哲学分析，并不是彻底否定以往的科学史，而是在充分汲取传统科学史研究的基础上，探讨新的研究范式，这个范式可以是某一学科的，也可以是整体的，要从不同的角度做出一种全新的解释，这一点正如本书中对中国传统文化的创新研究一样。未来的科学史研究要立足社会与文化的逻辑起点，要透过不同时期的技术发明与改进去分析科学理论的产生过程，要通过技术的发明与改进对社会经济发展的影响去透视科学的历史进程，这与传统的科学内外史的分析套路完全不同，是基于人类技术与社会发展的科学史研究。把马克思主义理论运用于科学史的研究中，并与中华优秀传统文化相结合，形成马克思主义科学史观，重新建构中国古代科学史的理论研究，指导中国古代科学史的重建。

第二，树立科学史解释的多元化理性批判精神，这种批判精神不能像传统的科学史研究一样，只是一种局部的反思式批判，而应是具有建设性、全局性的理性批判式的研究。

科学史存在于解释之中，这种解释不再是一种单一的解释，而是多元的、立体式的解释，科学史要向科学解释史转化，或者说建立解释史式的科学史。科学史从内史发展到外史，又从外史发展为综合史，越来越强调科学史的文化解释，之所以出现这样的局面，与科学史的理性批判研究分不开。科学史研究就要敢于和勇于批判，这种批判如本书所述，可以进行大胆假设，然后再去求证，没有大胆的批判就不会有大的创新。面向未来的科学史研究要在新科学史观的基底上建构中国特色的科学史研究，要从理性批判的角度全面审思西方的科学史研究范式，从而超越西方的研究模式，形成符合中国特色的科学史研究，特别是强调将中国古代科学传统与哲学文化有机结合。

第三，构建科学史学派论争的新平台，这个平台要给各学派提供一个相互交流、对话、渗透与融合的机会和场合。①

通过本书的研究，我们发现科学史研究面临一个很大的问题，即在对话与交流上没有更多的机会与场合，现在虽然有一些学术会议，但学术会议的主题很专，不是很宽，不同的学派间缺乏交流与争论的平台，这样不利于科学史整体水平的提高。搭建这样一个平台，可以让更多的学者表达观点，以探讨科学史研究新的进路。

第四，科学史的研究要探讨科学的本真问题，目前的研究还没有达到这一步，科学史内容的架构还需要丰富。

科学史研究的一项很重要的功能就是在历史的长河中回答科学是什么，这与从哲学上思考科学是什么的科学哲学是相似的，都是探讨科学的本真问题。但就目前的科学史来说，还没有实现这一研究目标。正是因为对这一元理论问题的解决还有很大的距离，所以才造成以一种标准的科学定义去分析不同时期的科学事件。

第五，科学史的研究方法不能是常规的，而应是随着科学史研究的不同内容创新性地发展新的方法，传统的研究方法不能抛弃，但新的方法要认可。

本书专门列了一章，对科学史的假设方法进行研究。这是对科学史的假设研究进行系统的梳理，正是基于这一次梳理才发现科学史的研究中到处都存在假设，这与历史不能假设似乎相悖，但正是这种假设才使科学史有了创新研究，假设研究不仅可以是一种方法，也是一个视角。

对科学史理论与实践问题的哲学研究所引发的这五个引导性的方面，创新性地从本体论、认识论、方法论的角度，对未来的科学史研究构建的路径选择做了分析，这种路径的构建将会与科学史的理性重建有机地结合在一起。特别是对中国古代科学史研究的重建问题，需要以一种创新的思路，建立中国特色的科学史学科体系、学术体系及学术话语，为丰富和繁荣我国的哲学社会科学贡献学科力量。

① 李树雪：《语境论科学编史学研究》，山西大学博士学位论文，2011 年。

二、七点结论

通过本书的研究，形成了以下几点结论，或许会对未来科学史的合理性重建有所启发。

第一，科学史是批判理性史学。

科学史学的第一本专著是在 1963 年出现的，是由波普尔的学生阿伽西完成的，他将书名定为《走向科学编史学》，旨在通过科学哲学对科学史的渗透说明科学史应该怎样去研究，时隔 40 多年后的 2008 年他出版另一本著作《科学及其历史：科学史学再评估》，这本著作的观点有了很大的变化，在他看来科学史学不仅需要批判，而且需要哲学理性的分析。科学史哲学提倡在本体论、方法论、认识论的理念下对科学史的理论与实践研究进行反思，是实践研究的理论升华。科学史本身就是不断接受批判的历史，需要与时俱进地分析当下的科学史研究的合理性与不足，这从一部科学史著作刚出版就有评论性的文章出现可以明显地看出。另外，从学科史到科学史，科学史观也从朴素的科学史观，到实证主义的科学史观转变，后期又出现了更多的科学史观，无论哪种科学史观都对其他的科学史观进行过一些合理性的批判，从而推动了科学史的理论与实践研究。

第二，科学史的研究维度是多元的。

科学史的研究不是一成不变的，从理论上讲科学史可以在多维度上进行，其研究对象是多样的，但其核心要素是科学事件。要将科学史的研究视域从过去单一的科学事件中解脱出来，而且要不断地扩大研究疆域，这是非常重要的一点。科学史的研究不仅要与科学结合在一起，更要与文化、经济、社会、军事与政治等多方面结合起来，在对待哲学思考上通过形成科学史哲学来规范科学史的学科体系与学术体系，这如同经济学哲学、物理学哲学、化学哲学等具体的科学哲学一样，因为科学史本身就是科学。因此，科学史的研究维度既有理论上的建构，也有实践层面的研究，还有实验室的操作，以及数学化的计量研究等，这充分说明了科学史研究的多元化。

第三，科学史观是多元理性的哲学思考。

科学史观作为科学史理论研究中的核心概念，是在考察科学观的基础上形成的，一般来说有什么样的科学观就对应有什么样的科学史观。传统的科学史观是建立在对已有科学史著作的理性抽象上，而科学史哲学视域下的科学史观则立足于科学史研究的最前沿，在反思科学史研究的态势后做出的准确判断，这是科学史哲学区别于科学史学理论研究的重要之处。

第四，科学史的研究方法呈多样性。

科学事件毕竟是“事过境迁”的，只有多元化的分析方法才能全面地反映科学史的本真态势。本书列举了一些方法，只是就传统研究方法进行的一种简要概括，事实上面对不同的选题需要采取不同的研究方法，科学史的研究不应有具体方法上的限制，应该主张多元化的方法运用。例如，有些选题需要以实验的方法去研究，需要将自然科学的实验方法引入到科学史研究中，完全和理工学科的研究一样，通过实验数据进行计量分析，得出与传统分析方法不同的结论，并对探讨科学史观、科学史解释、科学史功能与价值及科学史的未来发展模式，进行分析方法上的创新研究，为提出与传统理论不同的观点提供新理据。

第五，科学史上的科学争论还待进一步研究。

科学争论往往是推动科学创新的内在动力。因为科学争论的起因是对某一自然现象的不同解释，这种解释性的理论或观点正是知识积累的有效途径，从实证主义的角度讲，这样的知识积累形成了科学的体系化。另外，科学争论又可以激发创新思维，即对于一个具体现象的解释，不同的角度提出的不同观点体现了创新思维的结果。那么，对于科学史学者来说就应该深入研究历史上科学争论的来源、过程、争论双方创新观点的形成及意义。这一领域的研究现在显然还远远不够，未来的科学史研究要在科学争论的全方位研究上有所突破。

第六，科学史发展要与学科建设紧密地结合在一起。

科学史能否得到社会的承认与自身的建设有关，如果没有影响力，那么该学科只能不断地萎缩。所以，只能通过加强自身的学科建设，做到有所为和有所不为，立足于社会需要与现实需要，根植于经济发展的创新服务，将科学史的研究与社会诸要求结合起来才会有生命力。

目前，对于中国科学史来说，只有通过构建以科学文化研究为核心的科学史观，将中国古代科学史的重建研究与中华传统文化复兴研究有机地结合起来，才能创新传统科学模式，再结合中国现当代的科学史研究，从而形成中国特色的科学史研究，为丰富和繁荣中国的哲学社会科学贡献学科力量。

第七，新科学史观形成的条件已经成熟。

本书在对科学史观进行哲学分析时，对未来科学史观形成的社会-文化条件进行了分析。纵观科学史观的形成与发展，往往建立于一个特定的时期，一些学者将科学哲学的理论与概念引入到科学史的研究中，进而形成了科学史观。在对传统科学史观进行理性批判的基底上，结合赫森、贝尔纳、李约瑟、克劳瑟等学者的科学史研究实践，从科学与社会的互构共生的文化分析中，认识到马克思主义科学史观的建构条件已具备，今后要从马克思主义科学史观的内涵、特征与当代价值进行研究。这也是今后笔者要做的研究工作。

三、三点研究价值

本书是在综合不同的科学史家对科学史理论问题研究的基础上进行的一次尝试性研究。面对一些科学史的理论问题，本书的出发点是对其进行碎片化处理，吸各家之观点，然后对这些问题进行综合分析，得出一些有益的、合理的、符合历史与逻辑的观点。从事这样的研究注定是比较辛苦的，而且还担心得出的结论是不是可靠，会不会引起某些争论，但对于科学史的哲学分析一定是一个全新的领域，需要将其体系化地研究。

第一，科学史哲学的研究开创了一个科学史理论研究的新领域，特别是从哲学理性的角度推动了国内科学史理论的发展。

整体地看，科学史学的研究在国内是处于劣势的，研究的学者并不是很多，这是因为科学史的理论研究需要阅读大量的文献，并从中进行归纳与总结。另外，面对在传统科学史观指导下的科学史学研究，文本众多，每位学者的写作都有一定的思想在左右，并没有一个统一的风格。这样就更加大了研究的难度。当然，本书的研究也没把科学史的著作或理论全部读完并消化，还有相当数量的文献没有读到，这也是未来研究需要做的工作。

因此，对于科学史哲学来说，这是一个新兴的哲学分支，今后还需要做大量的工作，本书也只是对其进行了一定程度的归纳、分析，未来的研究还需要在体系建设、学术结构等多方面展开，而且需要进行大胆的、创新性的设计与研究。

第二，科学史哲学的研究触及科学史理论研究的核心问题，要通过解决这些问题建构全新的理论，实现科学史哲学的研究目的。

科学史的理论研究并不是想另创一个世界，而是为了解决科学史理论和实践研究中存在的问题，或从理论上引导科学史的实践研究，使之形成规范化的、系统性的研究，创新科学史的研究方法，创造科学史的认识角度。本书对科学史当下面临的元理论问题进行了一些分析，说明科学史哲学研究是有学术价值的，从哲学上对科学史的理论与实践问题进行研究本身也具有创新价值。

第三，科学史哲学的研究是一种哲学理性研究，有助于科学史的学术价值与意义提升。

本书的章节设计旨在通过对不同内容的理性思考来反映科学史的本质、研究方法、学术价值与意义，特别是专门就科学史的学科建设进行探讨，旨在全面规划科学史未来的发展。此外，本书提出的马克思主义科学史观的构建，将会对未来科学史的研究起到引领作用，同时也会对未来的科学史研究形成新的理论增长点，这也是笔者未来研究的重要工作。

综观本书的研究，结合传统与当前科学史的研究实践，对科学史的元理论问题进行了哲学层面的思考。笔者认为这是一项很有必要的研究工作，而且也非常重要，尤其是面对自 20 世纪 70 年代以来提出的科学史的合理性重建问题就更显得重要。现在科学史学界面临的是怎样把科学史建设成在学界有地位、在学科上发展得更大、在内容上更广博、在人员上更为壮阔的格局，要实现这些必须从哲学中特别是历史哲学与科学哲学中汲取营养，形成独特的科学史研究风格，能为社会的发展做出贡献，以取得在社会发展中的独特席位。科学史研究在繁荣和丰富中国哲学社会科学中不能缺席，也不应该缺席，而且要形成中国特色的科学史研究，构筑 21 世纪中国科学史的学术大厦，形成中国特色的科学史学科体系、学术体系与话语体系。

参考文献

阿巍：《科学史研究的新平台》，《复旦学报（社会科学版）》2001 年第 4 期。
艾战胜：《科学革命的本质：科恩与库恩的比较》，《自然辩证法研究》2008 年第 4 期。
毕文胜、杨晶：《历史解释与语境论——兼评覆盖律模型在历史解释中的应用》，《云南社会科学》2008 年第 3 期。
蔡贤浩：《试论柯瓦雷的科学史观》，《长江大学学报（社会科学版）》2005 年第 2 期。
蔡仲：《析社会建构主义的科学观——科学、修辞与权力》，《贵州师范大学学报（社会科学版）》2006 年第 2 期。
曹利风：《库恩的若干认识论和方法论思想》，《贵州社会科学》1987 年第 6 期。
曹起荣：《试论科学发现的必然性与偶然性》，《科学技术与辩证法》1990 年第 6 期。
曹天予：《魅力与危险——对科学史后现代主义观的反思》，曹南燕译，《自然辩证法通讯》1993 年第 3 期。
常青、卢源：《科学史的历史价值和现实意义》，《大自然探索》1986 年第 4 期。
陈光：《科学史的几个理论问题：关于对象与结构》，《大自然探索》1992 年第 2 期。
陈久金：《谈谈科学史研究中的方法问题》，《广西民族学院学报（自然科学版）》2000 年第 4 期。
陈炜：《拉卡托斯科学编史学思想评述》，《科学技术与辩证法》2006 年第 4 期。
成素梅：《走向语境论的科学哲学》，《科学技术与辩证法》2005 年第 4 期。
成素梅：《语境论的科学观》，《学术月刊》2009 年第 5 期。
成素梅、郭贵春：《语境论的真理观》，《哲学研究》2007 年第 5 期。
程志波、徐飞：《多重发现存在本质的语境分析》，《科学技术与辩证法》2008 年第 5 期。
崔珺达：《科学史的破坏性误读》，《自然辩证法研究》2002 年第 3 期。
董驹翔：《科学史所提示的科学方法论问题》，《齐鲁学刊》1982 年第 5 期。
董驹翔、董翔薇：《科学史：潜科学学的基础》，《中国人民大学学报》1993 年第 5 期。
杜严勇：《SSK 与科学史》，《南京社会科学》2004 年第 12 期。
杜严勇：《科学史的合理重建与社会学重构——拉卡托斯与夏平科学编史学思想之比较》，《科学技术与辩证法》2007 年第 1 期。
杜严勇、吴红：《社会建构主义与科学史》，《科学技术与辩证法》2005 年第 6 期。
樊春良：《科学编史学的意义——〈克里奥眼中的科学〉评介》，《民主与科学》1998 年第 3 期。

樊坚：《论科学危机——对科学史的一点思考》，《云南社会科学》1989 年第 6 期。
范莉、魏屹东：《柯瓦雷与库恩科学观的哲学反思》，《山西大学学报（哲学社会科学版）》2007 年第 6 期。
冯立昇、郭书春：《走进中国数学史——数学史家郭书春先生访谈录》，《广西民族大学学报（自然科学版）》2008 年第 4 期。
高剑平：《从“实体”的科学到“关系”的科学——走向系统科学思想史研究》，《科学学研究》2008 年第 1 期。
高栓来：《论史学研究的科学假设方法》，《唐都学刊》1993 年第 4 期。
龚静源：《科学发展模式理论简评》，《武汉交通管理干部学院学报》2003 年第 1 期。
顾江鸿、李克法：《惯性、惯性定律的提出》，《中学物理教学参考》2003 年第 9 期。
顾筱莉：《重塑科学史教育中张衡及其科学研究新形象——兼论教科书中科学史教育的编写方式》，《南京晓庄学院学报》2008 年第 3 期。
关增建：《科学技术史功能新论》，《郑州大学学报（哲学社会科学版）》1996 年第 4 期。
关增建：《中国科学史研究中的历史误读举隅》，《上海交通大学学报（哲学社会科学版）》2003 年第 1 期。
郭贵春：《科学史学的若干元理论问题》，《科学技术与辩证法》1992 年第 3 期。
郭贵春：《语境分析的方法论意义》，《山西大学学报（哲学社会科学版）》2000 年第 3 期。
郭贵春：《语境与后现代科学哲学的发展》，北京：科学出版社，2002 年。
郭贵春：《“语境”研究的意义》，《科学技术与辩证法》2005 年第 4 期。
郭贵春：《走向建设的科学史理论研究》，太原：山西科学技术出版社，2004 年。
郭贵春、成素梅：《当代科学哲学问题研究》，北京：科学出版社，2009 年。
郭贵春、成素梅：《科学哲学的新趋势》，北京：科学出版社，2010 年。
郭贵春、康仕慧：《走向语境论世界观的数学哲学》，《科学技术哲学研究》2009 年第 4 期。
郭金彬、李涛：《中国古代口述科技思想的传承方式》，《自然辩证法通讯》2007 年第 2 期。
郭启贵、高文武：《从托马斯·库恩的科学观看常规科学中的争论》，《长安大学学报（社会科学版）》2009 年第 1 期。
韩飘扬：《库恩及其〈科学革命的结构〉》，《图书与情报》1982 年第 4 期。
郝新鸿：《吴文俊数学史研究方法论及启示》，《淮阴师范学院学报（哲学社会科学版）》2009 年第 3 期。
何法信、孙晓云：《科学发展的内部逻辑——分析一种新的科学史观》，《河北师范大学学报（自然科学版）》1989 年第 4 期。

何维杰、何伟光、胡泽友：《科学史上重大争论起因及其影响分析》，《湖南大学学报（社会科学版）》2005年第4期。
何小莲、刘平：《科学历史学的反思》，《淮阴师范学院学报（哲学社会科学版）》2001年第2期。
洪波：《中国哲学史、思想史史料学刍议》，《西北大学学报（哲学社会科学版）》1984年第4期。
胡大年：《20世纪中国科技史研究有感》，《中国科技史杂志》2007年第4期。
胡海山：《从科学史角度解释科学发现优先权争论的两个案例》，《兰州工业高等专科学校学报》2009年第2期。
胡新龙：《科学发现——现象的和本质的》，《科学技术与辩证法》1987年第1期。
黄顺基：《I.伯纳德·科恩与托马斯·库恩：两种科学革命观——为I.伯纳德·科恩〈科学革命史〉一书中译本所作的序》，《自然辩证法研究》1992年第7期。
黄颖：《从科学史看科学中的哲学前提》，《经济与社会发展》2006年第2期。
纪海英：《历史地分析建构主义的哲学根源》，《赣南师范学院学报》2003年第1期。
纪树立：《科学史：批判和继承》，《社会科学》1980年第1期。
季相林：《柯瓦雷科学哲学思想与科学哲学的转向》，《内蒙古民族大学学报（社会科学版）》2009年第3期。
贾玉树、邢润川：《科技史与历史关系的理性思辨》，《科学技术与辩证法》2007年第1期。
江晓原：《科学史外史研究初论——主要以天文学史为例》，《自然辩证法通讯》2000年第2期。
江晓原：《多元文化中的科学史：第十届国际东亚科学史会议论文集》，上海：上海交通大学出版社，2005年。
姜振寰：《薮内清与中国科学技术史研究》，《哈尔滨工业大学学报（社会科学版）》2000年第2期。
姜振寰：《中国近现代科学技术史研究的方法论问题》，《自然科学史研究》2001年第2期。
姜振寰：《关于物理学史的分期》，《哈尔滨工业大学学报（社会科学版）》2006年第1期。
姜振寰、苏荣誉编：《多视野下的中国科学技术史研究：第十届国际中国科学史会议论文集》，北京：科学出版社，2009年。
蒋谦：《论作为思想史的科学“范式”》，《江汉论坛》2007年第10期。
景文：《科学史上一个“很古怪的术语”》，《西北师大学报（社会科学版）》1991年第1期。
科思：《科学史上几个著名的梦》，《今日科苑》2009年第1期。

李宝恒：《库恩对科学史理论的贡献》，《中国科技史料》1984年第1期。
李迪：《科学史理论研究》，《内蒙古师大学报（自然科学版）》1993年第3期。
李迪：《中国科学史综合研究》，《内蒙古师大学报（自然科学版）》1993年第3期。
李国秀：《评库恩的〈科学革命的结构〉》，《哲学研究》1984年第12期。
李建珊：《科学史上的以太—旋涡理论》，《南京大学学报（哲学·人文·社会科学）》1996年第3期。
李莉、宋子良、周星群：《科学史中失误的潜科学分析》，《科技进步与对策》2002年第9期。
李三虎、赵万里：《十九世纪化学史研究的兴起、特征和功能》，《科学技术与辩证法》1991年第4期。
李慎：《科学方法论研究及其意义》，《自然辩证法研究》1992年第9期。
李树雪：《语境论科学编史思想初探》，《科学技术哲学研究》2009年第4期。
李思孟：《中国古代科学史研究要突破以西方和近现代科学为标准的框框》，《山西大学师范学院学报》2002年第1期。
李涛：《科学发现的再发现途径分析》，《未来与发展》2007年第5期。
李天铎：《科学革命：古典科学和“培根”实验科学发展原则》，《管理科学文摘》1999年第9期。
李铁强、邢润川：《试论科学史计量研究方法的几个基本问题》，《科学技术与辩证法》1998年第1期。
李铁强、邢润川：《科学史研究中的比较方法》，《科学技术与辩证法》2001年第5期。
李廷举：《科学革命与现代反科学思潮——科学史上的连续和间断》，《自然辩证法研究》1993年第1期。
李晓雨：《浅析默顿对科学社会学发展的影响》，《今日南国（理论创新版）》2008年第2期。
李笑春：《科学争论为什么而战——内外史消解后的科学争论》，《科学技术哲学研究》2009年第6期。
李醒民：《科学史的社会功能》，《大自然探索》1986年第4期。
李醒民：《皮尔逊的历史研究和编史学观念》，《自然科学史研究》2002年第4期。
李亚宁：《科学史与文化传统》，《四川大学学报（哲学社会科学版）》1992年第4期。
李瑶：《从思想史角度探讨我国古代科学发展问题的一个尝试——“中国古代科学思想试析”七论综述》，《广西民族学院学报（社会科学版）》1982年第4期。
李瑶：《中国古代的“有机论自然观”及其对科学的作用——读李约瑟〈中国科学技术史〉第二卷〈科学思想史〉札记》，《广西民族学院学报（自然科学版）》1999年第4期。

李瑶：《从中古科学史看道家自然观的发展轨迹——读李约瑟〈中国科学技术史〉第二卷〈科学思想史〉札记》，《广西民族学院学报（自然科学版）》2000年第4期。
李瑶：《怀疑主义传统 反抑制的思想火花——读李约瑟〈中国科学技术史〉第二卷〈科学思想史〉札记》，《广西民族学院学报（自然科学版）》2000年第1期。
李勇：《美国科学研究信念的历时性考察——一种语境论的分析》，《自然辩证法研究》2007年第9期。
梁民愫：《历史学、社会科学与历史证据：霍布斯鲍姆史学方法论思想述论》，《江西师范大学学报（哲学社会科学版）》2003年第3期。
林德宏：《关于科学史研究的几个问题》，《科学技术与辩证法》2000年第4期。
林德宏、肖玲：《科学技术史学研究的意义》，《科学技术与辩证法》2004年第3期。
林自新主编：《科技史的启示》，呼和浩特：内蒙古人民出版社，1988年。
刘兵：《从科学哲学看科学史——拉卡托斯科学史观述评》，《自然辩证法研究》1986年第2期。
刘兵：《科学编史学视野中的"科学革命"》，《自然辩证法通讯》1992年第3期。
刘兵：《关于科学史研究中的集体传记方法》，《自然辩证法通讯》1996年第3期。
刘兵：《克丽奥眼中的科学——科学编史学初论》，济南：山东教育出版社，1996年。
刘兵：《关于中国古代有无科学的几点想法》，《科学对社会的影响》2000年第4期。
刘兵：《若干西方学者关于李约瑟工作的评述——兼论中国科学技术史研究的编史学问题》，《自然科学史研究》2003年第1期。
刘兵：《从科学主义到人文主义》，《史学月刊》2007年第9期。
刘兵、卢卫红：《科学史研究中的"地方性知识"与文化相对主义》，《科学学研究》2006年第1期。
刘钝：《科学史的文化功能及其建制化——贺中国第一个科学史与科学哲学系诞生》，《自然辩证法通讯》1999年第3期。
刘钝：《关于中国古代有无科学论辩的几点看法》，《科学对社会的影响》2000年第4期。
刘凤朝：《科学思想史的性质、特点、哲学价值》，《科学技术与辩证法》1988年第4期。
刘凤朝：《近代科学史观的历史走向》，《科学技术与辩证法》1991年第6期。
刘凤朝：《科学编史学的思想源流与现代走向》，《自然辩证法研究》1993年第12期。
刘凤朝：《劳丹科学编史学思想析要》，《自然辩证法研究》1994年第5期。
刘凤朝：《20世纪的科学编史学：文化背景和思想脉络》，《科学技术与辩证法》1995年第1期。
刘凤朝：《科学史的层次划分及其编史学意义》，《自然辩证法研究》2002年第1期。

刘凤朝：《拉卡托斯科学编史学思想析要》，《科学技术与辩证法》2002 年第 3 期。
刘凤朝：《历史主义学派对科学编史学的贡献》，《自然辩证法通讯》2003 年第 2 期。
刘高岑：《科学发现与理论评价的语境分析——以现代地学革命为例》，《科学技术与辩证法》2003 年第 5 期。
刘海霞：《简论夏平的科学史观》，《齐鲁学刊》2007 年第 3 期。
刘海霞、黄居源：《夏平科学编史学思想探微》，《自然辩证法研究》2007 年第 7 期。
刘海霞、马来平：《浅析实践科学观的编史学意义》，《理论学刊》2008 年第 8 期。
刘鹤玲：《本世纪 50 至 70 年代美英科学史研究的学术走向》，《自然辩证法研究》1992 年第 10 期。
刘鹤玲、饶异：《主流科学史中智识史与社会史传统的分离、纷争与融合》，《自然辩证法研究》2003 年第 12 期。
刘劲生：《论科学史的学科体系及其研究方法》，《社会科学研究》1992 年第 1 期。
刘炯忠：《从思想史看哲学和科学的关系》，《教学与研究》1987 年第 3 期。
刘军大：《科学史研究方法的重大改进——评拉卡托斯的“科学史的理性重建方法”》，《西南交通大学学报（社会科学版）》2002 年第 4 期。
刘珺珺：《研究科学技术史的现实意义》，《南开学报（哲学社会科学版）》1978 年第 6 期。
刘克辉：《论历史真实》，《史学月刊》1993 年第 3 期。
刘魁：《当代科学与宗教关系研究述评》，《国外社会科学》2004 年第 4 期。
刘胜利：《科学思想史的魅力——评亚历山大·柯瓦雷研究科学革命的三本著作》，《中国科技史杂志》2008 年第 3 期。
刘毅青：《重建中国解释学的起点：走出考据学的局限》，《文艺理论研究》2008 年第 4 期。
刘昭民：《试探中国古代科学史之特征》，《大自然探索》1990 年第 3 期。
柳树滋：《科学思想史与抽象具体律》，《北京师范大学学报（自然科学版）》1985 年第 2 期。
卢卫红、刘兵：《科学史、人类学与“跨文化比较研究”》，《自然辩证法研究》2006 年第 4 期。
罗克汀：《从实用主义、逻辑实证主义到存在主义——现代西方哲学流派的产生、发展和演变规律的研究之一》，《晋阳学刊》1981 年第 6 期。
吕增建：《从科学精英到科学败类》，《科技导报》2008 年第 22 期。
马桂英：《从科学史看西方文化心态的演变轨迹》，《广播电视大学学报（哲学社会科学版）》2008 年第 2 期。
苗苏菲、孙珉：《人类基因组计划——自然科学史上的伟大工程》，《求是》2000 年第 14 期。

钱捷：《为什么要重视科学思想史的研究?》，《自然辩证法研究》2000年第2期。
钱玮烨：《科学研究纲领指导下的科学合理重建》，《遵义师范学院学报》2006年第6期。
潜伟：《科学技术史学科体系结构浅论》，《中国科技史杂志》2007年第4期。
乔文娟：《科学史研究中的地方性知识——中医学》，《天津中医药大学学报》2007年第3期。
秦文倩：《库恩的“范式”与劳丹的“研究传统”的比较》，《太原城市职业技术学院学报》2008年第11期。
邱仁宗：《论科学史中内在主义和外在主义之间的张力》，《自然辩证法通讯》1987年第1期。
权红梅：《中国与希腊的古典神话比较》，《泰山乡镇企业职工大学学报》2002年第4期。
饶异、刘鹤玲：《世纪之交的科学史学：再论美英科学史研究的学术走向》，《华中师范大学学报（自然科学版）》2003年第4期。
任军：《科学编史学的科学哲学与历史哲学问题》，《社会科学管理与评论》2004年第4期。
任晓丽、李树雪：《近年来国内科学编史学研究的发展及其意义》，《科学技术哲学研究》2010年第3期。
山郁林：《简论胡塞尔对柯瓦雷科学史编史的影响——以〈牛顿综合的意义〉为例》，《科学·经济·社会》2006年第1期。
石丽琴：《从解释学的观点看拉卡托斯的科学编史学》，《科学技术与辩证法》2007年第3期。
石丽琴：《拉卡托斯科学编史学研究纲领与认识论解释学》，《华南师范大学学报（社会科学版）》2007年第1期。
宋琳：《女性主义科学史研究的本土化探索》，《北京科技大学学报（社会科学版）》2008年第4期。
宋正海：《科学编史学是提高科学史整体水平的重要途径之一——读〈克丽奥眼中的科学〉》，《自然辩证法研究》1997年第8期。
苏玉娟、魏屹东：《继承与超越：科恩的科学史研究特征》，《科学技术与辩证法》2009年第1期。
苏玉娟、魏屹东：《科恩的科学编史学方法新探》，《自然辩证法通讯》2009年第3期。
苏玉娟、魏屹东：《科恩的语境论科学编史学》，《自然辩证法研究》2009年第6期。
孙宏安：《科学史研究的一个方法论原则——兼评“科学〈易〉”》，《自然辩证法通讯》1991年第5期。

孙伟林、孟玮：《追寻世界科学中心转移的轨迹》，《民主与科学》2006 年第 3 期。
孙永平：《柯瓦雷：科学思想史研究方向与规划》，《自然辩证法研究》1991 年第 12 期。
孙玉忠：《科学哲学对科学史的意义》，《自然辩证法通讯》2009 年第 2 期。
孙玉忠、张秀宏：《物理学史中的过渡理论与科学进步》，《哈尔滨师范大学自然科学学报》2007 年第 5 期。
谭萍：《从科学学到科学社会学》，《科学管理研究》2006 年第 2 期。
谭小琴：《科学史的可能性研究》，《自然辩证法研究》2007 年第 6 期。
唐文佩：《“赫森论点”文本研究》，《自然辩证法通讯》2008 年第 2 期。
田勇：《浅谈科学史的功能》，《职业圈・现代软科学》2006 年第 2 期。
万丹：《论历史主义科学哲学的发生及其概念运动的动力》，《世界哲学》2008 年第 5 期。
万丹、伍屏芝：《论库恩的历史主义》，《江西社会科学》2003 年第 12 期。
万辅彬、张秉伦：《科技史研究应文献与实证并重——科技史学家访谈录之九》，《广西民族学院学报（自然科学版）》2006 年第 1 期。
汪前进、胡维佳：《科技史视角的科技战略研究》，《中国科技史杂志》2007 年第 4 期。
王保红：《科学史研究走向的思考》，《沧桑》2007 年第 2 期。
王大明、郭继贤：《走向开放的科学史研究——关于科学史学科性质的思考》，《自然辩证法研究》2002 年第 12 期。
王电建：《语用学和语境论析》，《长春师范学院学报（人文社会科学版）》2008 年第 2 期。
王健、刘恩山：《“科学本质”的研究及其进展》，《生物学通报》2007 年第 6 期。
王克君：《从科学史看无形学院对科学发展的作用》，《东北大学学报（社会科学版）》2001 年第 2 期。
王克强：《科学史上的“科学主流”和“科学主流渠道”现象与规律》，《自然辩证法研究》1999 年第 4 期。
王敏：《费耶阿本德的多元方法论综述》，《新学术》2008 年第 3 期。
王前：《科学思想史的逻辑》，《科学技术与辩证法》1987 年第 2 期。
王前：《中国科学思想史研究的若干理论问题》，《大连理工大学学报（社会科学版）》2003 年第 1 期。
王晴佳：《科学史学在近代日本和中国的兴起及其异同——兼论中日史学的相互交流与影响》，见李国章、赵昌平主编：《中华文史论丛》总第 77 辑，上海，上海古籍出版社，2004 年，第 1—35 页。
王维：《科学史的概念——兼论不同文化类型科学史比较研究的不可通约性》，《自然辩证法通讯》1993 年第 3 期。
王延锋：《科学形象的历史描述——皮克林的批判编史学及有关争议之分析》，《自然辩证法研究》2009 年第 4 期。
王扬宗：《中国当代科学的历史研究刍议》，《中国科技史杂志》2007 年第 4 期。
王禹凡：《浅谈中国科学史之外史研究》，《自然辩证法通讯》1993 年第 5 期。
王玉平：《科学与对科学的哲学思考》，《科技导报》2008 年第 19 期。
王云霞、李建珊：《试论库恩科学史观》，《北京理工大学学报（社会科学版）》2007 年第 2 期。
王哲：《〈利维坦与空气泵：波义耳、霍布斯与实验生活〉——一部经典的建构主义科学史》，《中国科技史杂志》2008 年第 1 期。
王哲、刘兵：《SSK，知识还是实践?——从〈利维坦与空气泵〉谈起》，《北方论丛》2008 年第 1 期。
王作跃：《近现代中国科技史研究：历史、现状与展望》，《中国科技史杂志》2007 年第 4 期。
魏屹东：《20 世纪科学史的三次转向》，《自然辩证法通讯》1999 年第 3 期。
魏屹东：《论科学的社会语境》，《科学学研究》2000 年第 4 期。
魏屹东：《社会语境中的科学》，《自然辩证法研究》2000 年第 9 期。
魏屹东：《科学社会学方法论：走向社会语境化》，《科学学研究》2002 年第 2 期。
魏屹东：《科学史研究的语境分析方法》，《科学技术与辩证法》2002 年第 5 期。
魏屹东：《科学理论中心概念变化的语境分析》，《科学技术与辩证法》2004 年第 2 期。
魏屹东：《科学发展的文化语境解释》，《山西大学学报（哲学社会科学版）》2003 年第 3 期。
魏屹东：《广义语境中的科学》，北京，科学出版社，2004 年。
魏屹东：《从历史语境看科学理论的形成》，《洛阳师范学院学报》2005 年第 1 期。
魏屹东：《作为世界假设的语境论》，《自然辩证法通讯》2006 年第 3 期。
魏屹东：《美国科学史学会专业化的历史经验》，《中国科技史杂志》2007 年第 4 期。
魏屹东、郭贵春：《探索科学编史学的开拓之作——〈克丽奥眼中的科学——科学编史学初论〉》，《科学技术与辩证法》1997 年第 4 期。
魏屹东、郭贵春：《科学中心转移现象的社会文化语境分析》，《科学技术与辩证法》2001 年第 6 期。
魏屹东、王婷芳：《HSS 的发展与科学史的专业化》，《自然辩证法通讯》2008 年第 2 期。
温福英：《库恩“范式观”形成过程中的问题意识》，《福建农林大学学报（哲学社会科学版）》2009 年第 2 期。
温福英：《库恩学说：沟通科学与人文领域的典范》，《西安文理学院学报（社会科学版）》2009 年第 2 期。
文剑英：《科学史的重构及其方法选择的影响因素》，《科学技术与辩证法》2007 年第 2 期。
吾淳：《古代中国科学范型》，北京，中华书局，2002 年。
吴琼兵：《科学史学科体系初探》，《现代哲学》1992 年第 3 期。
吴世民：《科学史的三种视角评价》，《南昌高专学报》2007 年第 1 期。
吴彤：《儒家与中国古代科学技术》，《内蒙古大学学报（哲学社会科学版）》1992 年第 4 期。
吴炜：《论伽利略在科学史上的地位》，《大自然探索》1999 年第 3 期。
吴炜、柳媛：《中国现代思想的科学化及其效应》，《人文杂志》2008 年第 3 期。
吴余：《科学研究从发现和提出问题开始——科学逻辑基本知识讲座之三》，《逻辑与语言学习》1987 年第 2 期。
席泽宗：《中国科学思想史的线索》，《中国科技史料》1982 年第 2 期。
席泽宗：《李约瑟论〈周易〉对科学的影响》，《自然科学史研究》2000 年第 4 期。
席泽宗：《中国传统科学思想的回顾——〈中国科学技术史·科学思想卷〉导言》，《自然辩证法通讯》2000 年第 1 期。
肖养田：《科学史新发现》，《发明与革新》2000 年第 12 期。
萧延中：《贯通“思想史”与“社会史”的意义》，《天津社会科学》2001 年第 4 期。
邢润川、郭贵春：《历史语义分析方法在科学史研究中的重要作用》，《科学技术与辩证法》1990 年第 4 期。
邢润川、孔宪毅：《论自然科学史与自然科学的区别与联系》，《科学技术与辩证法》2000 年第 4 期。
邢润川、孔宪毅：《对自然科学史定位问题的思索》，《科学技术与辩证法》2001 年第 4 期。
邢润川、孔宪毅：《论自然科学史的科学属性与人文属性》，《科学技术与辩证法》2002 年第 3 期。
邢润川、孔宪毅：《论自然科学史研究的层次》，《科学技术与辩证法》2002 年第 1 期。
邢润川、孔宪毅：《试论科学思想史与哲学的关系》，《科学技术与辩证法》2006 年第 2 期。
邢润川、李铁强：《科学史研究的方法论原则——从与自然科学研究的比较看》，《自然辩证法研究》2001 年第 7 期。
邢润川、刘中荣：《科学发展需要社会分析——读〈科学社会史〉》，《科学技术与辩证法》1992 年第 3 期。
邢润川、叶磊：《论科学思想史研究的对象及其哲学价值》，《哲学研究》1990 年第

6 期。
邢兆良：《中国传统科学思想研究》，南昌，江西人民出版社，2001 年。
邢兆良：《科学思想应是思想史的基础——关于思想史研究的若干思考》，《上海交通大学学报（社会科学版）》2002 年第 1 期。
熊登榜：《自然科学史定位的三重视域》，《科学技术与辩证法》2002 年第 1 期。
项晓敏：《简论科学史的方法论问题》，《山西经济管理干部学院学报》2008 年第 4 期。
徐超：《关于科学史功能研究的若干思考》，《武汉大学学报（人文科学版）》2007 年第 5 期。
徐奉臻：《英国科技思想史研究的阐释与思考》，《河南大学学报（社会科学版）》2004 年第 6 期。
徐圻：《罗素的“史学非科学论”和“历史非决定论”述评》，《贵州大学学报（社会科学版）》1993 年第 3 期。
徐善伟：《略论实证主义史学与兰克客观主义史学的异同》，《齐鲁学刊》1991 年第 6 期。
徐昕：《科学史视野下的科学文化和人文文化》，《经济与社会发展》2008 年第 5 期。
徐炎章、解恩泽：《科学认识的新视角——中国潜科学史及其当代价值》，《自然辩证法研究》2008 年第 9 期。
许良英：《关于科学史研究的几个问题的探讨》，《自然杂志》1981 年第 2 期。
许良英：《关于科学史分期问题》，《自然辩证法通讯》1982 年第 4 期。
严炜：《试析科学权威对科学发现的抵制》，《江汉论坛》2006 年第 5 期。
颜青山：《逻辑重建的科学史与李约瑟难题》，《湖南医科大学学报（社会科学版）》1999 年第 3 期。
杨宝珊、叶玲：《驳古克礼对〈中国早期自然科学成果〉的批评》，《科学技术与辩证法》2002 年第 3 期。
杨耕、郭利：《在哲学和历史的交叉点上》，《江淮论坛》1988 年第 4 期。
杨浩菊、甘向阳：《世界背景下的中国科学史研究刍论》，《太原理工大学学报（社会科学版）》2002 年第 4 期。
杨华：《中国古代思想史研究路径探略——以墨子思想研究为例》，《山西大同大学学报（社会科学版）》2009 年第 1 期。
杨静：《浅析科学学与科学史的关系》，《科技管理研究》2008 年第 6 期。
姚远、董英哲：《中国科学思想史与科技史、思想史和哲学史的几个连结点》，《科学技术与辩证法》1991 年第 1 期。
殷杰：《语境主义世界观的特征》，《哲学研究》2006 年第 5 期。
殷杰、韩彩英：《视域与路径：语境结构研究方法论》，《科学技术与辩证法》2005 年第 5 期。

于秀彬：《试述内史论与外史论之争》，《白城师范高等专科学校学报》1999 年第 4 期。
袁海军：《何以拒斥社会建构论?——论拉宾格尔对科学的社会建构论的回应》，《自然辩证法研究》2002 年第 10 期。
袁江洋：《科学史编史思想的发展线索——兼论科学史学学术结构》，《自然辩证法研究》1997 年第 12 期。
袁江洋：《科学史的向度》，《自然科学史研究》1999 年第 2 期。
袁江洋：《科学史的向度》，武汉，湖北教育出版社，2002 年。
袁江洋、刘钝：《科学史在中国的再建制化问题之探讨（上）》，《自然辩证法研究》2000 年第 2 期。
袁江洋、刘钝：《科学史在中国的再建制化问题之探讨（下）》，《自然辩证法研究》2000 年第 3 期。
袁磊：《20 世纪科学史上的骗局》，《科学启蒙》2000 年第 1 期。
袁影、罗明安：《语境论与阐释学》，《苏州大学学报（哲学社会科学版）》2004 年第 4 期。
袁运开：《关于自然科学史方法论的若干探讨》，《自然杂志》1988 年第 10 期。
曾东萍、林赛君：《科学史上的歪打正着》，《科海故事博览（智慧文摘）》2007 年第 11 期。
詹志华：《中国科学史学史研究的概况与发展策略》，《未来与发展》2008 年第 8 期。
张柏春：《中国近现代科学技术史研究的若干内容与视角》，《自然科学史研究》2001 年第 2 期。
张秉伦、鲁大龙：《从科技史角度谈自然科学和社会科学联盟》，《哲学研究》1991 年第 6 期。
张德昭、张丽：《解释模式：科学与人文的交汇点》，《科学技术与辩证法》2005 年第 4 期。
张附孙：《从历史哲学到实证主义史学的转变》，《云南教育学院学报》1988 年第 4 期。
张弘政：《哲学的科学与科学的哲学：唯物史观的致思路径》，《北京工业大学学报（社会科学版）》2006 年第 2 期。
张明雯：《科学史的辉格解释与反辉格解释》，《自然辩证法研究》2004 年第 11 期。
张明雯：《布哈林与苏联科学史》，《自然辩证法通讯》2008 年第 4 期。
张明雯、孙玉忠、王跃新：《米库林斯基及其综合论》，《辽宁师范大学学报（社会科学版）》2007 年第 5 期。
张明雯、孙忠艳：《米库林斯基与科学编史学》，《自然辩证法研究》2005 年第 4 期。
张贤根：《科学史的人文价值》，《湖北民族学院学报（哲学社会科学版）》2000 年第 1 期。
张云飞：《当代西方历史哲学研究的主要趋向》，《重庆社会科学》2008 年第 9 期。

张之沧：《费耶阿本德对科学史的诠释》，《山东科技大学学报（社会科学版）》2003 年第 3 期。
张作成：《"一切历史都是思想史"：语境分析与内涵再探》，《史学理论研究》2009 年第 2 期。
章梅芳：《科学的文化多元性及其意义——读〈面对可能的世界：科学的多元文化〉》，《民主与科学》2008 年第 3 期。
章梅芳：《人类学与女性主义：科学编史学层面的同异研究》，《广西民族大学学报（哲学社会科学版）》2008 年第 4 期。
章梅芳、刘兵：《后殖民主义、女性主义与中国科学史研究——科学编史学意义上的理论可能性》，《自然辩证法通讯》2006 年第 2 期。
赵博：《中西医解剖学史比较与中西医理论体系建构》，《中华医史杂志》2003 年第 3 期。
赵建群：《论历史认识活动与需要的关系》，《安徽史学》1999 年第 1 期。
赵乐静、郭贵春：《科学争论与科学史研究》，《科学技术与辩证法》2002 年第 4 期。
赵万里：《科学知识的社会史 夏平的建构主义科学编史学述评》，《科学文化评论》2004 年第 3 期。
赵万里：《建构主义与科学社会史》，《南开大学法政学院学术论丛》2002 年第 S2 期。
赵万里、赵玉泉：《多重视角中的科学主义及其编史学问题》，《科学技术与辩证法》1998 年第 5 期。
甄橙：《18 世纪中西医学比较研究的重要性》，《中医药学刊》2003 年第 1 期。
郑晓松：《科学史：目标、方法和对象——克劳德·德布鲁教授在上海社会科学院的讲演》，《世界科学》2007 年第 10 期。
周瀚光：《中国科学思想史研讨会在上海召开》，《自然辩证法通讯》1988 年第 1 期。
周瀚光：《中国科学思想史的对象和涵义》，《社会科学》1989 年第 2 期。
周瀚光：《中国古代科学方法的若干特点》，《哲学研究》1991 年第 12 期。
周瀚光：《中国科学思想史若干基本理论问题发微》，《齐鲁学刊》1992 年第 5 期。
周荣生：《科学史上学术论战的光辉典范》，《徐州师范大学学报（自然科学版）》2000 年第 2 期。
周文玖：《关于中国史学史学科基本理论的思考》，《齐鲁学刊》2002 年第 1 期。
朱发建：《科学观的歧义与中国近代科学史学的多重意蕴》，《史学月刊》2007 年第 4 期。
朱晓军、钟书华：《从中国古代造船史看科学和技术发展的规律》，《船舶工程》2006 年第 6 期。
诸大建：《理论科学史研究的三种传统——科学史理论研究之一》，《同济大学学报（人文·社会科学版）》1991 年第 2 期。

诸大建：《科学史研究的对象问题——科学史理论研究之二》，《同济大学学报（人文·社会科学版）》1992 年第 2 期。

诸大建：《科学革命编史学的若干问题——科学史理论研究之三》，《同济大学学报（人文·社会科学版）》1993 年第 1 期。

〔丹〕克拉夫：《科学史学导论》，任定成译，北京，北京大学出版社，2005 年。

〔德〕R.莫利茨：《古代中国科学思想的形成》，叶绥云译，《国外社会科学》1984 年第 6 期。

〔法〕柯瓦雷：《从封闭世界到无限宇宙》，邬波涛、张华译，北京：北京大学出版社，2003 年。

〔法〕柯瓦雷：《牛顿研究》，张卜天译，北京：北京大学出版社，2003 年。

〔法〕柯瓦雷：《伽利略研究》，刘胜利译，北京：北京大学出版社，2008 年。

〔美〕阿伽西：《科学与文化》，邬晓燕译，北京：中国人民大学出版社，2006 年。

〔美〕库恩：《科学革命的结构》，李宝恒、纪树立译，上海：上海科学技术出版社，1980 年。

〔美〕杰伊·A. 拉宾格尔、〔英〕哈里·柯林斯主编：《一种文化？——关于科学的对话》，张增一、王国强、孙小淳，等译，上海：上海科技教育出版社，2006 年。

〔美〕皮克林编著：《作为实践和文化的科学》，柯文、伊梅译，北京：中国人民大学出版社，2006 年。

〔美〕乔治·萨顿：《科学的历史研究》，刘兵、陈恒六、仲维光编译，上海：上海交通大学出版社，2007 年。

〔美〕乔治·萨顿：《科学史和新人文主义》，陈恒六、刘兵、仲维光译，上海：上海交通大学出版社，2007 年。

〔美〕史蒂文·夏平：《科学革命——批判性的综合》，徐国强、袁江洋、孙小淳译，上海：上海科技教育出版社，2004 年。

〔美〕史蒂文·夏平、西蒙·谢弗：《利维坦与空气泵——霍布斯、玻意耳与实验生活》，蔡佩君译，上海：上海人民出版社，2008 年。

〔美〕G. 霍尔顿：《理解科学史，这意味着什么?》，范岱年译，《自然辩证法通讯》1985 年第 5 期。

〔美〕I. B. 柯恩：《科学革命的几个阶段》，鲁旭东摘译，《哲学译丛》1991 年第 3 期。

〔美〕M. 弗里德曼：《论科学史和哲学史的相互作用》，齐紫剑译，《哲学译丛》1991 年第 3 期。

〔日〕川原秀城：《日本学者如何研究中国科学史（下）》，杜石然译，《自然科学史研究》1993 年第 4 期。

〔苏〕B. H. 波鲁斯：《论库恩的〈科学革命的结构〉和科学发展的辩证法》，邱仁宗摘译，《哲学译丛》1981 年第 3 期。

〔意〕B. 克罗齐：《一切历史都是当代史》，田时纲译，《世界哲学》2002 年第 6 期。

〔英〕W. C. 丹皮尔：《科学史及其与哲学和宗教的关系》，李珩译，桂林：广西师范大学出版社，2001 年。

〔英〕富勒：《科学的统治：开放社会的意识形态与未来》，刘钝译，上海：上海科技教育出版社，2004 年。

〔英〕加登纳：《历史解释的性质》，江怡译，北京：文津出版社，2004 年。

〔英〕拉卡托斯：《科学研究纲领方法论》，兰征译，上海：上海译文出版社，2005 年。

〔英〕劳埃德：《早期希腊科学——从泰勒斯到亚里士多德》，孙小淳译，上海：上海科技教育出版社，2004 年。

〔英〕G. E. R. 劳埃德：《古代世界的现代思考——透视希腊、中国的科学与文化》，钮卫星译，上海：上海科技教育出版社，2008 年。

〔英〕李约瑟：《中国古代科学思想史》，陈立夫主译，南昌：江西人民出版社，2006 年，第 3 版。

Agassi J. *Science and its History: A Reassessment of the Historiography of Science*. Berlin: Springer Science & Business Media, 2008.

Ankersmit F R. Historiography and postmodernism. *History and Theory*, 1989, 28(2): 137-153.

Bailyn B. The challenge of modern historiography. *The American Historical Review*, 1982, 87(1): 1-24.

Barnes B, Edge D O. *Science in Context: Readings in the Sociology of Science*. Gambridge: MIT Press, 1982.

Beard C A, Vagts A. Currents of thought in historiography. *The American Historical Review* , 1937, 42(3): 460-483.

Becker C. What is historiography?. *The American Historical Review* ,1938, 44(1): 20-28.

Bernstein H R. Marxist historiography and the methodology of research programs. *History and Theory*, 1981, 20(4): 424-449.

Bevir M. The role of contexts in understanding and explanation. *Human Studies*, 2000, 23(4): 395-411.

Bezuidenhout A. The coherence of contextualism. *In* Cappelen H, Lepore E. *Insensitive Semantics: A Defense of Semantic Minimalism and Speech*. Hoboken: John Wiley & Sons, 2005: xii, 219.

Biglan A. Contextualism and the development of effective prevention practices. *Prevention Science*, 2004, 5(1): 15-21.

Blome-Tillmann M. Contextualism and the knowledge norms. *Pacific Philosophical*

Quarterly, 2013, 94(1): 89-100.

Bohlin I, Robert M. Young and Darwin historiography. *Social Studies of Science*, 1991, 21 (4): 597-648.

Bonelli M L R, Shea W R. *Reason, Experiment, and Mysticism in the Scientific Revolution*. London: The Macmillan Press Ltd, 1975.

Bouwsma W J. Three types of historiography in Post-Renaissance Italy. *History and Theory*, 1965, 4(3): 303-314.

Bowman S. *Science and the Past*. London: British Museum Press, 1991.

Brady M, Pritchard D. Epistemological contextualism: Problems and prospects. *The Philosophical Quarterly*, 2005, 55(219): 161-171.

Brendel E, Jager C. *Contextualisms in Epistemology*. Berlin: Springer, 2005.

Brush S G. Scientists as historians. *Osiris*, 1995, 10: 214-231.

Buckland M K, Liu Z. History of information science. *Annual Review of Information Science and Technology*, 1995, 30: 385-416.

Carpenter R H. Reviewed work(s): Historiography in the twentieth century: From scientific objectivity to the postmodern challenge. By Georg G. Iggers *The Journal of American History*, 1998, 85(1): 271-272.

Chang K C. Archaeology and Chinese historiography. *World Archaeology*, 1981, 13(2): 156-169.

Chattopadhyaya D P. *Anthropology and Historiography of Science*. Athens: Ohio University Press, 1990.

Chemla K. *History of Science, History of Text*. Aestimatio: Gritical Reviews in history of Science, 2004(5): 47-54. Boston: Kluwer Academic Pub, 2011.

Cohen I B. A sense of history in science. *Science and Education*, 1950, 2:251-277.

Cohen I B. Harrington and Harvey: A theory of the state based on the new physiology. *Journal of the History of Ideas*, 1994, 55(2): 187-210.

Crombie A C. *Scientific Change: Historical Studies in the Intellectual, Social, and Technical Conditions for Scientific Discovery and Technical Invention, from Antiquity to the Present*. London: Heinemann, 1963.

Davey K. Idealizations and contextualism in physics. *Philosophy of Science*, 2011, 78(1): 16-38.

De Freitas R S . What happened to the historiography of science?. *Philosophy of the Social Sciences*, 2002, 32(1): 92-106.

Dear P. Cultural history of science: An overview with reflections. *Science, Technology & Human Values*, 1995, 20(2): 150-170.

Dekosky R K. The history of science in a history department. *The History Teacher*, 1980, 13(3): 371-378.

Doel R E, Söderqvist T. *The Historiography of Contemporary Science, Technology, and Medicine: Writing Recent Science*. London: Routledge, 2006.

Douven I. The context-insensitivity of "knowing more" and "knowing better". *Canadian Journal of Philosophy*, 2004, 34(3): 313-326.

Draper J W. *History of the Conflict between Religion and Science*. Cambridge: Cambridge University Press, 2009.

Engel M. What's wrong with contextualism, and a noncontextualist resolution of the skeptical paradox. *Erkenntnis*, 2004, 61(2-3): 203-231.

Finocchiaro M A. *History of Science as Explanation*. Detroit: Wayne State University Press, 1973.

Gavroglu K, Christianidis J, Nicolaidis E . *Trends in the Historiography of Science*. Boston: Kluwer Academic Publishers, 1993.

Giere R N. *Understanding Scientific Reasoning*.Cengage Learning fifth edtion, 2005.

Glenn O E. Mathematics and historiography. *Mathematics Magazine*, 1953, 26(4): 205-208.

Goodman R S, Kruger E J. Data dredging or legitimate research method? Historiography and its potential for management research. *Academy of Management Review*, 1988, 13(2): 315-325.

Greco J. A different sort of contextualism. *Erkenntnis*, 2004, 61(2): 383-400.

Greco J. What's wrong with contextualism?. *The Philosophical Quarterly*, 2008, 58(232): 416-436.

Gribbin J. *Science: A History*. London: Penguin Press, 2010.

Guerra-Ramos M T. Teachers' ideas about the nature of science: A critical analysis of research approaches and their contribution to pedagogical practice. *Science & Education*, 2012, 21(5): 631-655.

Guicciardini N. Conceptualism and contextualism in the recent historiography of Newton's Principia. *Historia Mathematica*, 2003, 30(4): 407-431.

Habermas J. *The New Conservatism: Cultural Criticism and the Historians' Debate*. Cambridge: The MIT Press, 1989.

Hahn L E. *A Contextualistic Worldview: Essays*. Carbondale: Southern Illinois University Press, 2001.

Hannon M. The practical origins of epistemic contextualism. *Erkenntnis*, 2013, 78(4): 899-919.

Hansen N. A slugfest of intuitions: Contextualism and experimental design. *Synthese*, 2013,

190(10): 1771-1792.

Harrigan P J. A comparative perspective on recent trends in the history of education in Canada. *History of Education Quarterly*, 1986, 26(1): 71-86.

Hevia J L. Postpolemical historiography: A response to Joseph W. Esherick. *Modern China*, 1998, 24(3): 319-327.

Hodges D C. The dual character of Marxian social science. *Philosophy of Science*, 1962, 29(4): 333-349.

Holsinger B. "Historical Context" in historical context: Surface, depth, and the making of the text. *New Literary History*, 2011, 42(4): 593-614.

Hoyningen-Huene P. The interrelations between the philosophy, history and sociology of science in Thomas Kuhn's theory of scientific development. *The British Journal for the Philosophy of Science*, 1992, 43(4): 487-501.

Hutton P H. The role of memory in the historiography of the French revolution. *History and Theory*, 1991, 30(1): 56-69.

Iggers G G. *Historiography in the Twentieth Century: From Scientific Objectivity to the Postmodern Challenge*. Middletown: Wesleyan University Press, 1997.

Jardine N. Whigs and stories: Herbert Butterfield and the historiography of science. *History of science*, 2003, 41(2): 125-140.

Jordanova L. Gender and the historiography of science. *The British Journal for the History of Science*, 1993, 26(4): 469-483.

King P. Historical contextualism: The new historicism?. *History of European Ideas*, 1995, 21(2): 209-233.

Kragh H. *An Introduction to the Historiography of Science*. Cambridge: Cambridge University Press, 1987.

Kraus C S. *The Limits of Historiography: Genre and Narrative in Ancient Historical Texts*. Leiden: Brill, 1999.

Kuhn T S. "Towards an Historiography of Science", history and theory, studies in the philosophy of history. *The British Journal for the Philosophy of Science* , 1966, 17(3): 256-258.

Kuukkanen J M. The missing narravist turn in the historiography of science. *History and Theory*, 2012, 51(3): 340-363.

Lakatos I. History of science and its rational reconstructions. *Proceedings of the Biennial Meeting of the Philosophy of Science Association*, 1970: 91-136.

Lerner R M, Kauffman M B. The concept of development in contextualism. *Developmental Review*, 1985, 5(4): 309-333.

Lloyd G. The potential of the comparative history of pre-modern science. *Science in Context*, 2005, 18(1): 167-172.

Lorenz C. Comparative historiography: Problems and perspectives. *History and Theory*, 1999, 38(1): 25-39.

Ludlow P. Cheap contextualism. *Philosophical Issues*, 2008, 18: 104-129.

Lustick I S. History, historiography, and political science: Multiple historical records and the problem of selection bias. *American Political Science Review*, 1996, 90(3): 605-618.

MacFarlane J. Nonindexical contextualism. *Synthese*, 2009, 166(2): 231-250.

Mandelbaum M. Causal analysis in history. *Journal of the History of Ideas*, 1942, 3(1): 30-50.

Mandelbaum M. Concerning recent trends in the theory of historiography. *Journal of the History of Ideas*, 1955, 16(4): 506-517.

Mandelbaum M, Arthur O. Lovejoy and the theory of historiography. *Journal of the History of Ideas*, 1948, 9(4): 412-423.

Маркова Л А, Садо Вский В Н：《科学史和科学哲学的相互关系》，郑开琪摘译，《世界科学》1981 年第 4 期。

Marincola J. *Authority and Tradition in Ancient Historiography*. Cambridge: Cambridge University Press, 1997.

Mayr E. When is historiography whiggish?. *Journal of the History of Ideas*, 1990, 51(2): 301-309.

McAllister J W. Theory-assessment in the historiography of science. *The British Journal for the Philosophy of Science*, 1986, 37(3): 315-333.

McEvory J G. Modernism, postmodernism and the historiography of science. *Historical Studies in the Physical and Biological Sciences*, 2007, 37(2): 383-408.

McKenna R. Interests contextualism. *Philosophia*, 2011, 39(4): 741-750.

McKenna R. Epistemic contextualism: A normative approach. *Pacific Philosophical Quarterly*, 2013, 94(1): 101-123.

Megill A. Fragmentation and the future of historiography. *The American Historical Review*, 1991, 96(3): 693-698.

Megill A. Jorn Rusen's theory of historiography between modernism and rhetoric of inquiry. *History and Theory*, 1994, 33(1): 39-60.

Melhado E M. On the historiography of science: A reply to Perrin. *Isis*, 1990, 81(2): 273-276.

Momigliano A. *The Classical Foundations of Modern Historiography*. Berkeley: University of California Press, 1990.

Montminy M. Epistemic contextualism and the semantics-pragmatics distinction. *Synthese*, 2007, 155(1): 99-125.

Montminy M. Two contextualist fallacies. *Synthese*, 2010, 173(3): 317-333.

Montminy M. The role of context in contextualism. *Synthese*, 2013, 190(12): 2341-2366.

Morris E K. Contextualism: The world view of behavior analysis. *Journal of Experimental Child Psychology*, 1988, 46(3): 289-323.

Nelson J S. Tropal history and the social sciences: Reflections on Struever's remarks. *History and Theory*, 1980, 19(4): 80-101.

Nolte E. The relationship between "Bourgeois" and "Marxist" historiography. *History and Theory*, 1975, 14(1): 57-73.

Peña A. On the role of mathematical biology in contemporary historiography. *History and Theory*, 1999, 38(4): 101-120.

Peters M A. Educational research and the philosophy of context. *Educational Philosophy and Theory*, 2012, 44(8): 793-800.

Pocock J G A. The origins of study of the past: A comparative approach. *Comparative Studies in Society and History*, 1962, 4(2): 209-246.

Predelli S. *Contexts: Meaning, Truth, and the Use of Language*. Oxford: Clarendon Press, 2005.

Preston J H. Was there an historical revolution?. *Journal of the History of Ideas*, 1977, 38(2): 353-364.

Rayward W B. The history and historiography of information science: Some reflections. *Information Processing & Management*, 1996, 32(1): 3-17.

Roller D H D. *Perspectives in the History of Science and Technology*. Norman: The University of Oklahoma Press, 1971.

Rousseau G S, Porter R. *The Ferment of Knowledge: Studies in the Historiography of Eighteenth-century Science*. Cambridge: Cambridge University Press, 1980.

Schlagel R H. *Contextual Realism: A Meta-Physical Framework for Modern Science*. New York: Paragon House Publishers, 1986.

Schlozer A L. On Historiography [1783]. *History and Theory* , 1979, 18(1): 41-51.

Schneider A. Between Dao and history: Two Chinese historians in search of a modern identity for China. *History and Theory*, 1996, 35(4): 54-73.

Shapin S. History of science and its sociological reconstructions. *History of Science*, 1982, 20(3): 157-211.

Sharma T R. *Historiography: A History of Historical Writing*. Ashok Kumar Mittal, 2005.

Sorenson L R. Charles A. Beard and German historiographical thought. *The Mississippi Valley Historical Review*, 1955, 42(2): 274-287.

Spiegel G M. Political utility in medieval historiography: A sketch. *History and Theory*, 1975, 14(3): 314-325.

Srivatsan R. Trajectory of reason in historiography of sciences. *Economic & Political Weekly*, 1990, 25(4): 205-208.

Stoddart D R. Do we need a feminist historiography of geography. And if we do, what should it be?. *Transactions of the Institute of British Geographers*, 1991, 16(4): 484-487.

Stolorow R D, Atwood G E, Orange D M. Kohut and contectulism: Toward a post-cartesian psychoanalytic theory. *Psychoanalytic Psychology*, 1999, 16(3): 380-388.

Stuurman S. On intellectual innovation and the methodology of the history of ideas. *Rethinking History*, 2000, 4(3): 311-319.

Sue D W. A diversity perspective on contextualism. *Journal of Counseling & Development*, 1991, 70(2): 300-301.

Tarasov L. Contextualism and weird knowledge. *The Philosophical Quarterly*, 2013, 63(252): 565-575.

Teng S Y. Chinese historiography in the last fifty years. *The Journal of Asian Studies*, 1949, 8(2): 131-156.

Tong W. Challenge from the philosophy of scientific practice and New Empiricism. *Systems Research and Behavioral Science: The Official Journal of the International Federation for Systems Research*, 2010, 27(2): 190-199.

Vincenzo cappelletti：《科学史与哲学：意大利的经验》，李书宬译，《科学对社会的影响》1991 年第 3 期。

Wan Z H, Wong S L, Zhan Y. When nature of science meets Marxism: Aspects of nature of science taught by Chinese science teacher educators to prospective science teachers. Science & Education, 2013, 22: 1115-1140.

Weigelin-Schwiedrzik S. On Shi and Lun: Toward a typology of historiography in the PRC. *History and Theory*, 1996, 35(4): 74-95.

Wertz S K. Hume and the historiography of science. *Journal of the History of Ideas*, 1993, 54(3): 411-436.

Whaite R P. From the monochrome to the multi-hued: Towards an anarchic historiography of science and religion. *Metascience*, 2010, 19(1): 45-54.

Wiener P P, Noland A. *Roots of Scientific Thought: A Cultural Perspective*. New York: Basic

Books, 1957.

William L P：《传记与真实的科学史》，吕强译，《世界科学》1988 年第 11 期。

William R Shea：《科学史和科学哲学之间过去与现在的联系》，范岱年译，《科学对社会的影响》1991 年第 4 期。

Williams M. Why (Wittgensteinian) contextualism is not relativism. *Episteme*, 2007, 4(1): 93-114.

Wolff K H. Sociology and history; theory and practice. *American Journal of Sociology*, 1959, 65(1): 32-38.

Wood J M, Nezworski M T. Science as a history of corrected mistakes: Comment. *American Psychologist*, 2005, 60(6): 659-661.

Zagorin P. Historiography and postmodernism: Reconsiderations. *History and Theory*, 1990, 29(3): 263-274.

后　记

本书虽已完成，但掩卷沉思，觉得科学史哲学如科学哲学一样，固然有其学理上的依据，但也是一个很宏大的选题，本书只是就科学史的某些问题做了“浅要”的分析，相信未来会有其他学者做出更好、更深入的研究。

选择“科学史哲学”这样的主题进行研究，本身是很有意义的，本书多次提及科学史的哲学化本身就是对其自身的反思，通过这样的反思使科学史更好地发展，更好地服务于科学的发展、科技政策的制定等诸多方面。

纵观科学史学科建制化以来的一百年，事实上科学史的发展一直伴随哲学思考，特别是科学哲学对其的影响。从萨顿的实证主义科学史到人性化的科学史观，从阿伽西试图将证伪主义思想引入科学史到拉卡托斯的科学研究纲领重建，从库恩的历史主义科学史观到夏平的社会建构主义科学史研究，以及后现代思想对科学史的影响，这一系列哲学思想对不同时期科学史研究产生了不同的影响，这些都值得科学史哲学进行重新反思，旨在揭示未来科学史接受科学哲学指导的传统。

在一些学者视野内，似乎存在科学史的内外史与综合史的转向，这只是通过对论文的计量分析可以得出这样的结论。但有一条线索理应得到学界的重视，这便是自 1931 年赫森阐释“牛顿《原理》的社会经济根源”以后，默顿于 1938 年也运用了马克思主义理论和其他社会学理论对科学、技术与社会进行了分析，他是第一个将这三个词放在一起研究的学者；1939 年贝尔纳运用马克思主义理论分析了科学与社会的关系，出版《科学的社会功能》，时隔 20 年后又出版《历史上的科学》，成为运用马克思主义科学编史纲领的典范；李约瑟的中国科学技术史研究明确表明受到了马克思主义哲学的影响，以及还有其他学者运用马克思主义理论进行的自然科学与科学史研究，如霍尔丹、童第周等学者，特别是童第周运用唯物辩证法思想研究生物学，并形成了他的生物学哲学思想。所有这一切都深刻表明，马克思主义对科学及科学史研究具有绝对的指导意义，今后笔者将着重对马克思主义科学史学的内容、特征与意义进行系统的分析研究。

通过本书的初步尝试，笔者认为科学史哲学的研究任重而道远，其涉及科学史的本质、性质、研究方法、学术结构、学科历史、研究意义、学科建设等诸多方面的哲学思考，而且随着科学史的研究实践与理论的不断发展，又会出现新的内容、新的思考，因此科学史哲学研究也需要与时俱进。更为重要的是，科学史哲学要从历史哲学中汲取智慧，特别是从马克思主义历史哲学中汲取营养，用于分析研究科学史中相类似的问题。

在此，由于笔者学术水平有限，书中难免有不足之处，敬请各位专家、同行学者等批评指正，本人不胜感激。

李树雪

2024 年 11 月 26 日